# CARTES EN MAINS

## Méthodologie de la cartographie

2e édition

Anne BATTISTONI-LEMIÈRE
Alain NONJON

La cartographie a été élaborée à l'AFDEC par Anne Le Fur, Bertrand de Brun et Claude Dubut.

ellipses

*À Dominique Heffe, qui est l'encre de ma vie.* A. N.

*À Luc, infiniment.* A. B.

La cartographie a été réalisée dans le cadre de l'atelier **AFDEC**

25, rue Jules Guesde, 75014 Paris, 01 43 27 94 39
afdec@wanadoo.fr
www.afdec-cartographie.fr

La finalisation de cet ouvrage n'aurait pas été possible sans Anne Lacambre, sa disponibilité constante et son art consommé de négocier les délais, ni la touche artistique de Emmanuelle Jeu qui manie la maquette comme une palette.

ISBN 978-2-7298-8168-9
©Ellipses Édition Marketing S.A., 2013
32, rue Bargue 75740 Paris cedex 15



www.editions-ellipses.fr

# Introduction

# Introduction

> **“Le monde est grand. Des avions le sillonnent en tous sens, en tous temps... Étonnement et déception des voyages. Illusion d'avoir vaincu la distance, d'avoir effacé le temps.”**
>
> **GEORGES PÉREC, *ESPÈCES D'ESPACES*, 1985, CITÉ PAR C. GRATALOUP, *LE TEMPS LONG DU MONDE*, A. *Colin*, 2007.**

## Penser le monde...

L'actualité nous rappelle tous les jours que notre histoire, notre croissance, notre avenir se jouent hors de nos frontières nationales. L'interdépendance croissante des différentes parties du monde liée au processus de mondialisation nous impose de comprendre le monde dans lequel nous vivons, d'être capable de le penser, c'est-à-dire d'en analyser les acteurs, les rapports de forces, les enjeux et les périls. Le programme d'histoire-géographie et géopolitique du monde contemporain des classes préparatoires commerciales (ECS) a pour but d'en livrer quelques clés. Mais les citoyens que nous sommes, les acteurs économiques que vous, étudiants, serez demain ont besoin d'outils pour construire cette pensée. La géopolitique est ici d'un apport essentiel en proposant une démarche intellectuelle synthétique. « Analyse des rivalités de pouvoir pour des territoires » (Y. Lacoste), elle suppose à la fois la prise en compte des données géographiques, historiques, économiques et politiques pour identifier et comprendre les enjeux liés à des espaces d'échelles très variables. Au cœur de cette analyse, il y a les territoires, quelle que soit leur taille, à grande échelle (locale) comme à petite échelle (mondiale), la géopolitique les considère comme des enjeux pour une ou des sociétés, enjeux qu'il lui appartient de décrypter.

Ainsi, à l'heure où « la terre perd la boule » (T. Friedman), où le bornage du monde paraît fortement bousculé, où la mondialisation s'identifie à instantanéité, mobilité accrue, abolition des distances, où tout bouge et circule, les marchandises, les capitaux, les services et les hommes — avec plus de contraintes —, l'espace ni la géographie ne sont abolis. La mondialisation n'est pas « un chaudron à uniformiser » (A. Brender), elle ne crée pas un « village mondial », bien au contraire, les différenciations entre les territoires s'accentuent : certains attirent les flux voire les commandent (« les régions qui gagnent » décrites par G. Benko), d'autres non ; certains sont l'objet de convoitises et de rivalités conduisant les hommes et les États à s'armer et à se combattre, d'autres sont des espaces pacifiés. Plus que jamais, parce que nous devenons citoyens d'un monde global mais que ce monde est complexe et résolument multipolaire, le recours à des atlas et à toutes formes de représentation spatiale s'impose. Dans son dernier ouvrage, Christian Grataloup par exemple décrypte à l'aide de cartes anciennes l'histoire, l'épaisseur, les fractures des continents (dont l'étymologie, rappelons-le, signifie « terres en continuité ») au cœur de l'étude géopolitique menée dans le programme des classes ECS (*L'invention des continents*, Larousse, 2009). Plus généralement, notre société est celle de l'image, et la production et la consommation de cartes se développent de manière spectaculaire alimentant une abondante production éditoriale (cf. bibliographie).

## ... à l'aide de cartes et croquis...

La carte est la représentation géographique par excellence, « représentation fondée sur un langage, caractérisée par la construction d'une image analogique d'un espace » (J. Lévy et M. Lussault, *Dictionnaire de la Géographie*, Belin, 2003). Elle est une clé de compréhension du monde, les journaux l'ont compris qui multiplient son usage, les éditeurs aussi qui surenchérissent avec des atlas thématiques. La carte n'est plus illustration, elle est un tout qui permet l'appréhension d'un problème et se suffit à elle-même. On distinguera par commodité de vocabulaire carte et croquis. La première comporte des informations représentées de la manière la plus scientifique et rigoureuse possible, utilise des outils informatiques pour sa réalisation, est donnée comme matière pour une réflexion rationnelle impliquant une analyse critique. Le croquis est un dessin, rapide, fait à la main. C'est un outil de base du géographe qui permet de synthétiser les composantes d'un problème. Réalisé à partir d'un fond de carte ou à main levée, le croquis devient outil de communication qui éclaire un raisonnement, révèle une structure, précise la pensée, donne un sens à une problématique en l'inscrivant dans un espace de confrontations ou de relations. Il n'est pas illustration simple, mais a sa cohérence interne livrée par une légende structurée et problématisée. Le croquis est création, construction, compréhension d'un problème du monde contemporain.

## ... et les exploiter avec profit lors des concours

Les épreuves d'histoire-géographie et géopolitique du monde contemporain aux concours des Écoles de management invitent, obligent même à ce recours à la carte ou au croquis. Deux principaux cas de figures sont possibles. Soit une carte, fournie avec le sujet de la dissertation, est à commenter. Or, si elles se sont banalisées dans les journaux et les différents médias, les faire parler, les analyser avec pertinence se révèle plus difficile. Seconde possibilité, la dissertation est accompagnée d'un croquis à réaliser. Mais ce croquis répond à des exigences précises et ne peut être la restitution pure et simple d'une carte mémorisée. Les correcteurs recherchent une pensée en action, non une mémoire d'éléphant.

Dans tous les cas, utiliser, commenter, faire des cartes, cela s'apprend. C'est ainsi que nous vous proposons, non pas un simple recueil à mémoriser mais des outils pour être en mesure le jour du concours de démontrer que cartes et croquis sont des instruments qui éclairent toute analyse géoéconomique ou géopolitique. C'est avec cette conviction que la première partie de l'ouvrage vous donne les règles du jeu en vous proposant une méthodologie ; la seconde vous met les cartes en main avec une série d'incontournables repères spatiaux ; la troisième vous propose des exemples d'exercices corrigés – tout en sachant qu'on n'attendra pas autant de précisions de candidats qui œuvrent en temps tout à fait limité –, enfin lexique et bibliographie vous invitent à passer aux actes et à pratiquer. Cartes et croquis, tout doit être prétexte à démontrer vos capacités de compréhension, d'analyse d'une réalité territorialisée, quelle que soit son échelle. Après tout, c'est de votre monde dont il s'agit.

Comment enfin ne pas laisser ici le dernier mot à P. Rekacewicz qui nous a fait l'amitié de nous fournir un de ses croquis, commenté, et qui, carte après carte, tisse le maillage de ce monde dans *Le Monde Diplomatique* (*La cartographie entre science, art et manipulation,* 2006) : « Œuvre d'art, la carte l'est, dans la mesure où elle ne se contente pas de miniaturiser le territoire mais exprime aussi la sensibilité des peuples, la perception qu'ils ont des sociétés humaines et de leurs modes d'organisation spatiale. Dans ce jeu en réseau, le cartographe se veut à la fois grand témoin et acteur. Il se fait successivement observateur, économiste, démographe, géomorphologue, enfin géographe et... artiste. Pour construire ses mondes, ou plutôt les inventer, il imagine et dessine un subtil cocktail : il mêle le monde tel qu'il le voit et le monde tel qu'il voudrait qu'il soit. » Au lecteur de juger, de s'engager... de découvrir l'art des cartes et de cartographier.

# Les règles du jeu : objectifs & méthodes

# Les règles du jeu : objectifs & méthodes

“Les abeilles pillotent deçà-delà les fleurs, mais elles en font après le miel qui est tout leur... ainsi des pièces empruntées d'autruy il les transformera et confondera pour en faire un ouvrage tout sien, à sçavoir son jugement.”

MONTAIGNE, *Essais*, Livre premier, chapitre XXVI.

## Introduction : les épreuves au concours

Les épreuves des concours d'entrée aux écoles de commerce et management offrent une variété d'épreuves ayant recours à la cartographie, exercice indispensable de formation des managers nomades et de terrain de demain. Les conseils fournis ainsi pourront aisément servir pour d'autres concours administratifs et de recrutement.

Ainsi au concours 2013, les épreuves sont les suivantes :

### Au concours Ecricome

Un commentaire de carte a été introduit depuis 2010. « L'épreuve d'histoire, géographie et géopolitique du monde contemporain comprendra toujours deux sujets au choix dont un sujet sans carte. Pour le sujet avec carte obligatoire, l'épreuve actuelle sera remplacée par un commentaire de carte(s) qui comptera pour 1/4 de la note finale. Les cartes auront un rapport avec la dissertation et pourront être en couleur. Le titre problématisé dans l'intitulé du sujet de la carte donnera l'indication du thème à privilégier dans le commentaire. Des questions accompagnant la ou les cartes pourraient être envisagées mais pas obligatoirement. Cet exercice doit être un exercice court [pas plus d'une page et demie] mais être entièrement rédigé. Les candidats doivent démontrer qu'ils savent lire, analyser, décrypter les enjeux géostratégiques des cartes, pour une meilleure compréhension de la complexité du monde actuel. » (Lettre Ecricome du 12 janvier 2009).

### Concours de la BCE : épreuve ESCP

« Il est demandé au candidat d'élaborer à partir du sujet posé, une carte qui sera réalisée sur un fond muet distribué lors du début des épreuves. Ce document – dont le rendu est obligatoire – joue un rôle important dans la définition de la note finale » (sources : BCE, épreuves et règlement, 2009).

Rappelons que jusqu'à présent, le fond de carte fourni au candidat est unique – pourquoi ne pas imaginer que l'on offre au choix du candidat un jeu de fonds de cartes différents (format, échelle, projection, type de représentation) ? – et ne comporte pas l'emplacement des villes. Ce dernier point est évidemment une difficulté particulière, mais le jury ne sera peut-être pas immuable sur cette caractéristique...

Le texte de la BCE précise enfin à propos de la dissertation que « l'on peut accompagner le texte de la composition de croquis cartographiques pour une meilleure compréhension du devoir ». Cette possibilité, peu utilisée par les candidats, est sans doute difficile à gérer dans le temps imparti alors qu'une dissertation de 8 pages et un croquis légendé sont déjà attendus.

### Concours de la BCE : épreuve ESSEC

Le cadre de l'épreuve reste apparemment ouvert pour la cartographie : « Des documents statistiques ou cartographiques peuvent éventuellement être mis à la disposition du candidat afin d'alléger son effort de mémoire. Leur commentaire doit être intégré à la dissertation. Dans le cas d'une carte à réaliser, un fond de carte est fourni. »

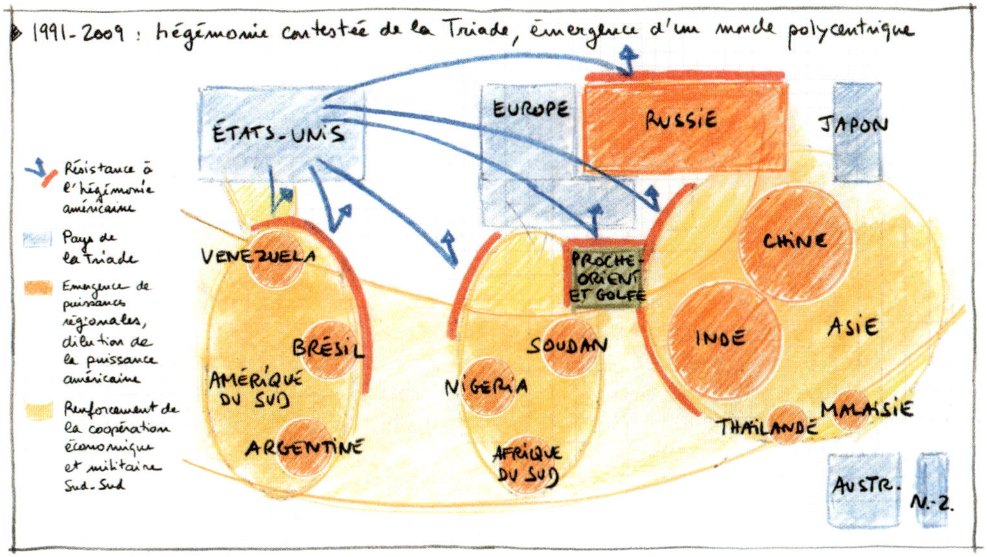


Philippe Rekacewicz, *L'Atlas du Monde diplomatique, Un monde à l'envers*, Paris, 2009.

➤ Document 1: exemple de croquis à main levée par P. Rekacewicz

Ce croquis présenté dans *L'Atlas du Monde diplomatique* (cf. bibliographie) témoigne à la fois de l'efficacité de la carte pour communiquer une information spatialisée, et de l'implication du cartographe qui installe sa vision du monde dans la représentation cartographique.

L'esquisse, même schématique, transmet le message avec davantage de force et de dynamisme qu'une carte informatisée, elle est plus vivante que la carte imprimée. Rappelez-vous cette constatation et cherchez ainsi à exprimer par le croquis vos connaissances et idées.

### Oraux des écoles Toulouse Business School et Grenoble École de Management

Ces deux écoles ont choisi de proposer aux candidats lors des épreuves orales des cartes de géopolitique. À Toulouse, le candidat prépare en 30 minutes un exposé sur un sujet d'actualité ou de société, il lui est proposé deux documents, « L'un des sujets sera une citation ou un thème (par exemple: sport et dopage), l'autre sera un document iconographique (carte, affiche, dessin) », l'exposé de 5 minutes suivi de 10 minutes de questions est le prélude à l'entretien plus général de motivation. À l'oral de Grenoble EM, le candidat dispose également de 30 minutes de préparation pour préparer un exposé de 5 minutes. Le candidat se voit attribuer trois sujets, l'habitude est que l'un de ceux-ci, pour les candidats de la filière ECS, soit une carte de géopolitique dans cette école qui a fait de l'enseignement et de la recherche en géopolitique l'un de ses points forts. Cet exposé est le début de l'épreuve d'entretien qui comporte ensuite l'interview d'un membre du jury et un bref entretien de motivation.

Quatre usages de la cartographie peuvent donc se présenter aux concours des écoles de commerce: le croquis de synthèse intégré à la dissertation (ESCP), le commentaire de carte à l'écrit (ECRICOME) ou à l'oral (sachant que l'exercice n'a pas la même finalité, il est différemment conduit) et enfin la carte fournie en document à commenter de manière facultative en intégrant ponctuellement, au fil du devoir,

ce commentaire à la dissertation (ESSEC). Ajoutons une dernière initiative qui vous est offerte, notamment à l'ESCP, celle d'ajouter au sein de votre dissertation un schéma fait à main levée, directement au sein du devoir, qui montre et spatialise des informations essentielles et synthétise ainsi une situation territoriale mieux qu'un discours. Soyez prudent dans l'usage de ces croquis intégrés au fil du devoir, ils doivent être vraiment un plus par rapport au texte de votre dissertation, et doivent éviter de caricaturer à l'excès les situations décrites. Méfiez-vous donc en particulier de la reproduction de chorèmes rapides et très schématiques. Apportent-ils un plus à votre démonstration? Leur extrême dénuement est parfois plus source d'irritation des correcteurs que de valorisation de la copie et songez toujours à la durée de l'épreuve (4 heures) ce qui interdit toute dispersion...
➤ document 1

Les cartes aident à comprendre le monde: l'étudiant en géopolitique est un utilisateur de cartes mais également un réalisateur. C'est à ces deux fonctions qu'il faut vous préparer, elles sont plus complémentaires qu'il n'y paraît. En étant producteur de croquis, vous comprendrez combien une carte est un choix, une simplification, une re-présentation, une construction subjective, et donc doit faire l'objet d'une lecture critique.

## I. Le commentaire de carte

Épreuve nouvelle à Ecricome depuis 2010, cette épreuve est désormais bien installée dans ce concours commun aux écoles de Bordeaux, Reims, Rouen, Marseille, Nancy.

### 1. Une épreuve récente

Le concours Ecricome propose une épreuve dont le cadre est bien tracé:
• deux sujets au choix, ce qui a toujours permis au candidat de mobiliser des connaissances plus sûres et d'éviter de tomber sur le sujet angle mort et fatal,
• le choix entre sujet avec commentaire de carte et le sujet sans carte,
• des documents suffisamment nombreux pour orienter la réflexion du candidat, mais suffisamment discrets pour ne pas cadenasser la même réflexion, accompagnés d'une chronologie qui en fonction des années peut être plus ou moins nourrie,
• une notation stricte, sur 5, d'ailleurs indiquée sur la copie au cas où le candidat demanderait au mois de septembre la photocopie de celle-ci,
• des appréciations claires et circonstanciées à la fois sur la dissertation et la carte en tête de chaque copie.

#### ◗ Le cadre de l'épreuve du commentaire de carte

La carte ou les cartes proposées seront (impérativement) en couleur et lisibles: dont acte!

Les cartes retenues seront:
• des cartes du monde représentant un type d'activité, une somme de flux, des représentations statistiques de base, suffisamment explicites pour que le candidat puisse évaluer des rapports de force, des évolutions, des nœuds stratégiques, des confrontations susceptibles de donner sens à la carte;
• des cartes à grande échelle centrées sur des lieux géopolitiques majeurs qui montreront que le candidat saura, à partir d'un exemple territorial précis, saisir un contexte national, régional, international particulier, des phénomènes structurels et des évolutions récentes dont le croisement explique l'intérêt stratégique de la région;
• des cartes (pas plus de deux) dont la comparaison invitera le candidat à saisir des évolutions, des redistributions de rapports de force, des enjeux dans une dimension historique.

La jurisprudence depuis 2010 montre que les cartes retenues sont toujours en lien avec la dissertation. Sans faire doublon avec celle-ci, elles mettent l'accent sur un aspect particulier du sujet ou sur une dimension régionale permettant un changement d'échelle dans l'analyse.

## 2. L'épreuve à l'épreuve...

Quelques conseils de méthode :

▸ Lire le titre de la carte proposée... car il doit indiquer l'angle d'approche de l'exercice. Une carte de la Russie et de l'Europe montrant les réseaux de gazoducs intitulée « La guerre des tubes » par exemple, devra bien évidemment inviter le candidat à voir la diversité des réseaux anciens et récents, la dépendance de l'Union européenne sans politique énergétique globale, les verrous possibles, à l'instar de l'Ukraine, toujours choisie par la Russie pour faire des exercices de musculation de sa puissance retrouvée, le problème de la Turquie, pièce maîtresse dans le contournement de la Russie pour la desserte des gisements de la Caspienne en direction de l'Europe, les degrés de dépendance des pays européens – en distinguant trois groupes : les PECO (ex-démocraties populaires), puis Italie et Allemagne, et les autres.

▸ Préparer puis rédiger son commentaire de la carte, en identifiant le ou les problèmes géopolitiques posés, autant dire l'intérêt de la carte :

• **Étape 1** : Présenter la carte en indiquant la source, la nature, l'objet, l'échelle si nécessaire (être capable de la situer en jouant sur plusieurs échelles), il peut être aussi intéressant de remarquer la projection choisie.

N.B. : Il faut être lucide aussi sur la difficulté pour les cartographes d'obtenir des statistiques toujours fiables et relativiser ainsi certaines données.

Ce préalable peut être important surtout si on songe à l'exergue des travaux de Samuel Huntington dans la représentation du choc des civilisations : « nous avons besoin d'une carte qui représente la réalité tout en la simplifiant pour mieux servir nos intérêts ».

Une carte déforme toujours la réalité car le réel est impossible à représenter, elle n'est jamais neutre. Insister sur l'origine et la nature du document vous permettra d'en faire une étude critique.

➤ la carte de Ralph Peters en est un bon exemple (voir document 2 page suivante).

• **Étape 2** : dégager le problème géopolitique posé en essayant de ne pas recopier le titre problématisé de la carte, tout en s'en servant.

Ex. : de « La guerre des tubes », on passe aisément à : les axes de transit de l'énergie, nouvel instrument de domination et de hiérarchisation des puissances... au même titre que les voies maritimes.

Ex. : dans la carte (voir troisième partie) intitulée « Qu'est-ce qu'un pays émergent ? » la problématique doit montrer le flou d'un concept qui, né dans le contexte précis de la mondialisation financière, tend aujourd'hui à ne plus se limiter aux aspects économiques.

• **Étape 3** : bâtir un commentaire en dégageant deux, trois, ou quatre idées principales. Il n'y a pas de plan type, la démarche adoptée dépendra de l'intérêt du document par rapport à la problématique proposée. Ces idées répondent à une démonstration et ne juxtaposent pas des remarques éparses.

Il est, par exemple, possible de faire une lecture de la carte à l'échelle régionale, nationale ou internationale.

On peut également saisir les enjeux de ce qui est cartographié pour les pays de l'environnement immédiat régional à plusieurs échelles.

• **Étape 4** : parallèlement, une analyse critique de la carte est indispensable. C'est un outil qui a été historiquement mis au service d'intérêts politiques. Le premier atlas publié, celui de l'Anversois A. Ortelius en 1570, *Le théâtre du monde*, montrait une Europe dominant le monde et conduisant sa destinée. Les choses ont-elles vraiment changé dans le rapport des hommes à l'outil cartographique ? Sûrement un peu, mais il faut savoir le cas échéant montrer pour le document proposé sa fausse neutralité, ses impasses, ses excès, ses aspects réducteurs. Aujourd'hui, une carte des ethnies en Afrique, ou à l'échelle d'un État africain – ou d'une autre région du monde – est forcément discutable,

➤ Document 2 : carte de Ralph Peters

À l'extrême, la carte peut être un instrument de combat comme la carte du Lieutenant-Colonel américain Ralph Peters publiée dans la revue *Diplomatie* qui, à la manière d'un puzzle, reconstruit sa vision du Moyen-Orient… « *How a better Middle East would look* ». Il imagine notamment un grand Liban englobant la côte méditerranéenne de la Syrie jusqu'à la frontière turque, un éclatement de l'Irak avec un grand État chiite annexant la région du Hasa saoudienne, un Iran dépossédé du Balouchistan mais héritant de la région afghane de Herat, un Afghanistan récupérant les régions pachtounes tribales si problématiques pour le Pakistan… des lieux saints de l'Islam isolés pour lever les accusations de souillure, et surtout… pas d'État palestinien, et deux États perdants : Irak et Arabie Saoudite (prix du clash des civilisations ?) On comprend sa confession : « le plus grand tabou qui nous guette dans l'effort de comprendre l'échec complet de la région n'est pas l'islam, ce sont les terribles mais sacro-saintes frontières adulées par nos propres diplomates… » Surréalisme ? Fiction ? Les cartes sont potentiellement des instruments de désinformation, de manipulation… la géographie ne sert-elle pas à faire la guerre, comme l'écrivait Y. Lacoste ?

réductrice, et peut être très facilement un objet de démonstration à des fins politiques servant les intérêts territoriaux de tel ou tel groupe. Ou encore, une carte pour représenter la puissance chinoise n'a pas la même signification si le fond de carte choisi est celui de l'Asie orientale ou un planisphère, et encore avec la possibilité que celui-ci soit sino-centré ou européano-centré. À chaque fois, les choix du cartographe ne sont pas neutres et il faut savoir le dire. Comme l'a montré la publication de *L'Atlas des Atlas* par la revue *Courrier International* (2008), les cartes publiées traduisent une vision du monde, celle de son auteur, de leur pays d'origine car elles peuvent différer singulièrement d'un pays à l'autre : « une carte n'est jamais neutre : elle signifie autant qu'elle décrit, elle cache souvent autant qu'elle montre ». Le planisphère le plus couramment utilisé aux États-Unis n'est pas celui que vous maniez, pas plus que celui des Chinois... chacun place son territoire au centre de la carte, ce qui a déjà un sens politique. C'est la même chose à des échelles plus précises.

P. Rivière livre sur l'Afrique du Sud en juin 2008 une réflexion originale dans une rubrique au titre éclairant « la carte fait son histoire » (*Le Monde diplomatique*). Voulant faire une carte de situation pour accompagner son article, il a mobilisé :

– les fiches du journal *Le Monde* qui ignorait l'africanisation de la province du Nord rebaptisée Limpopo en 2002,

– le site de l'Assemblée nationale qui produisait une carte datant de... l'apartheid,

– des cartes maintenant les noms de Transkei Ciskei de triste mémoire, une capitale Prétoria baptisée Tshwane un peu précocement car le changement de nom... n'a pas été encore approuvé face à l'opposition de la population afrikaner.

Bref, beaucoup de sources, beaucoup de cartes possibles, beaucoup de contestations et d'interprétations possibles sur un sujet de carte apparemment « borné » : l'Afrique du Sud.

Que le candidat ne s'inquiète pas : on n'exigera pas tant d'érudition mais il faut se préparer à avoir un œil critique sur le document présenté. Parfois ce n'est qu'un problème de vocabulaire.

Ex : les réserves pétrolières *prouvées* ne sont pas les réserves *possibles* d'où les surprises. Une carte reprenant la présentation des grandes civilisations faite par S. Huntington doit obligatoirement discuter sa définition d'une civilisation, basée quasi exclusivement sur le fait religieux et fort discutable (d'où l'intérêt de se reporter au lexique des 100 mots de la cartographie pour maîtriser l'essentiel, p. 239).

➤ Document 3 : une carte du nucléaire nord-coréen serait une invite à :

• Évaluer les choix économiques de type stalinien d'une Corée du Nord qui sacrifie un développement national à des priorités guerrières, seules légitimités d'un régime de dictature du passé ; de là les famines et les mouvements migratoires.

• Évaluer les séquelles de la guerre froide et l'échec de la politique de pacification engagée en juin 2000, à la mesure de l'ouverture très progressive de la DMZ (zone démilitarisée), pacification peut-être relancée à la mort de Kim dae Jung (ex-président sud-coréen, père du rapprochement et de la politique « rayon de soleil ») en juillet 2009.

• Évaluer les hésitations du communisme chinois face à son voisin immédiat, la Chine populaire devenue communisme de marché étant condamnée à une certaine *realpolitik*.

• Évaluer la pression exercée par Pyongyang sur un Japon qui a dû renoncer aux armes de destruction massive (article 9 de la Constitution) et qui, au-delà de la mise en place de forces d'autodéfense, n'abandonne ses prétentions à un *leadership* régional.

• **Étape 5** : dégager la portée de la carte, son intérêt pour débusquer telle inflexion, telle contradiction qui pèsera à moyen terme, tel problème qui deviendra incontournable. Il s'agit là de valoriser l'effort du jury dans sa sélection de documents, tout en évitant certaines formules journalistiques qui refont le monde de demain à coup de formules aussi brillantes que creuses.

### 3. Les preuves… de réussite dans cet exercice

La notation du commentaire prendra en compte :

- La capacité à aller à l'essentiel en peu de mots : une page et demie plutôt qu'un décompte plus précis de mots (400) comme dans les épreuves de contraction de texte… Évitez la sombre paraphrase qui condamnerait cet exercice. Éclairez en apportant des faits, en enchaînant des arguments qui font progresser la découverte des enjeux du document, ne vous contentez pas de décrire pas à pas. Le risque existe de voir plaquer un morceau de cours correspondant au thème de la carte. Le hors sujet est à proscrire, il faut partir de la carte et démontrer votre capacité à avoir un regard explicatif et critique sur le document. L'énoncé de vos idées générales pour structurer le commentaire de carte devrait à la limite suffire pour laver les soupçons de paraphrase et de copier/coller de cours.
- Les qualités rédactionnelles dans cet exercice limité à une note de synthèse sur un document : n'hésitez pas à souligner les trois ou quatre idées forces, et à dégager les étapes de votre raisonnement.
- L'actualisation des données du problème géopolitique représenté, car normalement les sujets rebondiront sur des enjeux très contemporains même s'ils mettent en jeu des dynamiques lointaines… Mais, pour autant, ne vous limitez pas à l'actualité car ce qui est valorisé, c'est votre capacité à dégager les résonances lointaines des événements ou secteurs commentés.

La répartition des points est claire : dissertation notée sur 15, commentaire de documents noté sur 5. Chacun comprendra qu'un point perdu au commentaire (multiplié par le jeu des coefficients) représente des dizaines de places perdues au concours et peut induire un échec (surtout au regard des barres d'admissibilité de plus en plus élevées).

Les khôlles peuvent être un excellent banc d'essai de cette nouvelle épreuve, surtout si on garde à l'esprit qu'à l'oral de Grenoble Management School, on peut avoir l'opportunité d'ouvrir son entretien individuel par 5 minutes de commentaire de carte (voir la rubrique « Intelligences géopolitiques » de la revue *Espace prépas*) et que, à HEC, viendra peut-être le jour où la réalisation d'une carte avec localisations et flux sur des fonds vierges sera transformée en analyse de cartes proposées à la sagacité des candidats, en plus de l'exposé calibré de 10 minutes sur tel ou tel sujet.

Gageons que puisque « la géopolitique a pour objet l'étude des interactions entre espaces géographiques et rivalités de pouvoir qui en découlent » (Alexandre Defay, *La géopolitique*, Puf, 2005), le commentaire de carte saura trouver sa place dans les épreuves de concours… et faire école ?

### 4. Le commentaire de carte à l'oral

Deux écoles actuellement, Grenoble et Toulouse, proposent à l'oral un commentaire de carte comme exposé introductif à l'entretien de motivation. En cinq minutes, les objectifs de l'exercice sont différents d'un commentaire écrit. Voici deux exemples pour vous le montrer.

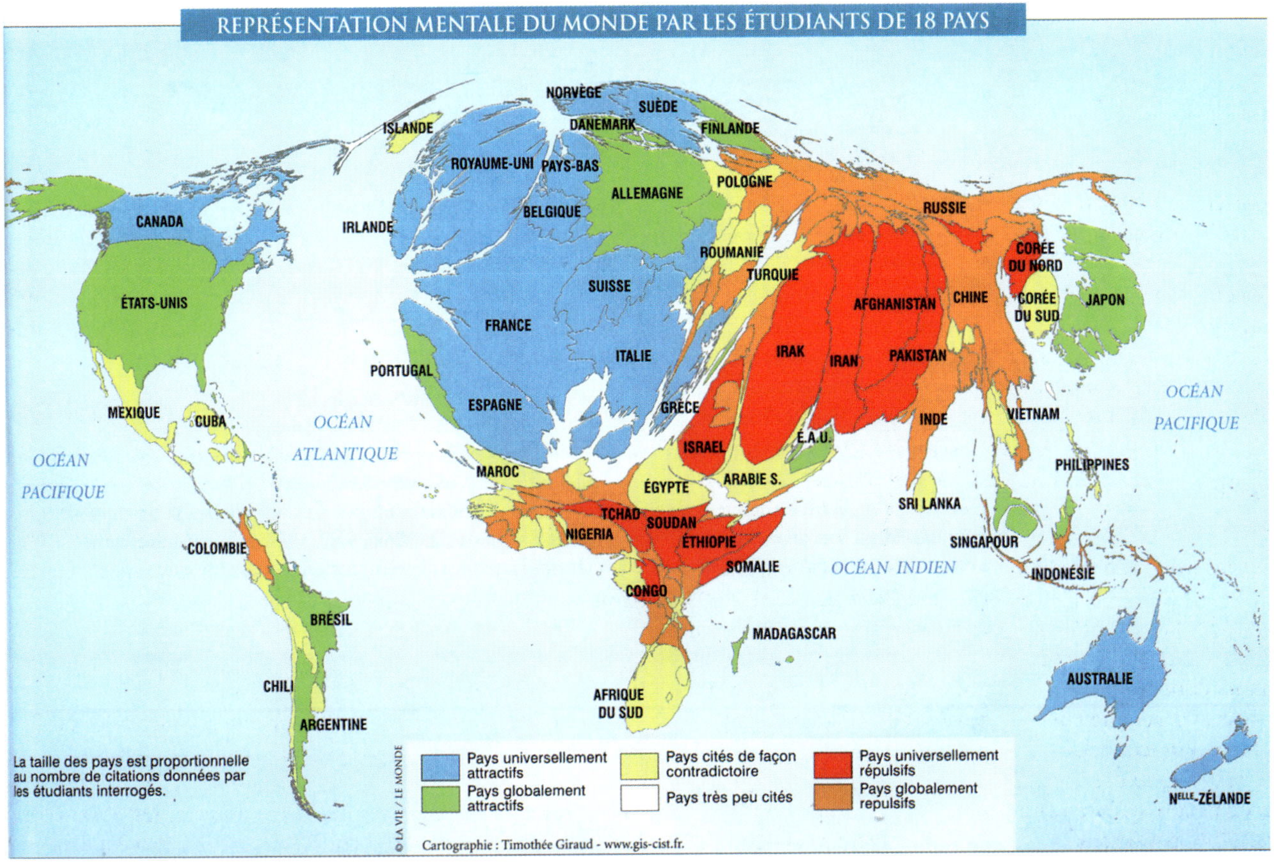


source :
*L'Atlas des mondialisations*, hors-série, coédition La Vie - Le Monde, 2010-2011

➤ Annales Toulouse 2012, sujet oral n° 279

Cette carte, proposée lors des épreuves orales 2012 de Toulouse Business School, illustre bien la nature et les exigences particulières de cet exercice qui, au terme de 30 mn de préparation, conduit le candidat à en proposer un commentaire de 5 mn, qui sera suivi de questions de la part du jury.

Prélude à un entretien de motivation, le jury n'attend pas ici de connaissances académiques précises, mais l'exercice doit être le moyen de révéler des qualités d'analyse, d'expression, une certaine culture et pourquoi pas... de dévoiler un peu sa personnalité, notamment par esprit critique et selon les opportunités que le sujet offre.

La carte proposée résulte d'un sondage fait auprès d'un panel d'étudiants de 18 pays originaires de tous les continents. Il leur avait été demandé – ce qui n'est pas précisé ici sur le document – de citer cinq pays dans lesquels ils souhaiteraient vivre dans un futur proche et cinq pays où ils ne le souhaiteraient pas. Comme on le voit, la carte fournit deux types d'informations.

• En premier lieu, la représentation par anamorphose permet de montrer la fréquence avec laquelle les étudiants citent les États : la disparition de certains comme les républiques d'Asie centrale ou certains pays d'Amérique centrale traduit une ignorance ou une indifférence à leur égard. À l'inverse, la taille notable des États-Unis, des pays d'Europe occidentale (France notamment)... mais également de l'Afghanistan, de la Somalie, révèle la notoriété de ces États, qu'elle soit positive ou négative. La carte met ainsi en évidence les pays les plus connus des étudiants soit en raison de leur richesse, soit de leur célébrité médiatique, en raison de guerres ou de conflits.

• En second lieu, le jeu de couleurs permet de saisir l'attractivité ou la répulsion de chacun de ces États. Les pays universellement attractifs, en bleu, sont ceux majoritairement cités comme pays où les étudiants aimeraient vivre et presque jamais en sens contraire. On y trouve l'Europe occidentale, les pays scandinaves et de grands pays riches qui apparaissent ouverts à l'immigration comme Canada et Australie. Les États-Unis, comme les autres États en vert sur la carte ont des avis également positifs, nuancés sans doute par le fait que certains étudiants leur ont attribué un avis négatif. L'attractivité de ces États s'explique globalement par un niveau de vie élevé – à l'exception de l'étonnant Madagascar dans ce groupe –, un gouvernement démocratique, une culture attractive... Les pays répulsifs sont sans surprise ceux qui sont marqués par des conflits géopolitiques majeurs avec une forte représentation médiatique (de la Corne de l'Afrique à la Corée du Nord en passant par Israël, l'Afghanistan, l'Iran). On y trouve les grands émergents : Chine, Inde, Russie, dont les représentations sont encore contradictoires. La Chine intrigue et intéresse, y projeter d'y vivre est déjà plus compliqué : barrière linguistique, différences culturelles et politiques, entassement urbain...

• Finalement, quel message peut-on en retenir ? Les pays d'Europe de l'ouest demeurent une destination particulièrement attractive, cela flatte notre ego assurément, cela montre aussi que l'Union européenne n'aurait pas de mal à attirer les élites qualifiées du monde entier par une politique d'immigration choisie, quitte à léser ainsi les États d'origine. Son image est largement positive dans le monde, c'est un capital qu'il ne faut pas dilapider au début du XXI$^{e}$ siècle. En effet, rien n'est toujours acquis, les difficultés européennes, le repli sur soi peuvent nuire à l'image de la vieille Europe ; à l'inverse, on peut penser que des pays comme le Viêtnam, la Chine, la Colombie ont les moyens d'augmenter rapidement leur attractivité.

• Ces remarques permettent de proposer une lecture explicative du document proposé. Il ne faut surtout pas chercher l'exhaustivité (vous avez 5 minutes !), donnez à comprendre le document, prenez des exemples précis, attirez l'attention du jury sur quelques éléments intéressants et organisez cela en deux ou trois points clairs. Enfin soyez capable ici de dire « je », rappelez-vous que l'exercice n'est pas une colle, mais le début d'un entretien et préparez votre réponse à la question qui ne tardera sans doute pas : *« et pour vous, quels sont les pays dans lesquels vous aimeriez vivre ? »*

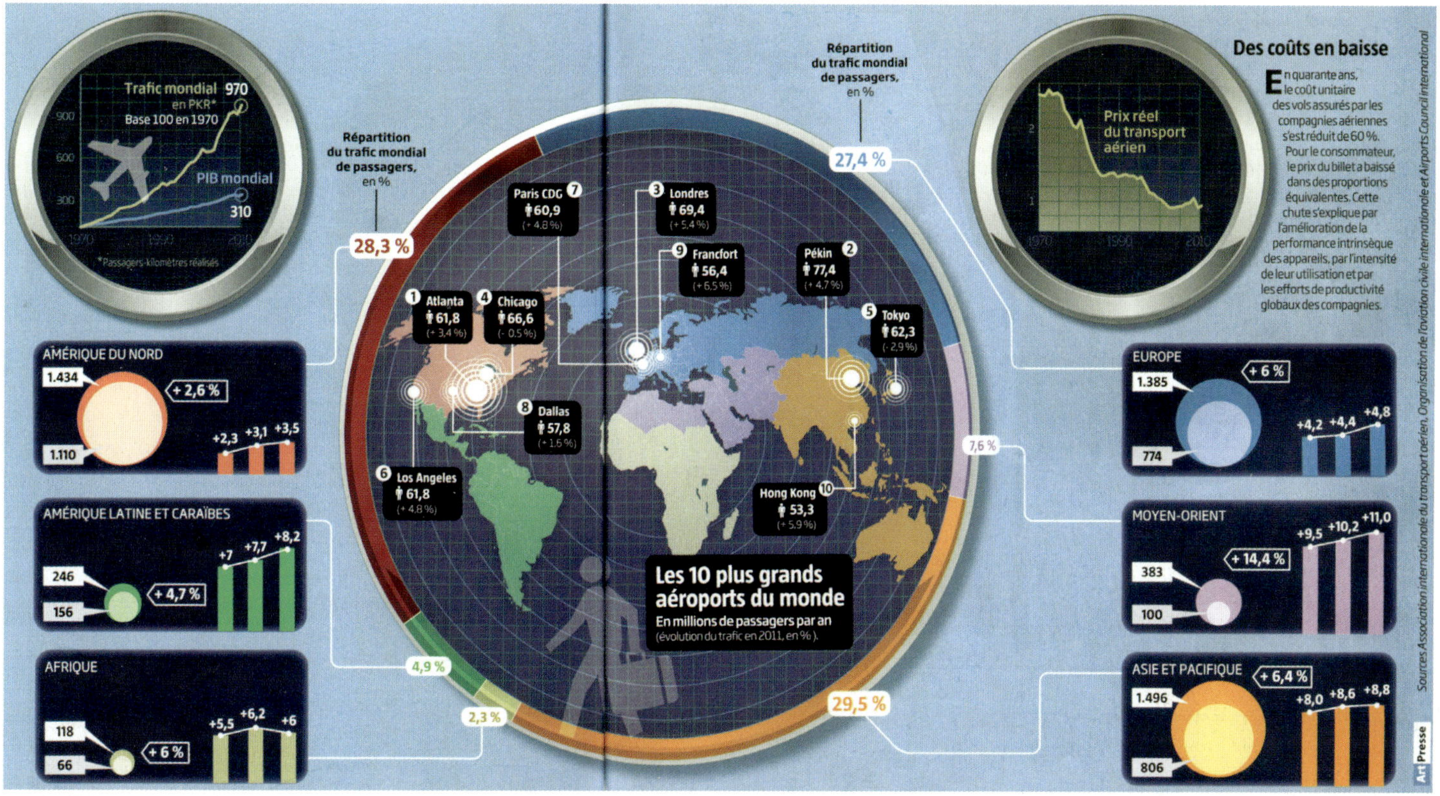


source : *Les Échos*, hors-série n° 10, janvier 2013

➤ carte *Les Échos*

Cette carte aurait pu être retenue à l'oral de Grenoble Management School où des cartes sont proposées aux candidats de la voie S, et où selon Jean-François Fiorina : « À partir d'une carte de géopolitique (contemporaine), carte des *Échos*, du *Monde*... il s'agit de la commenter aux membres du jury (en gros de définir en quoi cette carte vous interpelle) » et « d'attendre quelques questions dans le prolongement de l'exposé ».

Le commentaire introduit l'entretien et dure 5 mn après 30 mn de préparation, autant de cadrages qui définissent les exigences de l'épreuve :

— ne pas faire un exposé académique et encyclopédique.

— aller à l'essentiel, fut-ce en égrainant des « idées chocs » plutôt que de rechercher le plan concocté, travaillé, ciselé mais attention ne pas oublier un fait capital qui donne son sens à la carte.

– mobiliser une certaine culture et pourquoi pas des références à des exemples personnels, car cet exercice est la première étape d'une rencontre, d'un dialogue avec un jury.

– donc, comme dans l'entretien de personnalité, les deux mots les plus importants dans ce commentaire sont « je » et « parce que », clés pour vous faire connaître et expliquer ce que vous êtes. Dès lors cette simple carte de répartition des trafics mondiaux des 10 plus grands aéroports du monde et de leur progression en 2011 et des trafics par grandes zones géographiques avec évolution entre 2001 et 2011 permet de saisir à la fois le basculement du monde, et cette épaisseur du monde qui conforte les positions acquises.

En effet on saisit :

• Un boom aérien avec une croissance exponentielle des passagers (base 100 en 1970, trafic mondial en 2011, indice 970, soit 2,8 milliards de passagers) et une flotte de 15 500 avions, signe d'une évidente démocratisation de ce mode de transport, d'une multiplication des dessertes au cœur de la déréglementation, et de la capacité de pays émergents ou en développement de se doter de flottes importantes : que l'on songe à la commande historique par la compagnie Lion à Airbus Industrie de 219 avions pour des rentrées de 19 milliards de dollars.

• Un basculement vers l'Asie qui connaît une progression forte, mais surtout l'apparition du Moyen Orient (on pense à Emirates par exemple, ou Qatar Airways) comme transporteur de plus en plus prisé, et zone de transit valorisée par des *duty free* surdimensionnés (Dubaï)

• La primauté des infrastructures des anciens pays industrialisés : Atlanta, et c'est une erreur de la carte, est bel et bien le premier aéroport mondial avec 92,3 millions de passagers, talonné par Pékin, n° 2 avec 77,4 millions, mais Londres, Los Angeles et Tokyo suivent de près. La Triade n'a pas abandonné ses positions hégémoniques, même si la Chine est devenue le pays des superlatifs (première puissance exportatrice et deuxième économie mondiale qui rythme en partie le système monde des transports).

• Les villes mondiales ou globales qui ont un pouvoir décisionnel fort dans la mondialisation ont des aéroports à la mesure de leurs ambitions, de Atlanta à Los Angeles ou Hong Kong, vigie du trafic asiatique.

• Plus finement, la carte offre une vision sélective des BRICS, acronyme qui est la carte de visite des pays émergents : la Chine est la seule puissance entrant dans le top 10 des aéroports mondiaux et on cherchera vainement les places de Rio, de Moscou, de New Delhi dans le trafic des 30 premiers aéroports mondiaux, alors que la Chine en possède deux et les États-Unis 12 !

• Un continent paraît oublié, en dépit de toutes les promesses d'une renaissance ou de toutes les convoitises qui l'entourent : c'est le continent africain où, excepté en Afrique du Sud, les hubs aériens ne sont qu'une promesse d'un futur encore éloigné.

Dès lors, le transport aérien apparaît bien comme l'ombre portée du développement mondial dans ses nouvelles lignes de force, ses nouveaux tropismes, ses nouvelles hiérarchies. Il profite aussi de ses gains de productivité (taille, économie de carburant) et de la mobilité accrue (affaires/tourisme avec près de 1 milliard de touristes) de cette planète nomade qui tourne le dos pour l'heure à la démondialisation.

N.B. : le candidat pourra égrainer les aéroports qu'il connaît, invite à montrer que comme Mercure il voyage..., ses impressions (les aéroports sont des condensés de culture locale, cf. exposition du Louvre à Roissy), ses frustrations (qui n'a pas rêvé de se poser à Ushuaïa ou Oulan Bator), ses certitudes (l'Union européenne existe bel et bien quand son cœur bat au rythme de Airbus Industrie 4e entreprise choisie par les élèves d'école de commerce en 2011 comme entreprise de leur rêve) son émotion devant des campagnes publicitaires comme celle de Mercedes Erra qui a fait du « *ciel le plus bel endroit de la terre* ».

## II. Le croquis de synthèse

« Le croquis est une construction intellectuelle reposant sur une légende hiérarchisée et problématisée. Il vise à une démonstration rapide et efficace » (L. Carroué, *Rapport du jury*, ESCP 2007).

### 1. Un classique à maîtriser... sans trop de classicisme

Le croquis de synthèse reste un exercice traditionnel – et incontournable – pour les géographes, ce qui explique sa présence aux épreuves du baccalauréat. Aux épreuves d'histoire-géographie géopolitique (HGGMC), il est central dans les épreuves de l'ESCP et l'on sait que le sujet en est repris en géopolitique pour le concours d'une douzaine d'autres écoles de management, dont HEC. C'est peu dire ainsi que la maîtrise de cet exercice, non seulement d'un point de vue technique mais également dans sa finalité par rapport à la dissertation, est essentielle pour la réussite finale de l'épreuve. Il est noté sur 1/4 de la note, soit 5 points.

Le croquis de synthèse est tout à la fois un exercice classique, donc sans surprise, mais relativement difficile et redouté par beaucoup d'étudiants. Le risque est pour l'étudiant en classes préparatoires ECS de le percevoir comme un exercice de mémorisation et de réalisation graphique, passant par l'apprentissage d'un certain nombre de cartes, complément indispensable pour se situer dans un programme qui invite à parcourir le monde. Le but ne devient plus alors le jour du concours que la restitution de l'une des cartes apprises. Or ce croquis n'a de sens à l'épreuve ESCP que par rapport à la dissertation qui est réalisée et à la problématique qui sous-tend celle-ci (au point d'ailleurs d'installer une règle absolue : la stricte correspondance, et complémentarité, du sujet de dissertation et de la carte). Il doit être « **interactif** » avec la dissertation qu'il nourrit et qu'il étaye. Il est un élément de la démonstration menée dans le devoir et la notation tient compte (voir p. 30) de cet aller-retour permanent.

### 2. Quels sont les objectifs d'un croquis et ce qui légitime cet exercice ?

• Le croquis est un **moyen de communiquer des informations**.

Il doit donc répondre à des caractéristiques de lisibilité, de clarté, d'expressivité, de soin. Il implique de maîtriser un langage, celui de la cartographie, en respectant un minimum de règles, celles de la sémiologie graphique, c'est-à-dire de la science des signes (cf. p. 22). Il implique aussi de faire des choix : choix des informations, des modalités de la représentation, de répartitions spatiales, et mise en évidence ainsi d'une organisation territoriale spécifique. Trop d'information nuira à la carte et à votre propos, en rendant l'objet confus. Le réel est impossible à représenter dans son intégralité. Il y a obligation à simplifier, voire à caricaturer la réalité, par omission ou exagération avec le souci de la cohérence globale du discours et de l'efficacité de la démonstration menée. Les effets de masse qui permettent une lecture immédiate des rapports de force de la carte sont plus importants que les excès érudits de localisations de phénomènes. L'art de la synthèse, le sens de la concision, l'utilisation de l'image, croquis ou schéma, sont des outils que vous utiliserez dans votre future vie professionnelle.

• Le croquis est un **outil de compréhension du monde contemporain** et de ses enjeux.

Il permet de montrer que l'espace étudié n'est pas qu'une juxtaposition de lieux, mais qu'il est organisé, animé par des logiques de fonctionnement et des dynamiques (les correcteurs sont très attentifs à l'indication des flux). Cet espace s'appuie sur des repères fixes, les structures spatiales (hiérarchie des villes, frontières, interfaces, gradient d'intensité selon les phénomènes étudiés...) et sur des transformations, des dynamiques (flux de toutes natures, variation d'un phénomène etc.). Le croquis peut fournir des informations à la fois qualitatives et quantitatives. C'est une image qui permet une perception instantanée et une mémorisation

Comment procéder ? Réaliser des cartes exige d'abord de savoir ce que l'on en attend, ce que l'on veut montrer, cela découle naturellement d'une réflexion préalable sur le sens du sujet. Le croquis est une démonstration, qui éclaire, complète, spatialise l'analyse menée en dissertation. « La carte doit présenter une certaine originalité. La maîtrise de cet exercice s'acquiert par le biais d'un apprentissage spécifique, fait de tâtonnements et d'essais successifs durant les deux années de préparation [...]. Surtout, la carte doit refléter étroitement le sujet donné et ne pas donner l'impression d'être réutilisable pour un tout autre sujet, comme en témoigne par exemple l'absence très fréquente de titre. » (F. Bost, *op. cit.*). Une fois le scénario rédigé (la légende) et seulement après cela, il faut passer à la réalisation (le croquis proprement dit). Mais attention, on conçoit la légende en sachant ce que le langage cartographique peut nous permettre.

## 2. La légende n'est pas une dissertation

### Construire toujours un raisonnement problématisé

• Dégager une problématique...

Le croquis est une démarche synthétique qui la plupart du temps répond à la problématique du sujet de la dissertation, il peut parfois ne recouvrir qu'un aspect du sujet de la dissertation et avoir un titre et une problématique différents. Rappelons que le rôle d'une problématique est d'identifier le problème posé par le sujet et de proposer une hypothèse de travail. La dissertation est une démonstration de cette hypothèse de travail, le croquis est à sa façon également une démonstration avec des outils qui lui sont propres. Il montre et démontre à la fois.

• ... en prenant plus ou moins vos distances avec celle retenue pour la dissertation.

La plupart du temps, la réflexion pour problématiser la légende est inséparable de l'analyse et de la réflexion sur le sujet de la dissertation ; reprendre le plan du devoir pour élaborer les différentes parties de la légende peut être très efficace. Mais ce n'est pas toujours la solution : certaines parties du devoir peuvent très bien échapper à une représentation visuelle facile. Le plan amputé ainsi devient bancal et il vaut mieux l'organiser différemment de manière à faire ressortir l'organisation de l'espace considéré. La légende peut adopter une problématique spécifique qui précise le sujet sans le traiter dans sa totalité, c'est à vous de juger et le titre que vous donnez à la carte indique l'axe retenu.

• Y a-t-il un plan type ?

Par principe, bien sûr, on se méfiera des plans types ou autres plans à tiroirs. Certes, il y a des structures qui peuvent vous aider à bâtir votre plan. Ainsi les interrogations : Pourquoi ? Comment ? Où et jusqu'où ? peuvent être utiles. Cela se traduit par l'étude des facteurs d'organisation de l'espace, des acteurs et des moyens, et se termine par une typologie qui permet de hiérarchiser les territoires et de proposer des clés de lecture de celui-ci. Mais cela ne saurait fonctionner toujours, comme vous le découvrirez à la lecture des exemples de la troisième partie de l'ouvrage. Ainsi, un croquis peut avoir une forte dimension historique et vous demander de retracer des évolutions, notamment sur la période post-1945 ; vous aurez ainsi au moins l'une des parties qui intégrera cette composante chronologique et dégagera des évolutions.

La structuration de la légende implique certains questionnements : peut-on dégager les liens de causalité, donner une dimension historique, établir une typologie... ? Cette dernière est très souvent indispensable. La typologie permet d'élaborer à différents niveaux d'abstraction une classification ordonnée qui organise et rend compte d'une réalité complexe. Elle est fort utile pour montrer l'organisation des territoires ; par définition, elle est toujours simplification (exemple : l'organisation d'un espace en un centre et des périphéries intégrées ou délaissées...) mais n'est-ce pas là le but de la carte que de montrer comment des espaces réagissent avec des gradients différents à tel ou tel enjeu ?

**Identifier puis utiliser les concepts géographiques et les notions principales que vous allez représenter sur votre croquis**

Les espaces géographiques ne sont pas anarchiques, ils sont au contraire organisés, et le croquis permet d'en rendre compte. C'est ainsi sur des territoires que votre travail raisonne, c'est-à-dire des espaces aménagés par des sociétés en fonction des techniques dont elles disposent. Cette organisation se fait autour de pôles, d'axes, d'aires, de régions hiérarchisés entre eux, qui disposent de ressources, sont exposés à des risques. Il faut dégager les acteurs et leurs stratégies territoriales. Entre les pôles et les territoires circulent des flux, existent des interfaces, les dynamiques modifient à leur tour l'organisation de ces territoires etc. Ainsi les légendes permettent de représenter des aires, des pôles, des lignes de contacts, des flux, des hiérarchies etc. Ce sont toutes ces notions et concepts que vous devez mobiliser pour nourrir votre réflexion et donner du contenu à votre légende.

L'essentiel est de penser toujours à intégrer à la fois la **présentation des structures de l'espace,** c'est-à-dire l'organisation des différents sous-ensembles territoriaux, des infrastructures, des axes et des pôles et d'autre part, des **dynamiques des territoires** comprises comme les changements dans la localisation des hommes, des activités, des infrastructures et équipements.

Selon les cas, la carte demandée peut être faite soit uniquement à partir de vos connaissances, soit à partir de vos connaissances et en s'appuyant sur les **indicateurs statistiques** donnés dans le corpus documentaire joint au sujet. Pour cela, choisissez la série statistique qui correspond le mieux à votre problématique et peut donner lieu à une représentation cartographique aisée ; puis créez des catégories pour cet indicateur statistique, et intégrez ces données à votre légende en choisissant le mode de représentation le plus approprié (voir en troisième partie l'exemple du sujet ESCP 2007 et le croquis sur la Méditerranée).

**Mais, attention, la légende n'est pas une mini-dissertation**

Elle doit être concise, les légendes fleuves sont à proscrire : la consigne à l'ESCP est explicitement de la rédiger sur la page en vis-à-vis du croquis, de manière à ce qu'elle tienne sur une seule page. Adaptez-vous au fond de carte : en format portrait, la légende s'écrit dans le sens vertical de la feuille, si le fond de carte est en format paysage, écrire la légende sur la page disposée horizontalement.

Prévoir l'élaboration de la carte après l'élaboration du plan permet de bien lier raisonnement et carte. La dessiner avant de rédiger la dissertation permet de créer des renvois dans le cours du devoir, ce qui n'interdit pas de la compléter au cours de la rédaction en se réservant une plage au bout de 3 heures pour définitivement la boucler (tout report en fin de devoir serait périlleux car signifiant carte bâclée et effet désastreux sur le corps du devoir lui-même pour le correcteur).

## 3. Un langage à acquérir

**Le langage graphique**

La carte appartient au monde de l'**image**, elle donne à voir l'information de façon globale et presque instantanée. L'image cartographique se construit avec un langage spécifique, le **langage graphique**, fondé sur la perception visuelle.

Les principes de ce langage ont été définis par Jacques Bertin et magistralement présentés dans son ouvrage *Sémiologie graphique* (1re édition, Paris 1967, Réimpression EHESS, 1999).

Le langage graphique s'exprime par les **variables visuelles**, mot-clé de ce langage ; elles permettent de transcrire visuellement une information, elles s'appliquent à un point, une ligne ou une surface de la carte et lui donnent sa signification.

Les variables visuelles sont au nombre de six : taille, valeur, couleur, forme, orientation et grain.

➤ Les variables visuelles

## ➤ Les variables visuelles

| | Propriétés | Définitions | Utilisation en cartographie |
|---|---|---|---|
| **TAILLE** | **≠ O Q** | Variation de longueur, de largeur ou de surface d'un figuré. Construction de figurés proportionnels | Seule variable apte à transcrire le rapport de proportionnalité, à répondre visuellement à la question «combien» . |
| **VALEUR** | **O Q** | Rapport de blanc et de noir sur une surface donnée. Réalisation d'une progression du clair au foncé | La variable qui traduit avec le plus d'efficacité l'information ordonnée (en implantation zonale). Moins ou plus, avant ou après. |
| **COULEUR** | **≠** | Perception subjective des radiations lumineuses (longueurs d'onde). La distinction entre les notions de couleur et de valeur est fondamentale. | Forte capacité à exprimer l'information qualitative Grande prégnance visuelle, dimension esthétique. |
| **FORME** | **=** ≠ | Variation du contour des figurés. | La variation de forme exprime avant tout les ressemblances, son efficacité est plus grande en implantation ponctuelle (symboles). |
| Orientation | = ≠ | Orientation d'un signe élémentaire définie par l'angle que fait un figuré linéaire avec la verticale. | Pas d'efficacité visuelle si elle est employée seule. À utiliser combinée aux variations de forme ou de valeur pour accentuer une différence. |
| Grain | = **≠** O | Agrandissement ou réduction du figuré constitutif d'une trame, sans variation de valeur. | La transparence du grain apporte une bonne réponse visuelle à la superposition en implantation zonale. |

**≠** ≠ Sélection = différences
**=** = Associativité = ressemblances
**O** O ordonné = hiérarchie
**Q** Q quantitatif = proportionnalité

Grande efficacité (symboles gras) – Efficacité moindre (symboles maigres) : dépend de l'implantation

Les quatre principales variables visuelles sont la taille, la valeur, la couleur et la forme. Elles seront mises en œuvre dans la création du croquis de synthèse.
Le travail avec les variations d'orientation et de grain appartient plus à la carte réalisée à l'ordinateur avec un logiciel de dessin.

## ➤ Le langage graphique

Les phénomènes sont simplement semblables ou différents
**information qualitative**

Les phénomènes se classent, se hiérarchisent, s'ordonnent
**information ordonnée***

### Figurés ponctuels

*Symboles =*
*formes géométriques simples,*
*opposition entre figurés évidés et figurés pleins*

FORME ou/et COULEUR

***Pictogrammes =***

*(difficiles à réaliser manuellement)*

TAILLE et/ou VALEUR-COULEUR

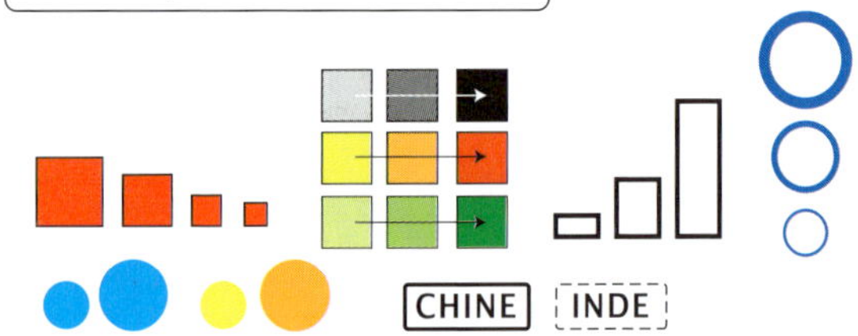


### Figurés linéaires

Attention au jaune qui se perd sur le fond blanc

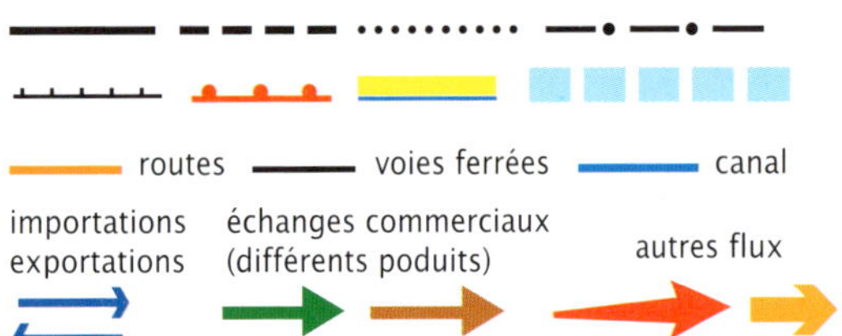


*Attention à l'équilibre visuel de la flèche, le poids de la tête de flèche attire l'œil dans le bon sens.*

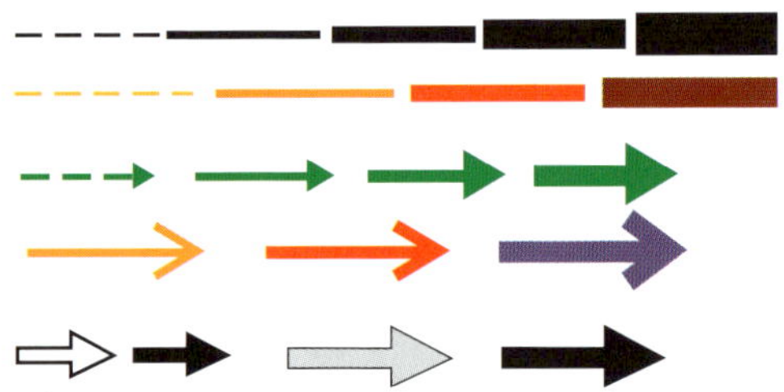

*Dans une réalisation manuelle, une distinction à deux paliers est suffisante : principal, secondaire ;*
*une distinction à trois paliers est maximale : faible, moyen, fort.*

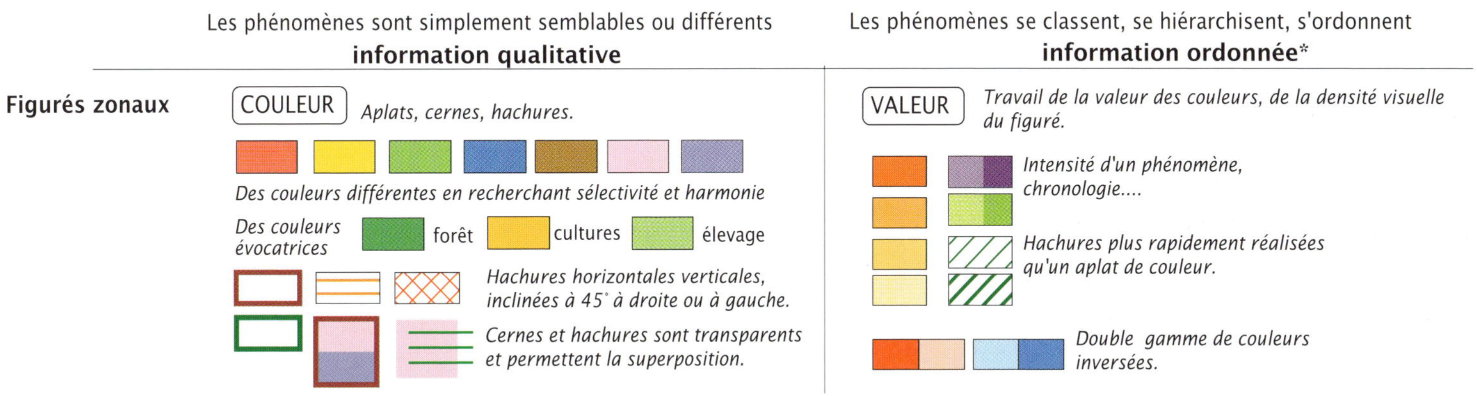


* Nous ne présentons pas dans ce tableau récapitulatif l'information quantitative. Lors de la réalisation du croquis de synthèse pendant les épreuves de concours, il ne vous sera certainement pas demandé de construire des figurés proportionnels à des données chiffrées en mettant en œuvre la variation de taille, mais d'exprimer des ordres de grandeur, ce qui correspond à une information ordonnée.

La variation de taille qui est la seule variable apte à transcrire le rapport numérique, la proportionnalité est utilisée dans de nombreuses cartes de ce manuel.

La bonne construction cartographique, c'est-à-dire la bonne transcription visuelle de l'information est liée à la correspondance, au **parallélisme entre la nature de l'information et la propriété des variables visuelles utilisées**.

Chaque variable offre des **capacités spécifiques de différenciation visuelle** par l'expression :

– des ressemblances (association =) ou des différences (sélection ≠),

– d'une intensité, d'un classement : (ordre O),

– d'un rapport de proportionnalité : (quantité Q).

Les variables taille et valeur génèrent l'image cartographique, celle que l'on perçoit immédiatement, les quatre autres variables, couleur, forme, orientation et grain séparent les éléments constitutifs de cette image.

Le choix de la variable (ou des variables) à utiliser dépend toujours de **la nature de l'information** à transcrire visuellement, c'est-à-dire des relations existant entre les données.

Quelle que soit la diversité des objets et des phénomènes, il est fondamental pour bien construire l'image cartographique de comprendre **la relation existant entre les données**. Il n'existe que trois et seulement trois modes de relation entre les données :

– les ressemblances (=) ou les différences (≠) qui définissent une **information** dite **qualitative** ;

– les relations d'ordre (O), de hiérarchie qui s'appliquent à une **information ordonnée** ;

– les relations de proportionnalités (Q) propres à une **information quantitative**.

**La notion d'ordre est essentielle**, elle est présente dans beaucoup d'informations, que les données soient numériques (taux exprimant l'intensité d'un phénomène) ou non (succession chronologique, hiérarchie administrative...) par contre il n'y a pas de relation d'ordre dans une information qualitative.

L'information concerne un point, une ligne, une surface. La propriété de la variable ne change pas selon cette **implantation** mais son **efficacité visuelle peut être plus ou moins grande**. Ainsi la couleur transcrira très bien une information qualitative en implantation zonale (les cultures dominantes d'une région), mais son efficacité sera moindre en implantation ponctuelle (les ressources minières d'un pays), on lui préférera ou on lui adjoindra alors une variation de forme.

L'examen de quelques cartes de la deuxième partie permet d'identifier les différents types d'information et de préciser le mode de représentation adapté pour chacun.

Les possessions des principales puissances coloniales (« **Le monde en 1900** ») constituent une information qualitative, traduite par la variation de couleurs, les couleurs choisies sont simplement différentes, de même intensité, il n'y a aucune notion d'ordre dans ces données.

Dans la plupart des typologies l'information est — à un premier niveau visuel — qualitative, par exemple l'opposition entre le bloc occidental et le bloc soviétique (« **Le monde partagé par la Guerre froide** »), elle est ordonnée, hiérarchisée dans un second plan visuel : États-Unis, alliés des États-Unis d'une part, pacte de Varsovie, Cuba, États communistes alliés, d'autre part.

La carte « **La puissance scientifique et technologique** » présente une information ordonnée et une information quantitative. La part (un taux) des dépenses de R&D dans le PNB des États est une information ordonnée, traduite par une gamme de teintes allant du clair au foncé (travail de la valeur des couleurs). Le nombre de chercheurs (des valeurs absolues) par pays est une information quantitative transcrite par des cercles de surface proportionnelle.

« **Les organisations économiques régionales** » constituent des informations qualitatives en implantation zonale, des aplats de couleur, des cernes et des figurés de type hachures permettent d'exprimer les différentes appartenances et d'apporter une réponse visuelle satisfaisante à la superposition.

Dans la carte « **Les religions dans le monde contemporain** », différentes teintes en aplat expriment à la fois les oppositions (sélectivité de la variable couleur) et les ressemblances (associativité de la variation de couleur). Sur cette même carte, les nouveaux mouvements religieux (information qualitative en implantation ponctuelle) sont présentés par des figurés (symboles évidés) de moindre densité visuelle que les religions majoritaires.

Les flux commerciaux (carte « **Le commerce mondial** ») et les capitalisations boursières des principales places financières sont des informations quantitatives (milliards de dollars) cartographiées par la mise en œuvre de la variable taille (largeur des flèches, surface des carrés).

Au-delà du respect des règles de base pour l'utilisation des variables visuelles, l'efficacité de l'image cartographique nécessite un travail sur la lisibilité du document, basé sur une appréciation exigeante du rendu visuel. Une bonne carte est une image forte qui transmet l'information essentielle au premier regard : le message saute aux yeux. La lisibilité repose principalement sur la bonne différenciation des figurés, la structuration de l'image en plans visuels hiérarchisés (plusieurs niveaux de lecture) et la densité graphique du document (concentration visuelle sur les points fondamentaux). J. Bertin précise : « dans sa fonction de communication la carte sera d'autant plus efficace que le nombre des images et leur complexité seront réduits et que la lecture pourra être faite au niveau de l'ensemble » (*Sémiologie graphique*, p. 162). La démarche cartographique résulte d'une succession de choix permettant l'identification claire du message à transmettre.

Le croquis de synthèse ne peut se réaliser en respectant toute cette démarche. Il est au service d'une démonstration où l'écrit demeure privilégié comme le prouve l'importance accordée à la légende. Vu le temps disponible, il est exclu d'apprécier le rendu visuel du croquis par des essais successifs. Il faut d'emblée trouver ce que les aplats de couleur doivent mettre en valeur et bien hiérarchiser les figurés, avec l'objectif de transmettre l'information jugée essentielle.

## 4. Questions pratiques et stratégiques

### L'organisation le jour de l'épreuve

**Préalable indispensable : avoir le matériel adapté.**

➤ L'encadré suivant présente l'essentiel à savoir sur le matériel de dessin.

- **Ne pas écrire sur la carte au crayon à papier.**
- **Il faut y consacrer environ 3/4 d'heure**.

C'est un exercice qui départage réellement les candidats et cet investissement temps est rentable lorsque la carte est pleinement un élément de la démonstration.

### Comment note-t-on un croquis ?

- **Ce qui est recherché et valorisé**.

Trois aspects retiendront l'attention du correcteur :

– **La légende qui doit être ordonnée et dynamique, en liaison avec la dissertation** : elle est précédée par un titre problématisant la carte (par exemple, les États-Unis et le Moyen-Orient : présence ou redéploiement ? nécessité ou impasses ?) La légende est la clef de lecture indispensable (on ne corrige pas une carte sans légende), elle doit être pertinente par rapport au sujet, problématisée, toujours structurée. Concise, elle tient sur une page. La capacité à dégager une typologie est valorisée : le but de la carte n'est-il pas la représentation de la dimension spatiale au type de problèmes ou d'enjeux relevés ?

– **Les faits : la carte doit être claire et précise**. La problématique du sujet doit permettre de hiérarchiser les éléments à représenter. Les faits doivent être localisés de manière exacte, mis en relation, des liens de causalité peuvent apparaître, des héritages aussi selon les cas... Il s'agit ni d'oublier de choses importantes, ni d'encombrer la carte de faits superflus. La nomenclature enfin doit être assez riche pour nommer les phénomènes représentés.

### Le matériel de dessin

• des **stylos-feutres à pointe fine** de différentes couleurs pour l'écriture et le dessin des symboles : noir, bleu, rouge ;

• des stylos-feutres à pointe légèrement plus épaisse pour dessiner les cernes de couleurs, choisir des teintes bien différentes : noir, rouge, bleu, vert, orange, jaune, violet… (les **feutres duo** ont une double pointe, fine et large) ;

• quelques **crayons de couleur** (pour artistes et non pour écoliers) qui permettent de réussir aisément et rapidement les mises en couleur.

L'assortiment de teintes doit permettre de réaliser :

• des mosaïques à la fois bien différenciées et harmonieuses (pour les typologies par exemple, en pensant au pouvoir d'évocation immédiate des couleurs),

• des gammes de couleurs ordonnées (pour transcrire l'intensité d'un phénomène) par exemple une gamme – jaune très pâle, orange clair, vermillon, rouge, violet foncé –, une double gamme inversée – rouge, rose, bleu clair, bleu foncé.

Les crayons de couleurs serviront également pour cerner des espaces, réaliser des hachures, dessiner des flèches et des symboles.

• un **taille-crayon** ;

• un **porte-mine** (0,5 mm), un **crayon à papier** (mine dure) pour esquisser un tracé et placer des repères (ne pas écrire sur la carte au crayon à papier) ;

• une **gomme** (un crayon-gomme) ;

• une **règle graduée** pour le dessin des hachures, de traits de repère, des caissons de légende…

• un ou deux **gabarits de traçage** pour réaliser quelques symboles de forme géométrique simple : carrés, cercles, triangles, losanges ou des tracés courbes : flèches, flux.

– **La qualité de l'exécution : la carte doit être évocatrice, parlante et… agréable à regarder** (une carte agréable à regarder est une carte agréable à noter !). L'« aération » permet de mieux appréhender les rapports de force, les hiérarchies. Les faits les plus importants doivent être perçus au premier regard, soignez l'écriture et le tracé des flux (trop de croquis présentent des flèches qui se perdent vers des destinations incertaines).

• **Ce qui est pénalisé.**

Voici un résumé des erreurs les plus fréquentes, pénalisées dans les notations des cartes :

– **Les légendes fleuves** : souvent, une légende sans fin est le signe d'une mauvaise réalisation de la carte. Le candidat tente par un mini-devoir de masquer son ignorance, représente des faits difficilement cartographiables, ou veut tromper le correcteur sur la pauvreté de sa carte.

Ex. : on ne peut raisonnablement représenter sur une carte de la crise contemporaine la mise en cause de délits financiers d'un capitalisme d'économie de casino (Madoff, Stanford et Lehman Brothers) sauf à représenter les bourses de New York (Nasdaq, Nyse), qui figurent pour d'autres raisons comme épicentre de la crise.

– **L'absence d'effets de masse** ce qui veut dire une carte monocolore, où les faits sont représentés au travers d'un simple exercice de localisations en lieu et place d'un travail de représentation, de classification de l'intensité du phénomène suivant les régions.

Ex. : il est impensable qu'une carte de l'urbanisation mondiale, même à l'heure où la planète compte 50 % d'urbains, ne représente pas les tendances à la mégalopolisation apparues aux États-Unis de *SanSan* (San Francisco-San Diego) à *Boswash* (Boston-Washington) en passant par *Chipitts* (Chicago-Pittsburgh), que l'arc urbain en cours de formation de Rio à Santiago du Chili *via* Buenos Aires ne soit pas représenté, ou la mégalopole au Japon, ni le long ourlet des provinces littorales chinoises, mais également en Europe (l'Europolygone des capitales et l'inévitable arc dorsal européen, souvent appelé banane bleue...) et pourquoi pas l'émergence d'un pôle urbain continu au sud de la Corée ou en Afrique australe.

– **Les localisations fantaisistes** et bien sûr les « agressions » contre l'orthographe des noms de lieux. Le candidat doit savoir que traditionnellement, les correcteurs balaient d'abord les lieux maudits couramment mal orthographiés avant de rentrer dans les détails.

Exemples de localisations souvent erronées : inversion Sao Paulo/Rio de Janeiro, Los Angeles/San Francisco, Crête/Chypre/Malte souvent ignorées dans le bassin méditerranéen, le puzzle balkanique mal décrypté, le golfe — avec un e ! — de Guinée, des États-nations, depuis les indépendances, imprécis, sans parler des républiques d'Asie centrale très souvent rebaptisées.

Et d'orthographe malmenée : sont traditionnellement sacrifiées ***Libye*** (pensez à l'orthographe de Liban pour démarrer) et pas Lybie, ***Shanghai*** et pas Shangai, ***San Francisco*** et pas San Fransisco, ***Méditerranée*** et pas Méditerrannée, ***Sydney*** et pas Sidney etc.

– **Les pictogrammes agressifs** qui sous couvert d'être explicites alourdissent la carte.

Ex. : évitez les pioches croisées en faisceau de licteurs romains pour les mines, les maquettes de yachts Rodriguez pour les constructions navales, les bobines et autres fuseaux pour le textile, et les gueuloirs de hauts-fourneaux pour l'acier...

– **Les représentations de faits, diagrammes et commentaires plaqués** pour ne pas dire surimposés sur la carte, même enchâssés dans des petits cadres : seules les indications géographiques doivent figurer, le reste doit être intégré au devoir ou placé dans la légende.

– **Les exercices de coloriage... ratés** : sans exiger du candidat des talents artistiques particuliers, on est en droit de condamner toute carte bâclée qui se réduirait à une légende calligraphiée : les flux maladroitement représentés, les couleurs agressivement juxtaposées, les gammes de couleurs criardes, les aberrations (isolats plus colorés que les épicentres des phénomènes), les hachures fébriles, les couleurs inappropriées (céréales en violet, prairies en orange ou ports en vert...), des erreurs dans les hiérarchies visuelles (par exemple, des axes de transports dessinés au crayon papier...) seront sources de désagrément final au niveau de la note pour le candidat.

À l'inverse, on ne demande pas au candidat de faire des cartes jolies avec des pastels harmonieux ou l'insignifiant fait loi, et l'essentiel fait défaut. Évitez de systématiquement recolorier les fronts maritimes sauf à vouloir représenter les plateformes littorales ou l'extension des zones qui sont sous le coup des législations mises en place après la conférence de Montego Bay en 1982. Évitez les cartes monochromes avec dégradés subtils, qui effaceront justement les effets de masse, les rapports de force, les hiérarchies...

– **La non-hiérarchisation des faits** : il faut prendre l'habitude de hiérarchiser les flux. Les migrations transméditerranéennes ont peut-être moins d'importance pour le continent africain quantitativement que certains exodes forcés dans le continent le plus conflictuel du monde et continent des réfugiés. Les migrations Corée du Nord-Chine qui ont conduit les autorités chinoises à bâtir un mur protecteur sont moins importantes que les flux de même nature entre les États-Unis et le Mexique qui ont conduit depuis le *Bracero Program* de 1964 à renforcer l'imperméabilité de la frontière.

– **L'absence de construction de la légende** faite pour démontrer, donner un sens à l'interprétation cartographique.

– **Les cartes muettes.** Par mauvaise gestion du temps souvent autant que par ignorance, les candidats proposent des cartes où les localisations sont inexistantes. Une carte tout à fait muette ne peut être corrigée et est sans intérêt. De même, des localisations qui n'ont rien à voir avec le sujet ne peuvent faire illusion.

Dans l'exemple d'une carte sur « l'Europe et la Paix », si Maastricht peut figurer à l'extrême limite parce qu'on y a abordé les problèmes d'une PESD (politique européenne de défense commune), ou Saint-Malo et son programme franco-anglais de mise en place d'une Europe de l'action et de la réaction militaire, on s'étonnera de voir les candidats indiquer par exemple Schengen ou le détail des premiers élargissements... alors que mentionner l'intégration des PECO (pays d'Europe centrale et orientale) est nécessaire puisqu'elle met fin à la confrontation déstabilisante Est/Ouest. Tout est donc affaire de discernement.

– **Les cartes encombrées et confuses.** Il faut répartir les informations, ne pas oublier que, éventuellement, on peut utiliser en légende des cartons qui peuvent ouvrir une focale plus précise sur un phénomène.

Ex. : dans une carte au format A4, pour évoquer les tensions maritimes en Asie orientale, il sera peut-être difficile de localiser les principaux pays concernés par ces conflits, les îles et zones économiques exclusives impliquées (comme Natuna, Paracelse et autres Spratly), les zones contestées dès les lendemains de la Seconde Guerre mondiale (des îles Senkaku à Sakhaline...) et les ports de la région (car même si vous isolez les ports de plus de 100 millions de tonnes, ils sont légion). Des numéros peuvent être écrits dans la légende et les noms très longs peuvent y figurer (Shimonoseki qui sur la carte déborderait sur 4 pays...). De toute façon, une ou deux localisations peuvent être suffisantes pour prouver ce que l'on veut indiquer. Le jury n'exige pas une exhaustivité des phénomènes représentés mais des pistes, qui éventuellement pourraient être complétées avec plus de temps ou plus de références bibliographiques.

### Conclusion : des cartes angoissées... ?

Il ne faut pas avoir l'angoisse de la carte blanche, les régions faiblement ou pas concernées par un indicateur peuvent rester vierges à condition qu'elles aient leur rubrique dans la légende pour les justifier. Il ne faut pas non plus avoir l'angoisse de l'exhaustivité. Il faut ramener ce croquis à ce qu'il est : un exercice conditionné par le temps, 45 minutes maximum sur un devoir de 4 heures. Les correcteurs sont fréquemment conduits à valoriser en les notant 5/5 des cartes simplement correctes (mais toujours démonstratives en lien avec la dissertation !). La moyenne au concours, le nombre de copies qui obtiennent 20 (une dizaine *a minima* à chaque session) doivent vous rassurer.

Ce n'est pas le hasard qui rythme les notations, ce n'est pas le rapport émotionnel, passionnel, et irrationnel qui lie le correcteur à la carte et fixe le barème de notation. Devant la difficulté de noter une carte sur 5, le jury évaluera toujours la carte sur 20 avant de la ramener à 5 et il pourra utiliser la grille subliminale ou effective suivante :

- Légende (et problématisation avec le titre) : 8 à 10 points maximum.
- Technique, lisibilité, impression artistique de la carte : 2 à 4 points maximum.
- Interactivité dissertation/carte : de 2 à 4 points.
- Dynamisation, localisation, nomenclature : 4 à 6 points.

## 5. Un exemple

### Ce que l'on aurait pu attendre d'un étudiant au concours ESCP 2009

On rappelle qu'il n'y a pas de bon croquis sans interaction avec la dissertation, c'est-à-dire sans référence à celui-ci dans le devoir, sans utilisation et intégration de celui-ci à la problématique globale retenue. Ceci étant, voici ce qu'aurait pu être la carte réalisée pour le sujet ESCP 2009 : « Fragmentations et intégrations en Amérique », dans le temps imparti et avec les mêmes outils que ceux que vous avez à votre disposition (voir pages suivantes).

Rien de plus utile que de partir d'une carte très largement inspirée par les travaux d'une de nos étudiantes au concours. Cette carte méritait 5/5, note emblématique de la perfection qui venait récompenser un travail remarquable... sans toutefois être parfait (dans des circonstances particulières : concours, stress, temps impérieusement limité). En effet, rappelons que comme les meilleurs devoirs ont 20, les croquis les plus convaincants sont portés à 5/5 en dépit de défauts subsistants.

• **10 raisons de mettre une bonne note à cette prestation** :

1. La clarté de la carte : graphisme inspiré et épuré, palette de couleurs harmonieuses, écriture agréable et sobre... on voit que cette carte n'a pas été élaborée dans l'angoisse ni l'urgence.

2. L'orthographe rigoureuse et le vocabulaire précis (*ségrégation urbaine, centre décisionnel, disparités spatiales*).

3. Le plan de la légende qui, sans reproduire le plan du devoir peut s'en rapprocher ; les trois parties constituent une véritable démonstration (impression renforcée par les titres de parties qui s'articulent...).

4. La capacité de structurer des sous-parties (3 chaque fois) sans artifice mais avec logique, mention spéciale à la 3e partie et son élégant « dialogue renouvelé ».

5. Une légende qui tient en une page, n'est pas un devoir bis ou un roman-fleuve, et respecte la norme imposée depuis la session 2009 justement.

6. La capacité d'actualiser les données mobilisées : forum de Belem (2009), rapport du comité pour l'annulation de la dette (2009), Unasur (2008).

7. La précision des faits retenus ni trop abondants, ni trop clairsemés, les localisations sont soignées.

8. Le strict respect de ne restituer que des faits cartographiables : mention spéciale au virage à gauche latino-américain représenté par un évocateur cercle fléché !

9. La lecture à plusieurs échelles des fragmentations : urbaines, régionales, interétatiques.

10. Comparativement à bien d'autres productions, cette carte a sa propre fonction démonstrative et, en enrichissant singulièrement la dissertation, donne un sens à l'épreuve.

• **Qu'importent donc les insuffisances :**

1. Une carte un peu trop liée aux relations États-Unis/Amérique du Sud.

2. Des fragmentations de l'espace nord-américain occultées.

3. Des facteurs ethnoculturels passés sous silence (langues, indianité...).

4. Des effets de la mondialisation dans la fragmentation un peu évasivement traités (silence sur les corridors d'exportation, sur les *hubs*, sur les axes mégalopolitains nés de l'interdépendance).

5. Les effets de masse qui n'apparaissent pas assez : coupure Amérique du Nord et du Sud, coupures entre puissance régionale brésilienne et les autres, coupures littoral/arrière-pays, hiérarchie du réseau urbain...

On pourra toujours constater des manques, trouver que certaines annotations ne sont pas explicites, discuter certains choix de la légende.

Ainsi les politiques de gauche, mentionnées dans la troisième partie, qui sont menées dans de nombreux pays d'Amérique latine divisent autant qu'elles permettent de dépasser certaines fragmentations. Mais c'est à la dissertation, en interaction avec la carte, d'expliciter des contradictions apparentes. Surtout, que pèsent ces critiques au regard de l'intérêt de ce travail, réalisé en 45 ou 50 minutes, qui vient nourrir un devoir dont la dissertation était également fort bien construite et argumentée? « La cartographie vit de cette sorte d'ambiguïté qui la situe à la confluence de la science exacte et de l'art… » (Jean-Claude Groshens). En dépit donc de ses ambiguïtés et par ses qualités (cohérence, synthèse, précision, clarté), ce croquis, qui donne à voir la dimension spatiale du sujet posé, éclaire d'une manière irremplaçable la problématique suivie.

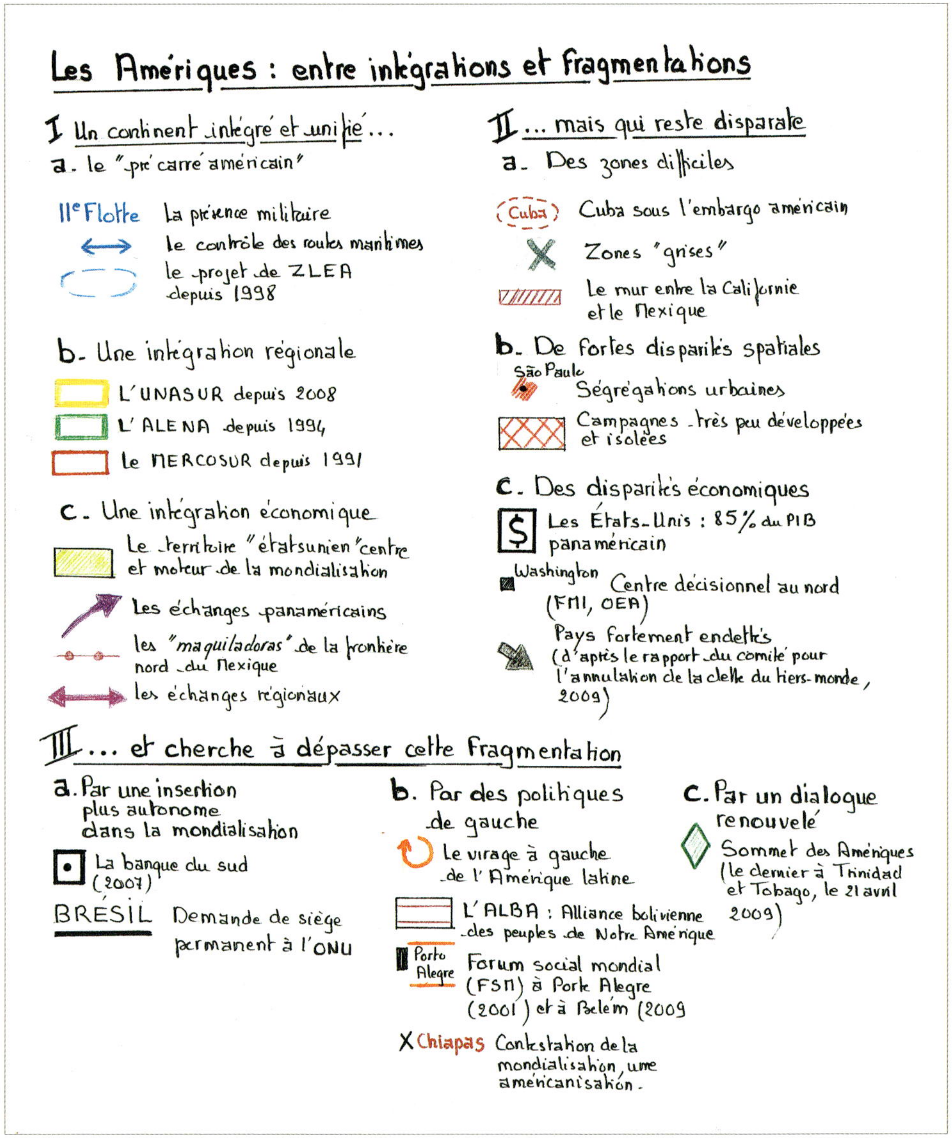

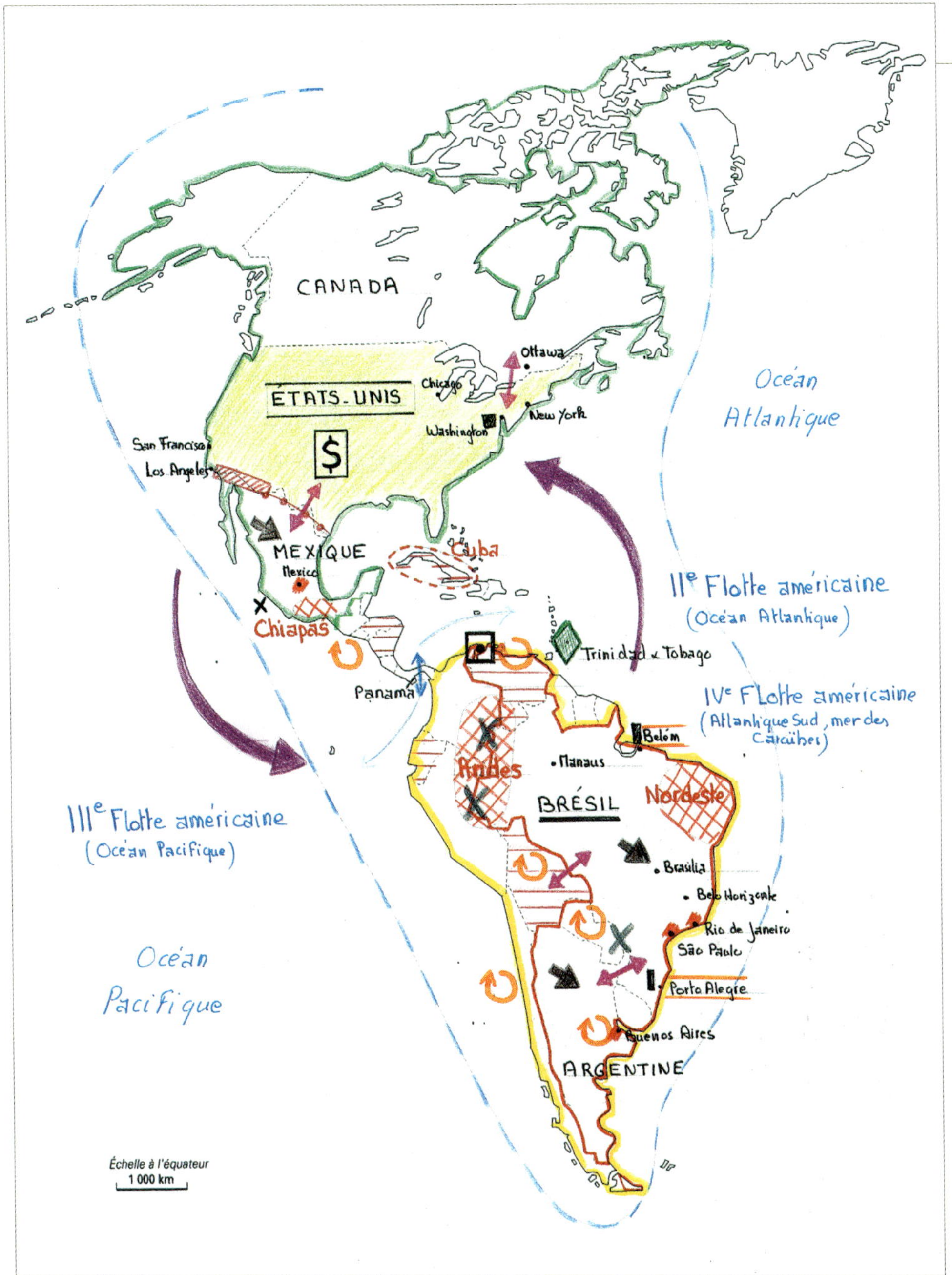
CANADA
ÉTATS-UNIS
Ottawa
Chicago
New York
Washington
San Francisco
Los Angeles
$
MEXIQUE
Mexico
Cuba
Chiapas
Panama
Trinidad & Tobago
Océan Atlantique
IIe Flotte américaine
(Océan Atlantique)
IVe Flotte américaine
(Atlantique Sud, mer des Caraïbes)
Belém
Manaus
Andes
BRÉSIL
Nordeste
Brasilia
Belo Horizonte
Rio de Janeiro
São Paulo
Porto Alegre
Buenos Aires
ARGENTINE
IIIe Flotte américaine
(Océan Pacifique)
Océan Pacifique
Échelle à l'équateur
1 000 km

# Un monde de cartes à connaître

# Un monde de cartes à connaître

> “La carte a pour objet de donner à une échelle accessible au regard, une image de l'espace géographique que souhaitent connaître les hommes soit à titre de curiosité soit à titre d'utilité.”
>
> P. George, *Les Hommes sur la terre*, Seghers, 1989.

Le recueil de cartes proposé dans cette seconde partie a trois objectifs :

- Fournir les cadres spatiaux les plus indispensables pour situer, localiser les problèmes géopolitiques, les territoires en jeu.

Tout exercice de cartographie exige un apprentissage initial des lieux, villes, États, ensembles régionaux : se situer... c'est localiser. Par exemple, aborder la puissance régionale de l'Iran suppose au préalable d'en identifier aisément ses voisins, et pénétrer les conflits africains des Grands Lacs, c'est connaître les États de la région tous impliqués !

- Dégager à partir de quelques cartes des rapports de forces, des enjeux contemporains, des dynamiques spatiales.

Une carte, c'est une chose entendue depuis le stratège Napoléon, vaut souvent mieux qu'un long discours et les problématiques les plus contemporaines peuvent être largement abordées à partir d'elles. Beaucoup de défis du siècle sont ainsi évoqués au travers de cartes dans cette partie – mondialisation, risques, conflits...

- Proposer un bagage indispensable et minimal pour tout étudiant préparant des épreuves de géopolitique.

En particulier, dans l'optique des concours aux Écoles de commerce, il va de soi qu'une bonne maîtrise de ce mini-atlas est nécessaire pour comprendre le programme ; ces cartes pourront aussi servir de point d'appui pour s'exercer au commentaire, ou fourniront matière pour réaliser les croquis de synthèse. Certains thèmes – étudiés en troisième partie – n'ont pas été retenus pour éviter toute redondance. On se reportera donc utilement à cette dernière section de l'ouvrage.

Enfin, s'il s'agit déjà bien d'un premier monde à explorer et maîtriser. Cet ensemble, volontairement et arbitrairement réduit à une trentaine de cartes, ne saurait dispenser du recours à des atlas (cf. bibliographie). Il faut, au fil des lectures, pratiquer des exercices de localisation continus (lieux de conférences internationales, d'événements de l'actualité...) et s'habituer à lire et comprendre des cartes très variées.

## Table des cartes

# L'AFRIQUE

PORTUGAL
ESPAGNE
ITALIE
GRÈCE
TURQUIE
Alger
Oran
Tunis
Mer Méditerranée
Détroit de Gibraltar
Rabat
Casablanca
Madère (PORTUGAL)
Atlas
Djebel Toubkal 4 167 m
TUNISIE
CHYPRE
SYRIE
LIBAN
IRAK
IRAN
AFGHANISTAN
Tripoli
Alexandrie
ISRAËL
JORDANIE
Canaries (ESPAGNE)
MAROC
ALGÉRIE
LIBYE
Le Caire
PAKISTAN
Nil
ÉGYPTE
Mer Rouge
ARABIE SAOUDITE
Sahara occidental
Tropique du Cancer
Hoggar
Lac Nasser
Sahara
Tibesti
MAURITANIE
MALI
CAP-VERT
Nouakchott
Praïa
Niger
NIGER
TCHAD
SOUDAN
Khartoum
ÉRYTHRÉE
Asmara
YÉMEN
Dakar
SÉNÉGAL
Sénégal
GAMBIE
Banjul
Bamako
BURKINA FASO
Niamey
Lac Tchad
N'Djamena
Darfour
Nil Bleu
Lac Tana
Golfe d'Aden
DJIBOUTI
Djibouti
GUINÉE-BISSAU
Bissau
Fouta Djalon 1 538 m
Ouagadougou
NIGERIA
Chari
Nil Blanc
Addis-Abéba
GUINÉE
Conakry
BÉNIN
Abuja
Freetown
CÔTE-D'IVOIRE
TOGO
Ibadan
CAMEROUN
SOUDAN DU SUD
Massif éthiopien
SIERRA LEONE
GHANA
Lagos
Mont Cameroun 4 070 m
CENTRAFRIQUE
ÉTHIOPIE
Monrovia
Yamoussoukro
Porto Novo
Douala
Bangui
Juba
LIBERIA
Abidjan
Accra
Lomé
Malabo
Yaoundé
Oubangui
Lac Turkana
SOMALIE
GUINÉE ÉQUATORIALE
Congo
Lac Albert
OUGANDA
KENYA
Mogadiscio
OCÉAN INDIEN
Équateur
SÃO TOMÉ ET PRINCIPE
São Tomé
Libreville
RÉPUBLIQUE DÉMOCRATIQUE DU CONGO
Kampala
Lac Victoria
Kenya 5 200 m
Nairobi
GABON
CONGO
RWANDA
Kigali
Kilimandjaro 5 895 m
Brazzaville
BURUNDI
Bujumbura
SEYCHELLES
Victoria
Kinshasa
Lac Tanganyika
TANZANIE
Cabinda (ANGOLA)
Tabora
Zanzibar
Ascension (ROYAUME-UNI)
OCÉAN ATLANTIQUE
Dodoma
Dar es-Salaam
Plateau de l'Afrique orientale
Luanda
Lac Malawi
COMORES
Moroni
Lubumbashi
ANGOLA
ZAMBIE
Lilongwe
Mayotte (FRANCE)
Ste-Hélène (ROYAUME-UNI)
MALAWI
Lusaka
Zambèze
Plateau d'Angola
Harare
MADAGASCAR
ZIMBABWE
Antananarivo
NAMIBIE
BOTSWANA
MAURICE
Port-Louis
Windhoek
Limpopo
MOZAMBIQUE
Tropique du Capricorne
Réunion (FRANCE)
Namib
Gaborone
Désert du Kalahari
Pretoria
Maputo
Johannesburg
Mbabane
Orange
SWAZILAND
LESOTHO
Maseru
Drakensberg
AFRIQUE DU SUD
Le Cap
Port Elizabeth
Cap de Bonne-Espérance
Frontière internationale
Dakar Capitale du pays
Grande ville (plus de 5 millions d'habitants)
Autre ville importante
Massif montagneux
Sommet
1 000 km

# LE MONDE RUSSE ET SES MARGES

# L'EUROPE OCCIDENTALE ET CENTRALE

# L'AMÉRIQUE DU NORD

# L'AMÉRIQUE LATINE

# L'ASIE ORIENTALE

# LE MOYEN-ORIENT

# LA FRANCE MÉTROPOLITAINE

# LA FRANCE DANS LE MONDE

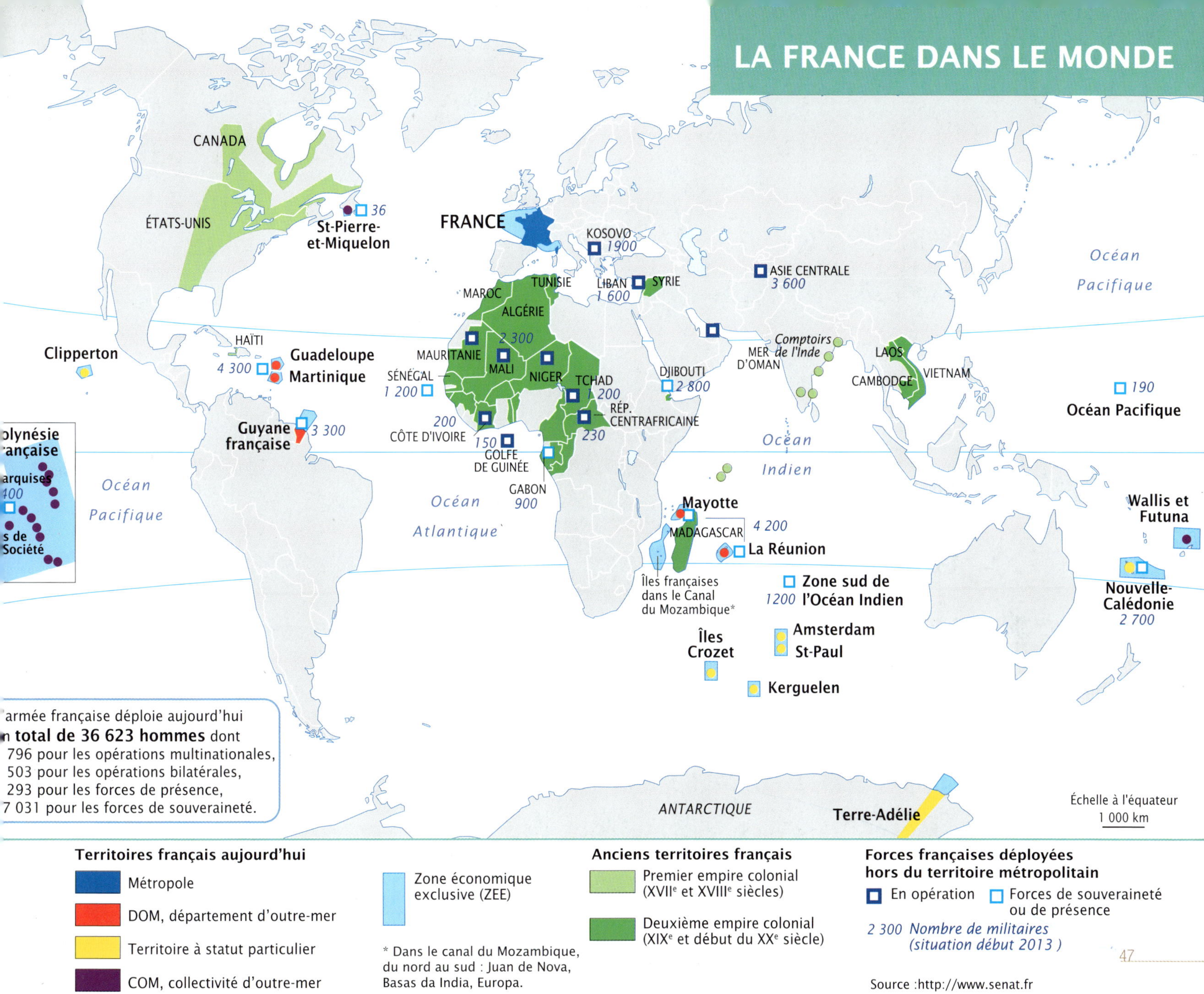


Source : http://www.senat.fr

# LE MONDE EN 1900

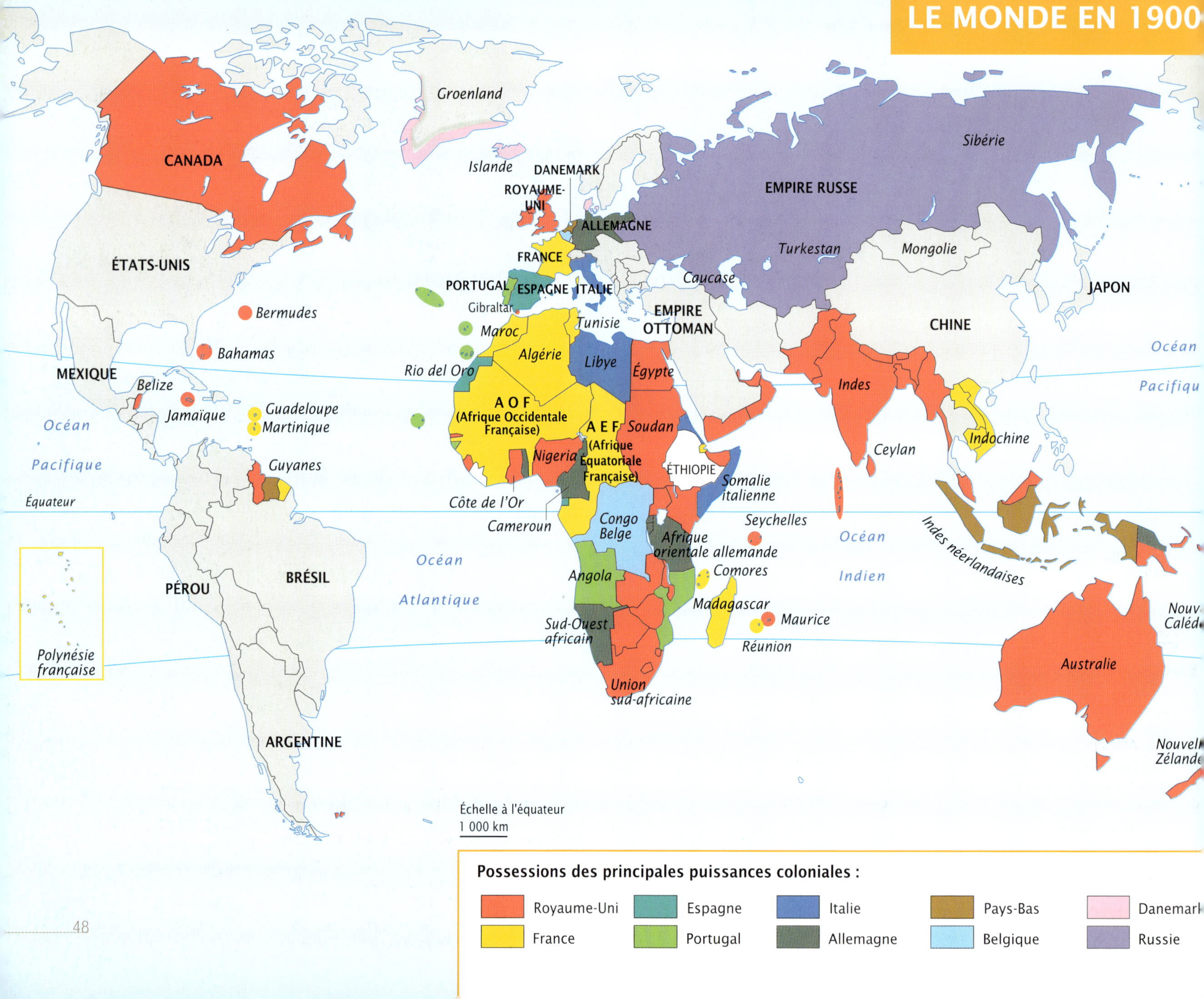

# LE MONDE PARTAGÉ PAR LA GUERRE FROIDE À LA FIN DES ANNÉES 1950

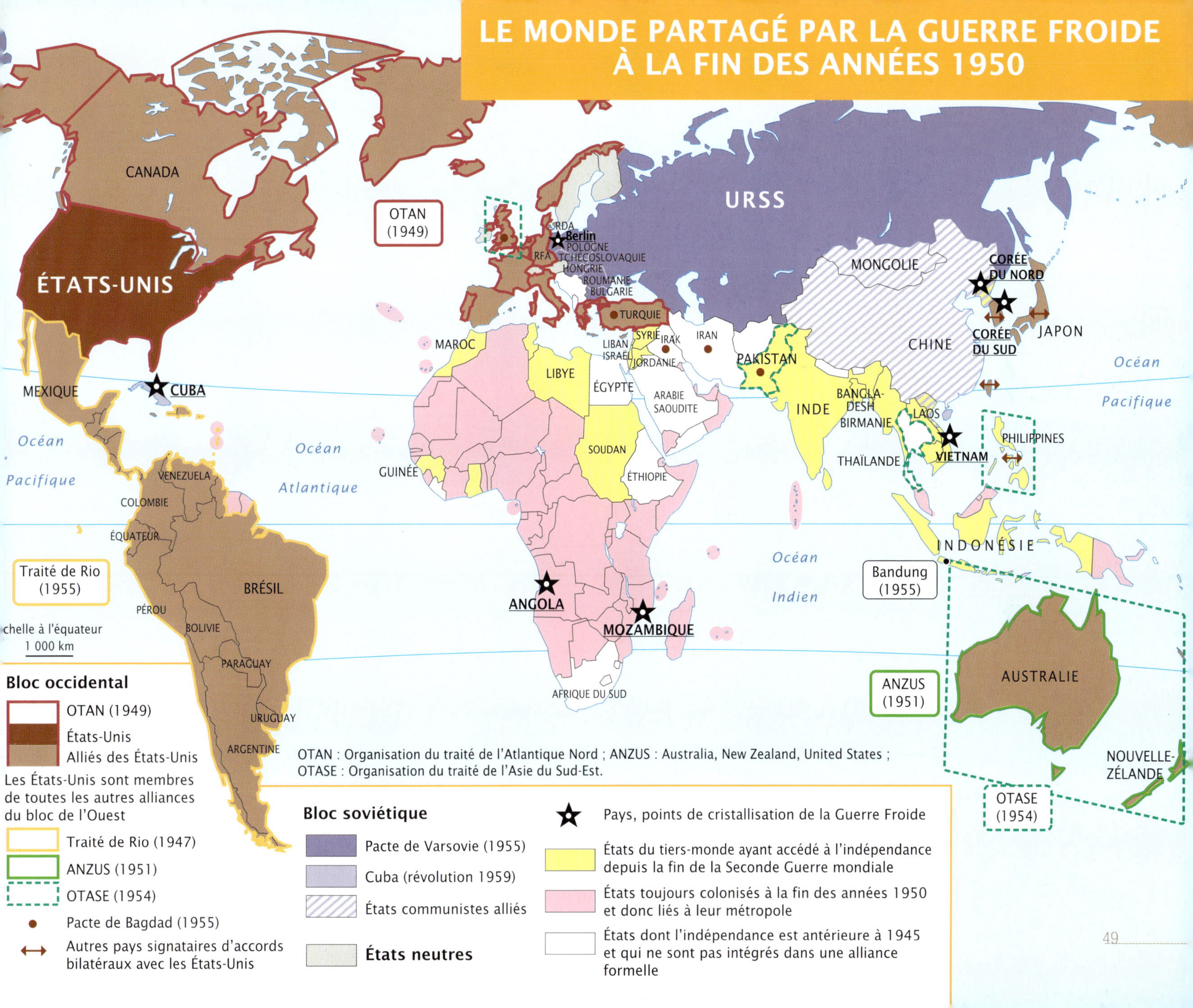

# L'ORDRE GÉOÉCONOMIQUE DU MONDE AU DÉBUT DU XXIᴱ SIÈCLE

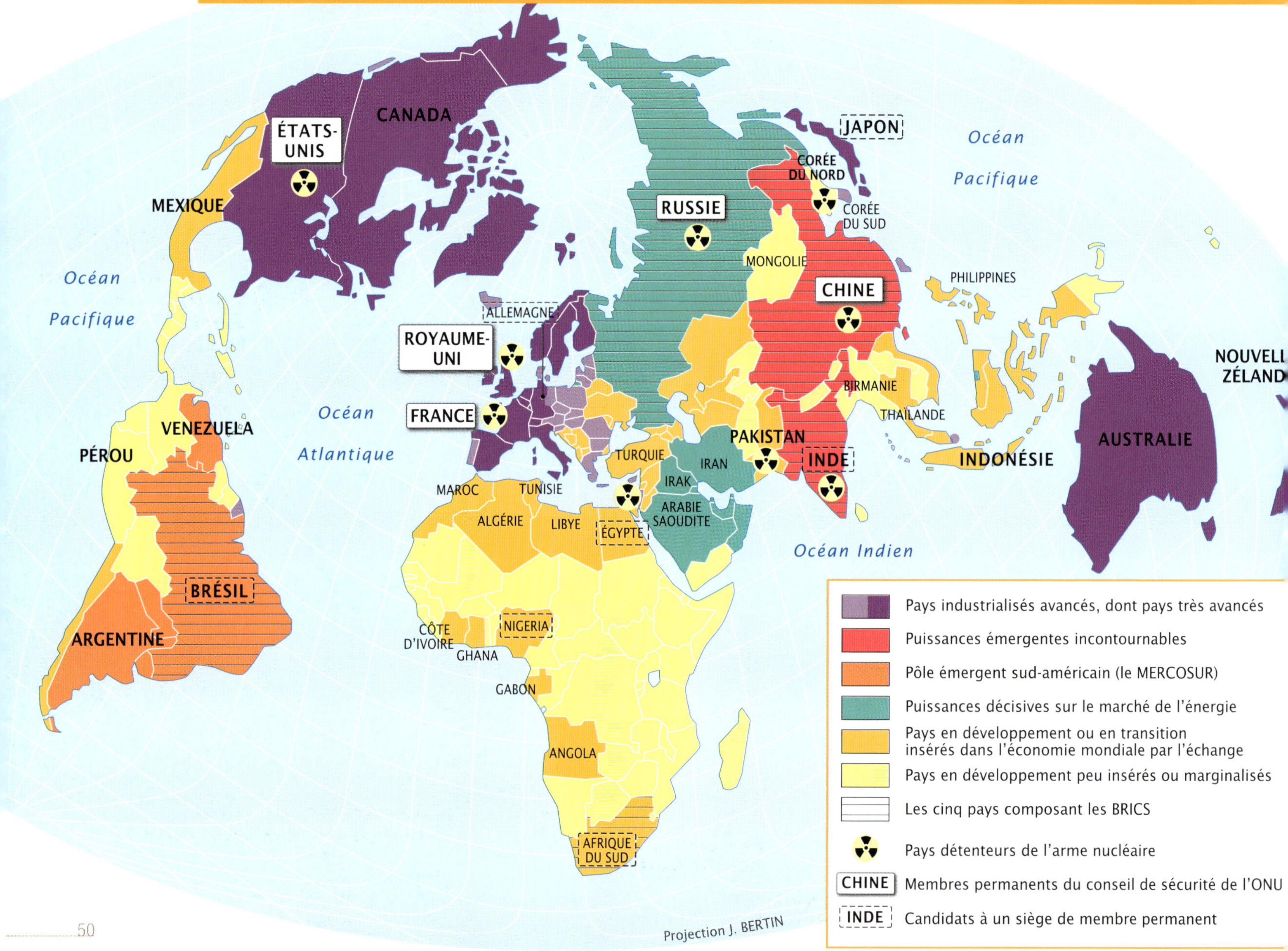

# LA POPULATION MONDIALE

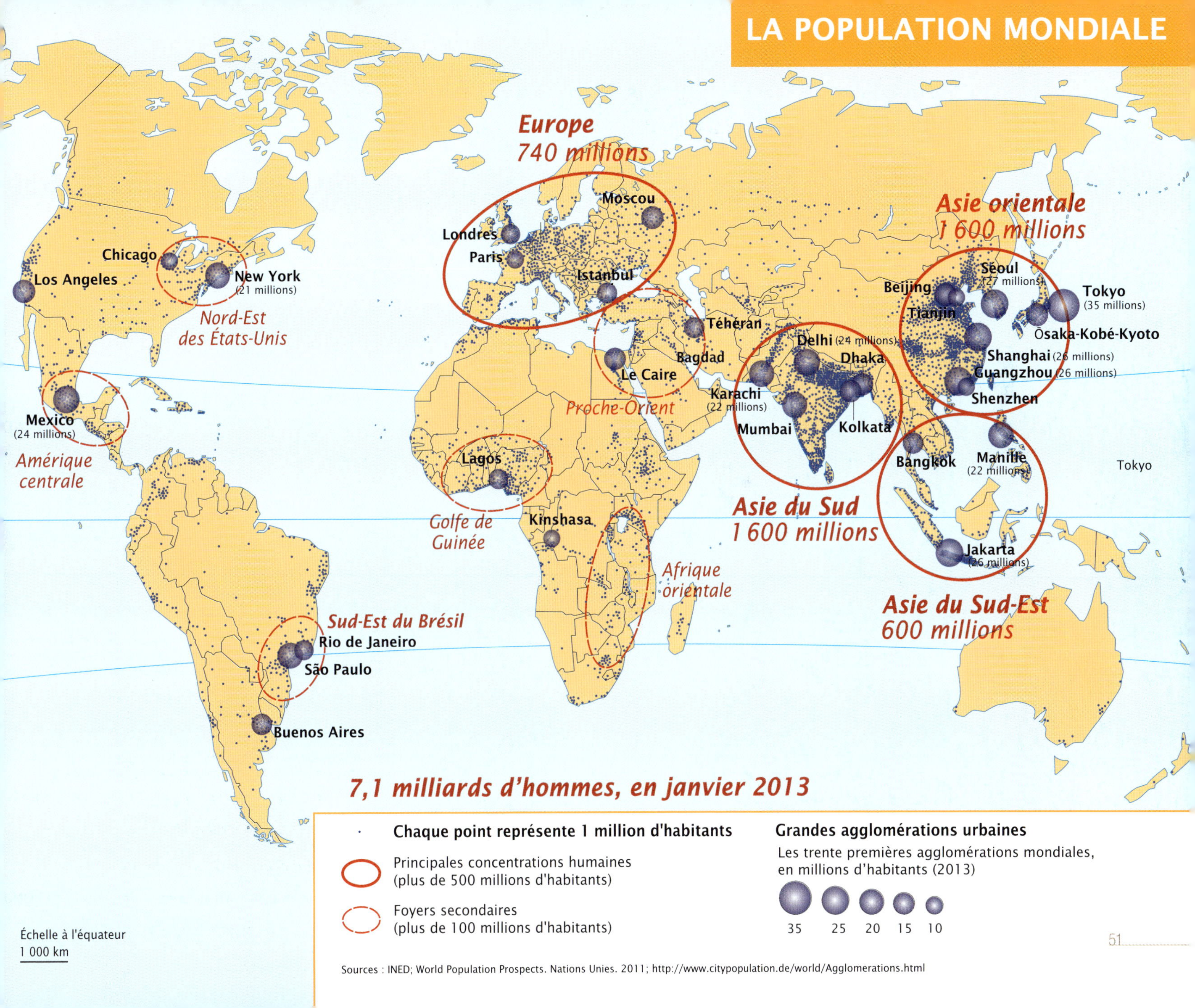


Sources : INED; World Population Prospects. Nations Unies. 2011; http://www.citypopulation.de/world/Agglomerations.html

# LA PUISSANCE MILITAIRE

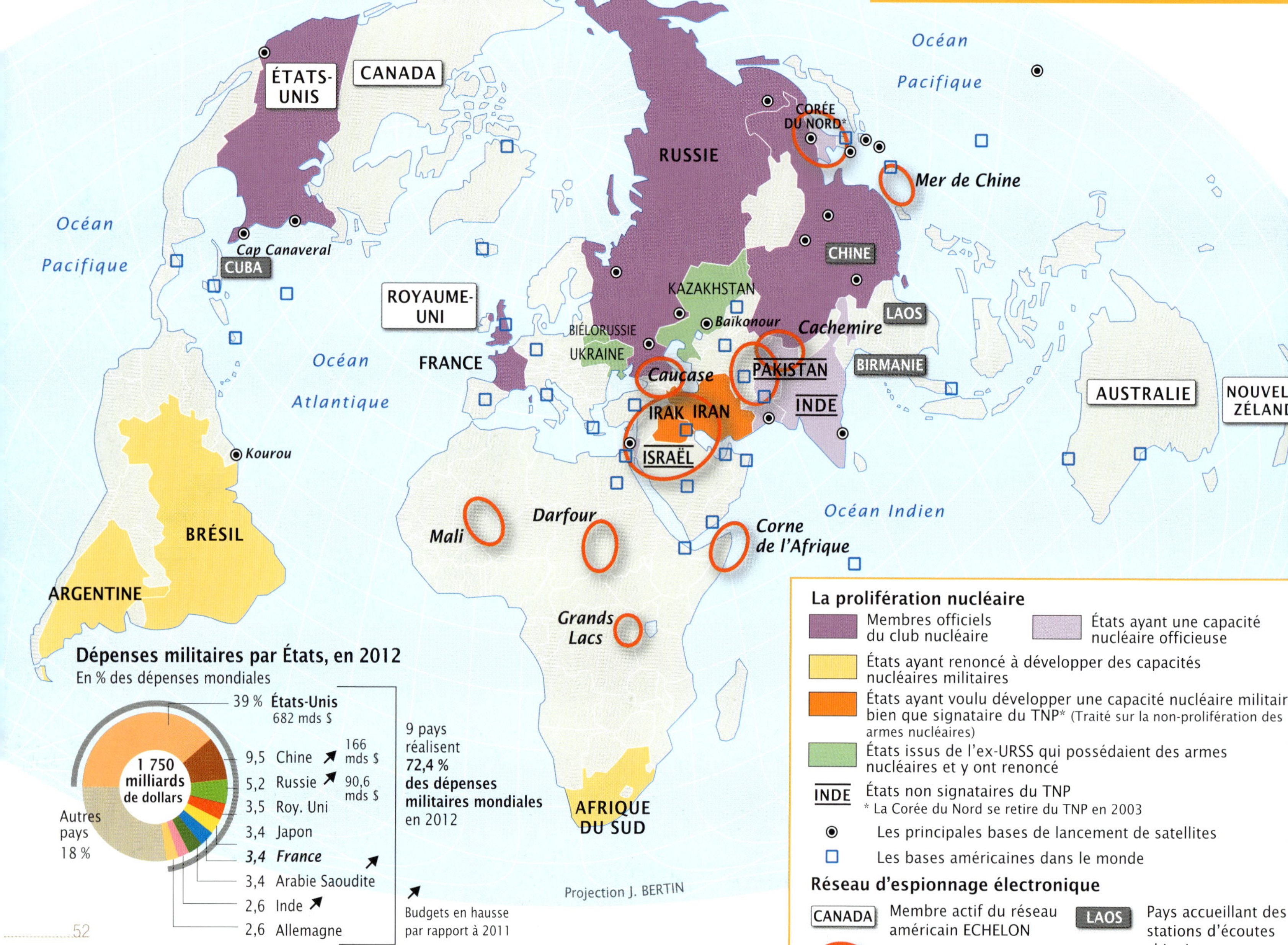


Source : *Stockholm International Peace Research Institute (SIPRI), Yearbook, 2013.*

# LA PUISSANCE SCIENTIFIQUE ET TECHNOLOGIQUE

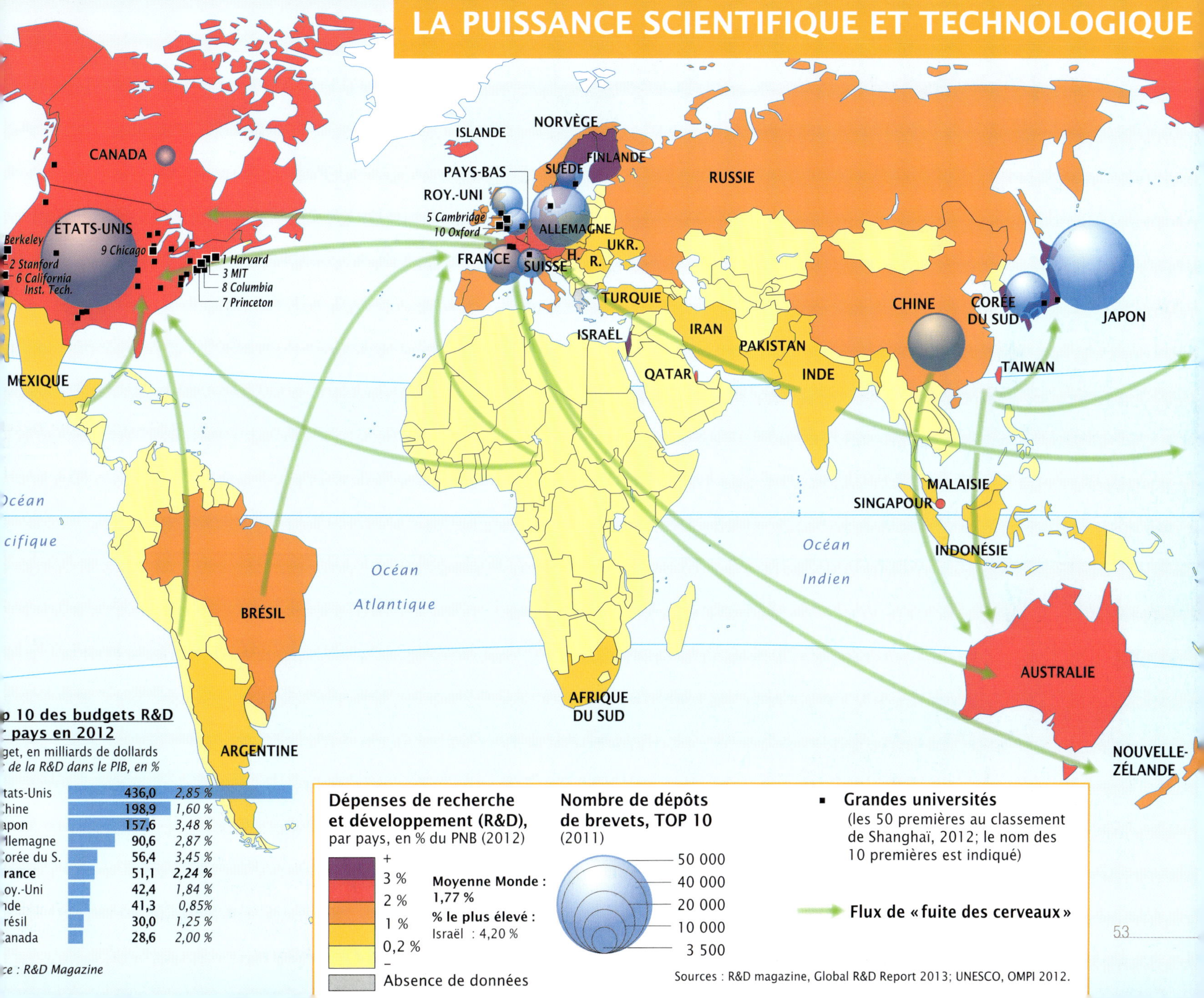


**p 10 des budgets R&D**
**r pays en 2012**

get, en milliards de dollars
*de la R&D dans le PIB, en %*

| | | |
|---|---|---|
| tats-Unis | 436,0 | *2,85 %* |
| hine | 198,9 | *1,60 %* |
| apon | 157,6 | *3,48 %* |
| llemagne | 90,6 | *2,87 %* |
| orée du S. | 56,4 | *3,45 %* |
| **rance** | **51,1** | **2,24 %** |
| oy.-Uni | 42,4 | *1,84 %* |
| nde | 41,3 | *0,85%* |
| résil | 30,0 | *1,25 %* |
| anada | 28,6 | *2,00 %* |

*ce : R&D Magazine*

**Dépenses de recherche et développement (R&D),** par pays, en % du PNB (2012)

- +
- 3 %
- 2 %
- 1 %
- 0,2 %
- –
- Absence de données

**Moyenne Monde : 1,77 %**

**% le plus élevé :** Israël : 4,20 %

**Nombre de dépôts de brevets, TOP 10** (2011)

50 000 / 40 000 / 20 000 / 10 000 / 3 500

▪ **Grandes universités** (les 50 premières au classement de Shanghaï, 2012; le nom des 10 premières est indiqué)

**Flux de « fuite des cerveaux »**

Sources : R&D magazine, Global R&D Report 2013; UNESCO, OMPI 2012.

# LES GROUPEMENTS POLITIQUES ET ÉCONOMIQUES

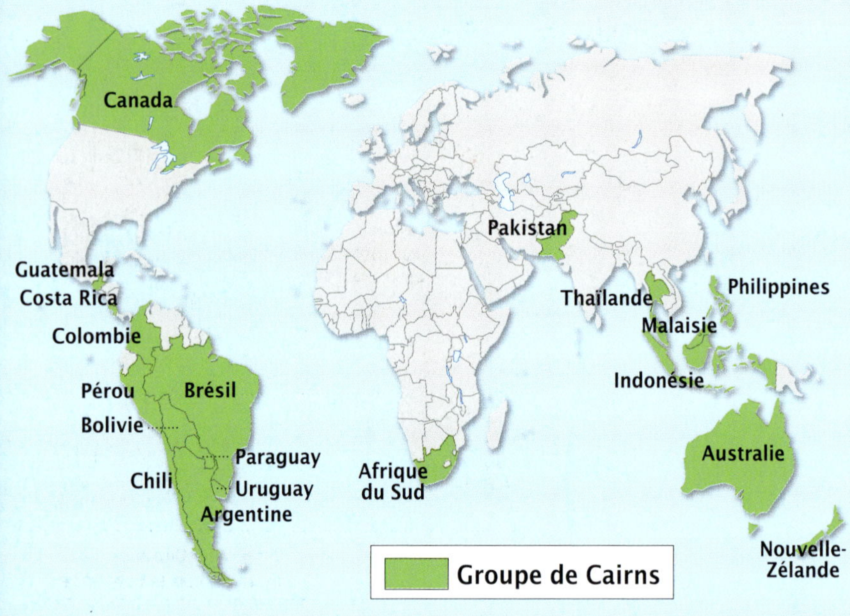


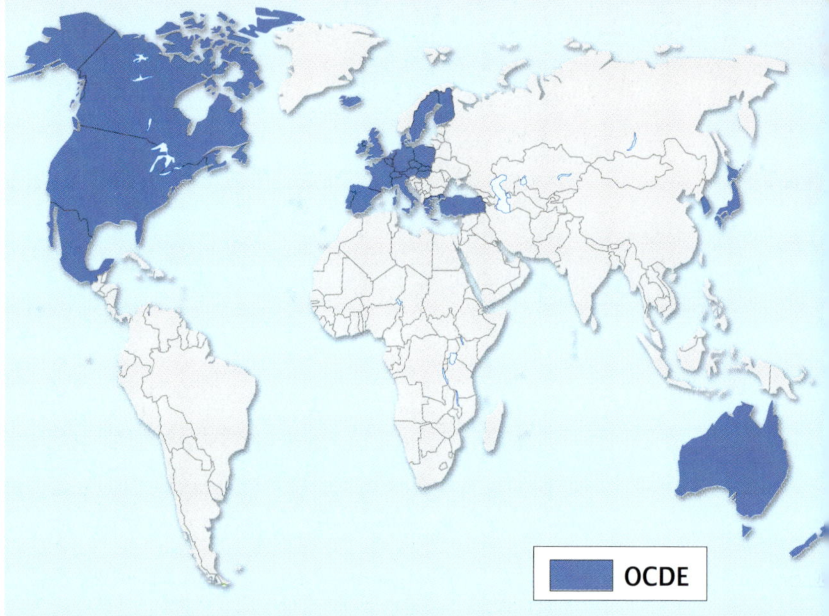


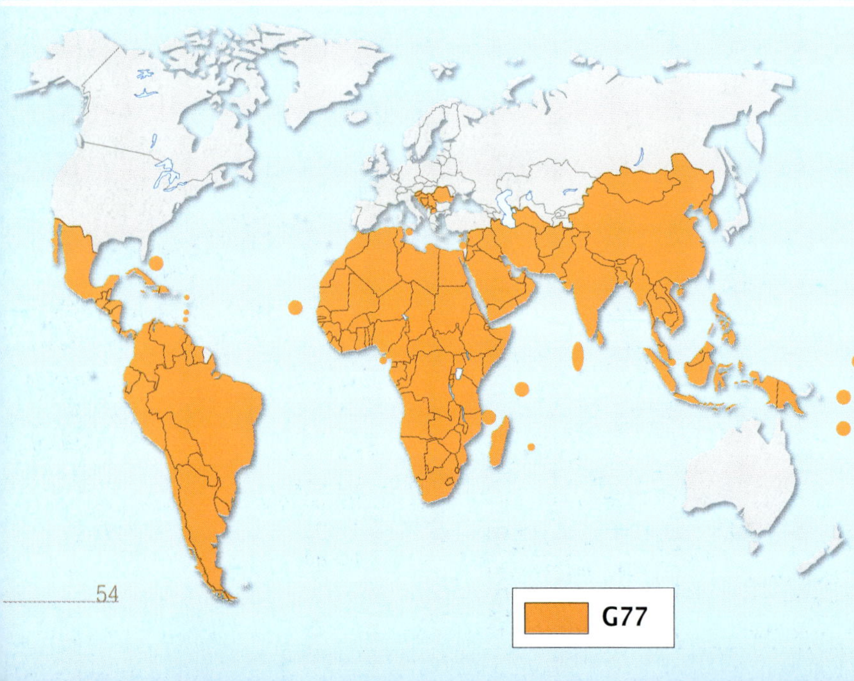


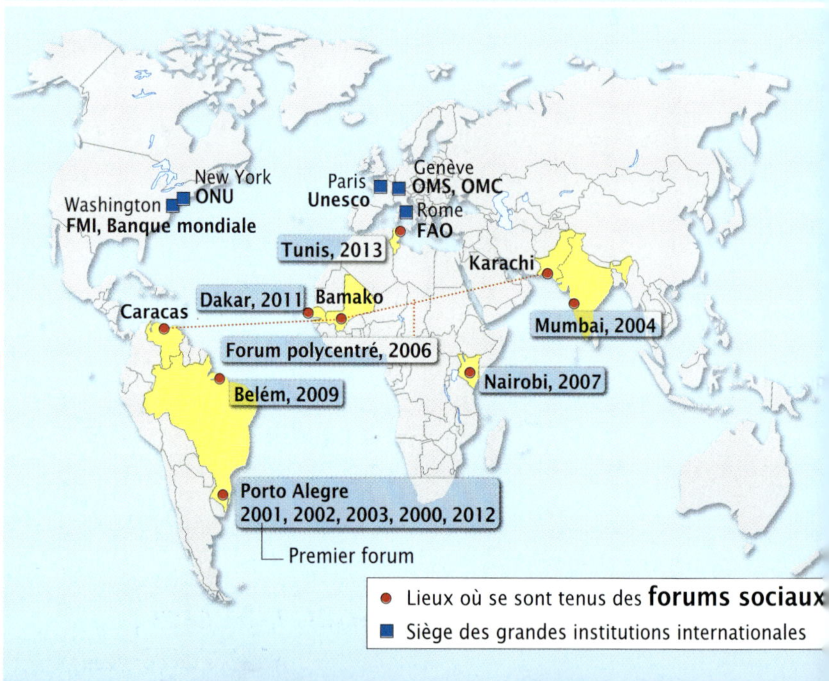

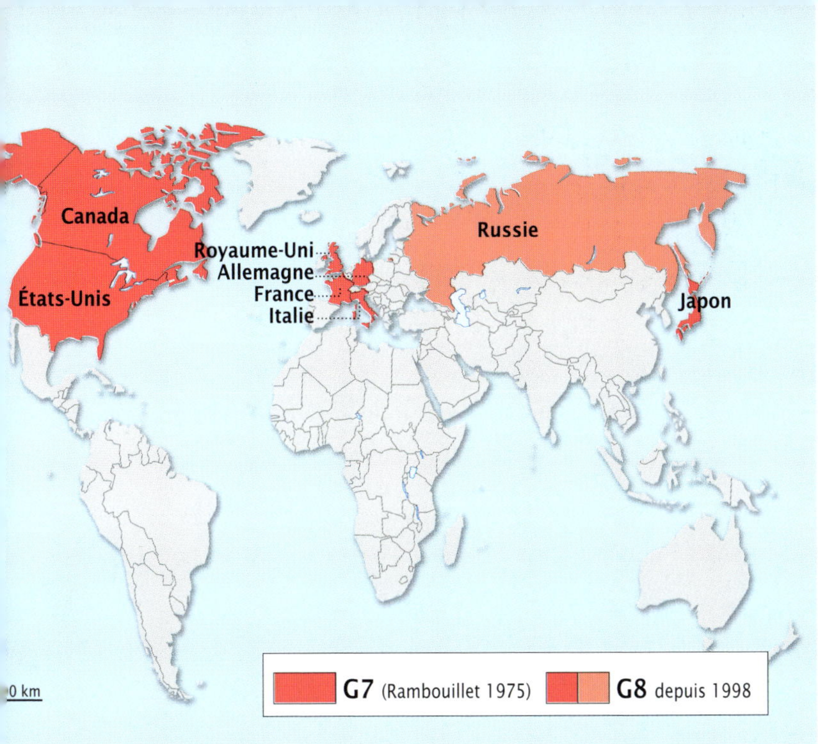
Canada
États-Unis
Royaume-Uni
Allemagne
France
Italie
Russie
Japon
0 km
G7 (Rambouillet 1975)
G8 depuis 1998

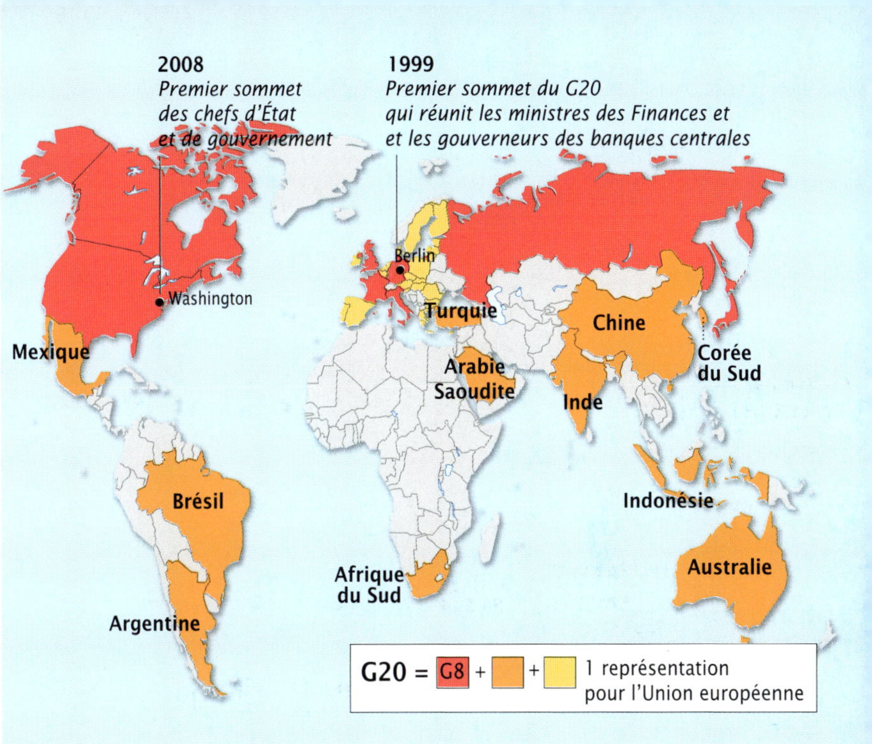
2008
Premier sommet des chefs d'État et de gouvernement
1999
Premier sommet du G20 qui réunit les ministres des Finances et et les gouverneurs des banques centrales
Berlin
Washington
Mexique
Turquie
Chine
Arabie Saoudite
Corée du Sud
Inde
Brésil
Indonésie
Afrique du Sud
Australie
Argentine
G20 = G8 + + 1 représentation pour l'Union européenne

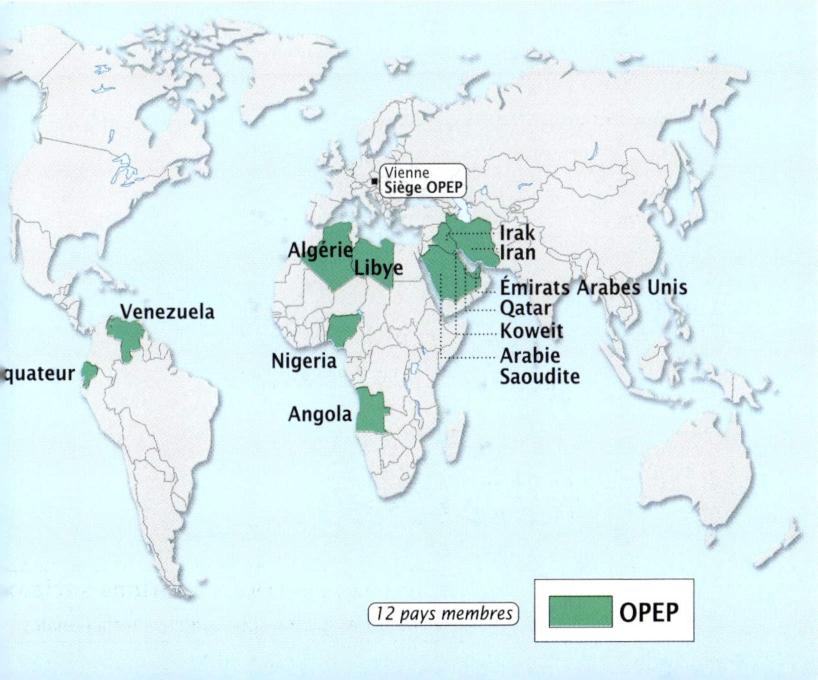
Vienne
Siège OPEP
Irak
Iran
Algérie
Libye
Émirats Arabes Unis
Qatar
Koweit
Arabie Saoudite
Venezuela
Nigeria
quateur
Angola
12 pays membres
OPEP

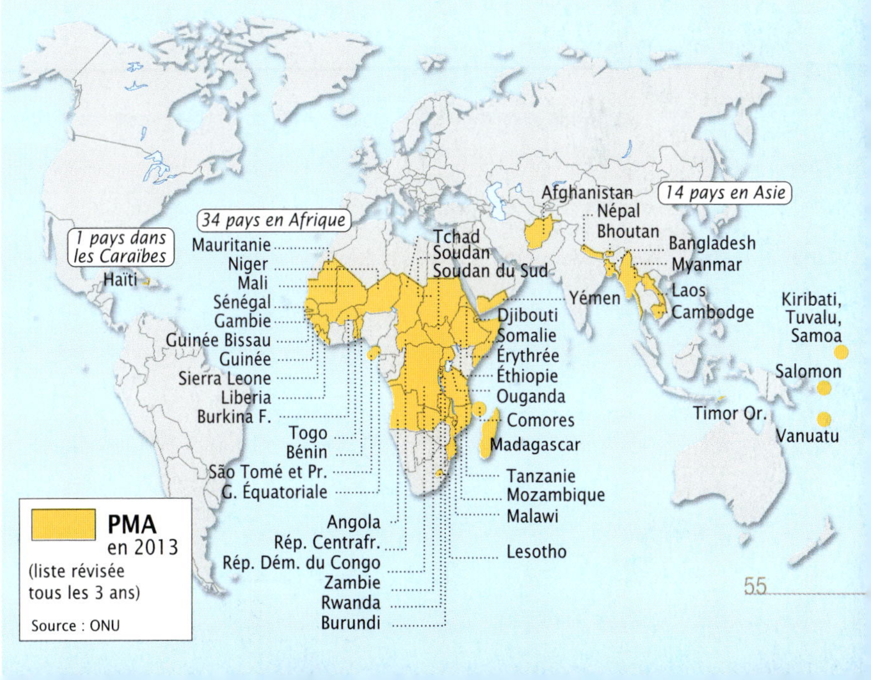
Afghanistan
14 pays en Asie
Népal
Bhoutan
Bangladesh
Myanmar
Laos
Cambodge
Yémen
34 pays en Afrique
1 pays dans les Caraïbes
Haïti
Mauritanie
Niger
Mali
Sénégal
Gambie
Guinée Bissau
Guinée
Sierra Leone
Liberia
Burkina F.
Togo
Bénin
São Tomé et Pr.
G. Équatoriale
Angola
Rép. Centrafr.
Rép. Dém. du Congo
Zambie
Rwanda
Burundi
Tchad
Soudan
Soudan du Sud
Djibouti
Somalie
Érythrée
Éthiopie
Ouganda
Comores
Madagascar
Tanzanie
Mozambique
Malawi
Lesotho
Kiribati, Tuvalu, Samoa
Salomon
Timor Or.
Vanuatu
PMA en 2013
(liste révisée tous les 3 ans)
Source : ONU

# LES ORGANISATIONS ÉCONOMIQUES RÉGIONALES AFRICAINES

**Union africaine (UA)**

TOGO **Pays membre** (tous les pays d'Afrique, sauf le Maroc qui se retire en 1984 de l'OUA après la reconnaissance et l'adhésion de la République sahraouie)
L'UA a remplacé l'OUA (Organisation de l'unité africaine) en 2002

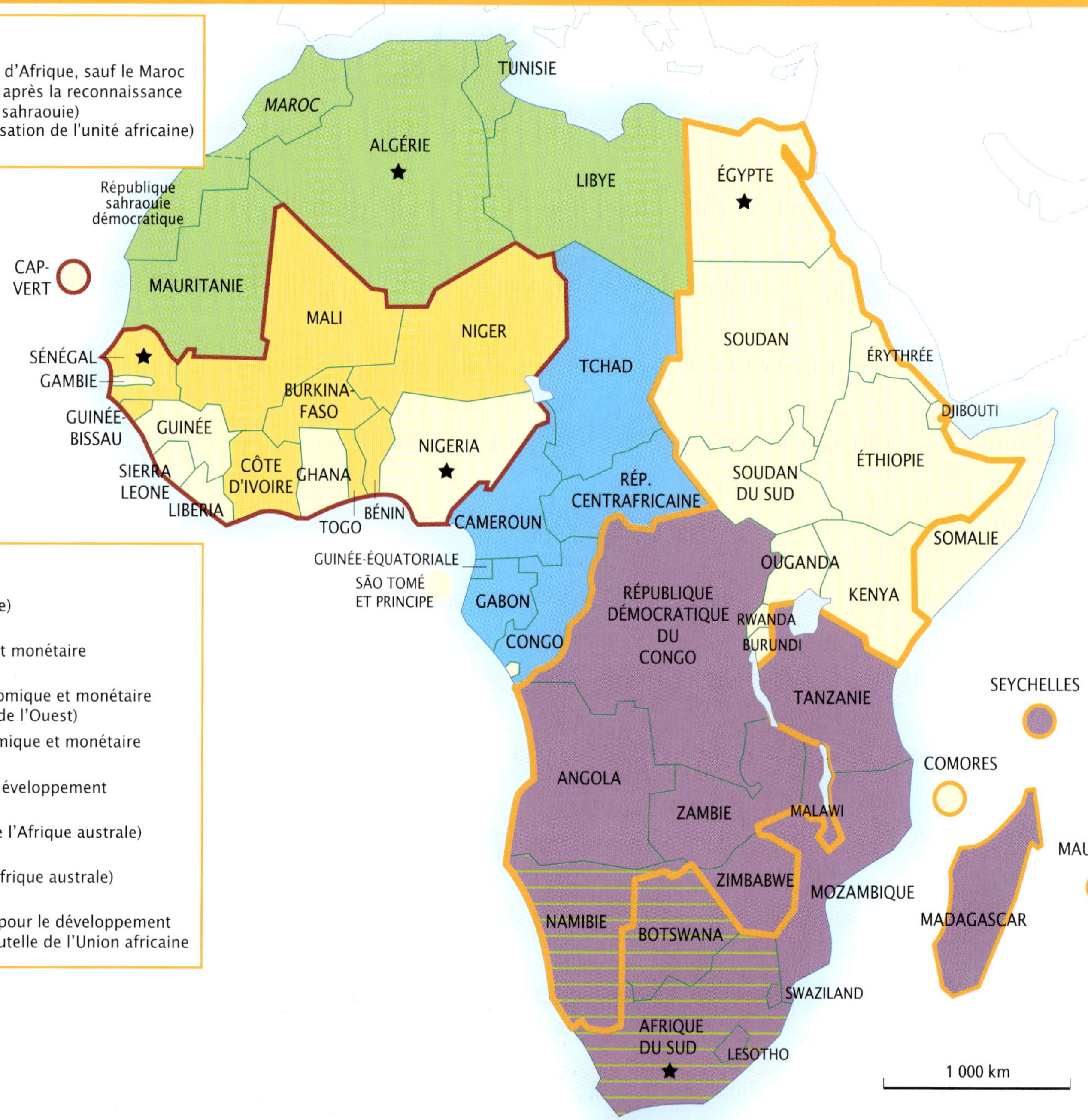


**Autres principales organisations**

- **UMA** (Union du Maghreb arabe)
- **UEMOA** (Union économique et monétaire ouest-africaine)
- **CEDEAO** (Communauté économique et monétaire des États d'Afrique de l'Ouest)
- **CEMAC** (Communauté économique et monétaire d'Afrique centrale)
- **SADC** (Communauté pour le développement d'Afrique australe)
- **COMESA** (Marché commun de l'Afrique australe)
- **SACU** (Marché commun de l'Afrique australe)
- ★ **NEPAD** (Nouveau partenariat pour le développement de l'Afrique) sous la tutelle de l'Union africaine

# LA CONSTRUCTION EUROPÉENNE DES ORIGINES À AUJOURD'HUI

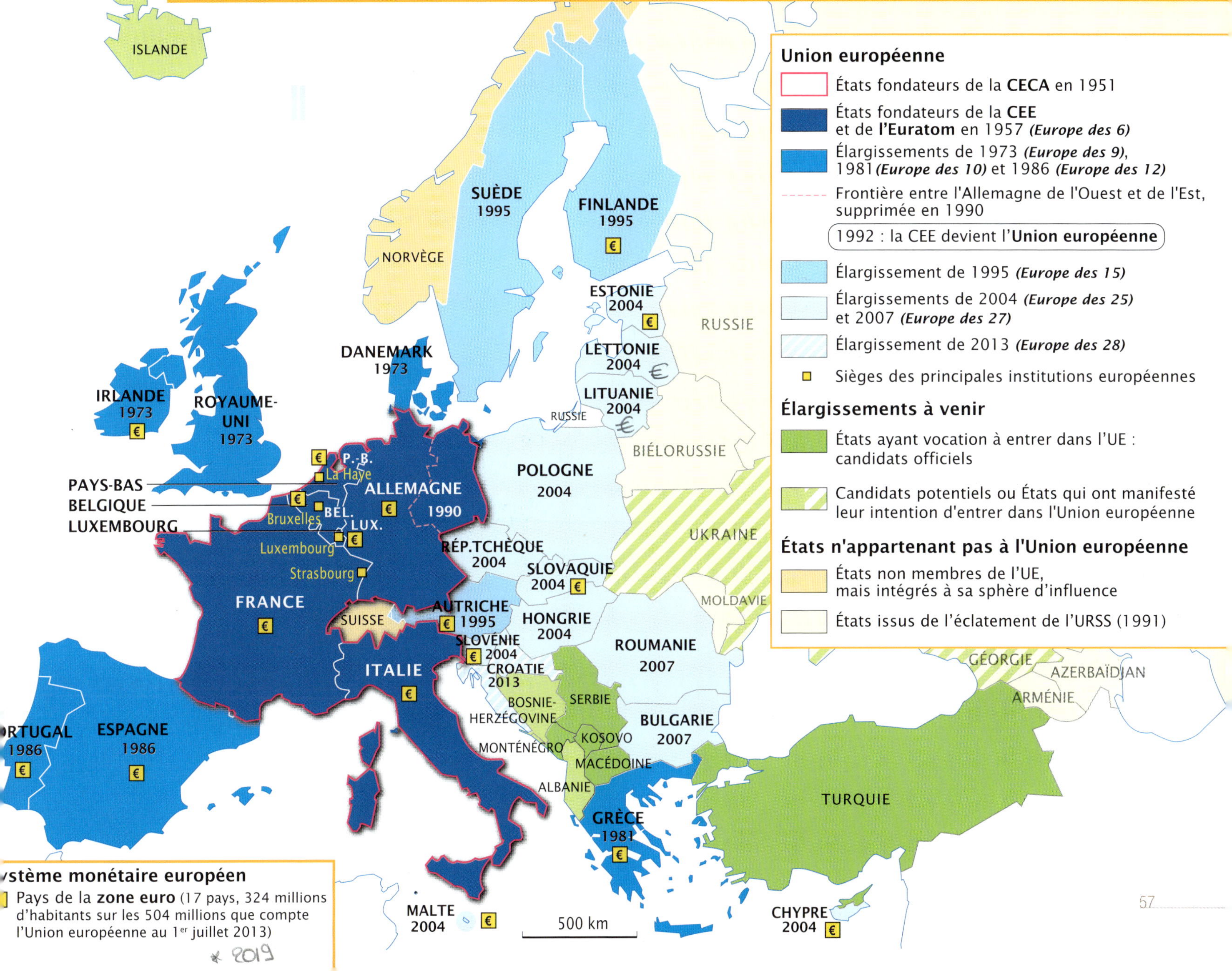


* 2019

# LES ORGANISATIONS ÉCONOMIQUES RÉGIONALES AMÉRICAINES

CEPACL ( Ex- CEPAL) : Commission économique pour l'Amérique Latine et les Caraïbes : Commission régionale de l'ONU, fondée dès 1948, ses membres sont sud-américains mais comprennent également des pays européens et asiatiques.
Elle publie des rapports et des expertises économiques et scientifiques. Son premier directeur fut l'économiste argentin Raul Prebish connu pour ses travaux sur la dégradation des termes de l'échange entre les pays industrialisés et ceux qui ne le sont pas.

**ALENA** (Accord de libre-échange nord-américain)

**DR-CAFTA (ALECA)** (Accord de libre-échange centre-américain)

★ Autres accords bilatéraux avec les États-Unis

**Projet de ZLEA** (Zone de libre-échange des Amériques)

**MCCA** (Marché commun centre-américain)

**CARICOM** (Communauté des Caraïbes)

**CAN** (Communauté andine des nations)

Pays ayant quitté le CAN ou menaçant de le quitter

**MERCOSUR** (Marché commun du Sud)

États membres (270 millions d'habitants, 70% de la population sud-américaine)

États associés

**UNASUR** (Union des nations sud-américaines créée en 2008)

**ALBA** (Alternative bolivarienne pour les Amériques)

**CELAC** (Communauté des États latino-américains et caraïbes créée en 2011) regroupe tous les états américains à l'exception du Canada et des États-Unis)

**CEPACL** regroupe tous les états sud americains (voir encadré)

**Partenariat transpacifique** (PTP), États américains partenaires

Sources : Sites officiels des organisations; Sciences Po, *Atlas de la mondialisation*, 2009. Dorval BRUNELLE, Organisations sud-américaines (2006-2007), Observatoire des Amériques / UQAM.

# LES ORGANISATIONS ÉCONOMIQUES RÉGIONALES ASIATIQUES

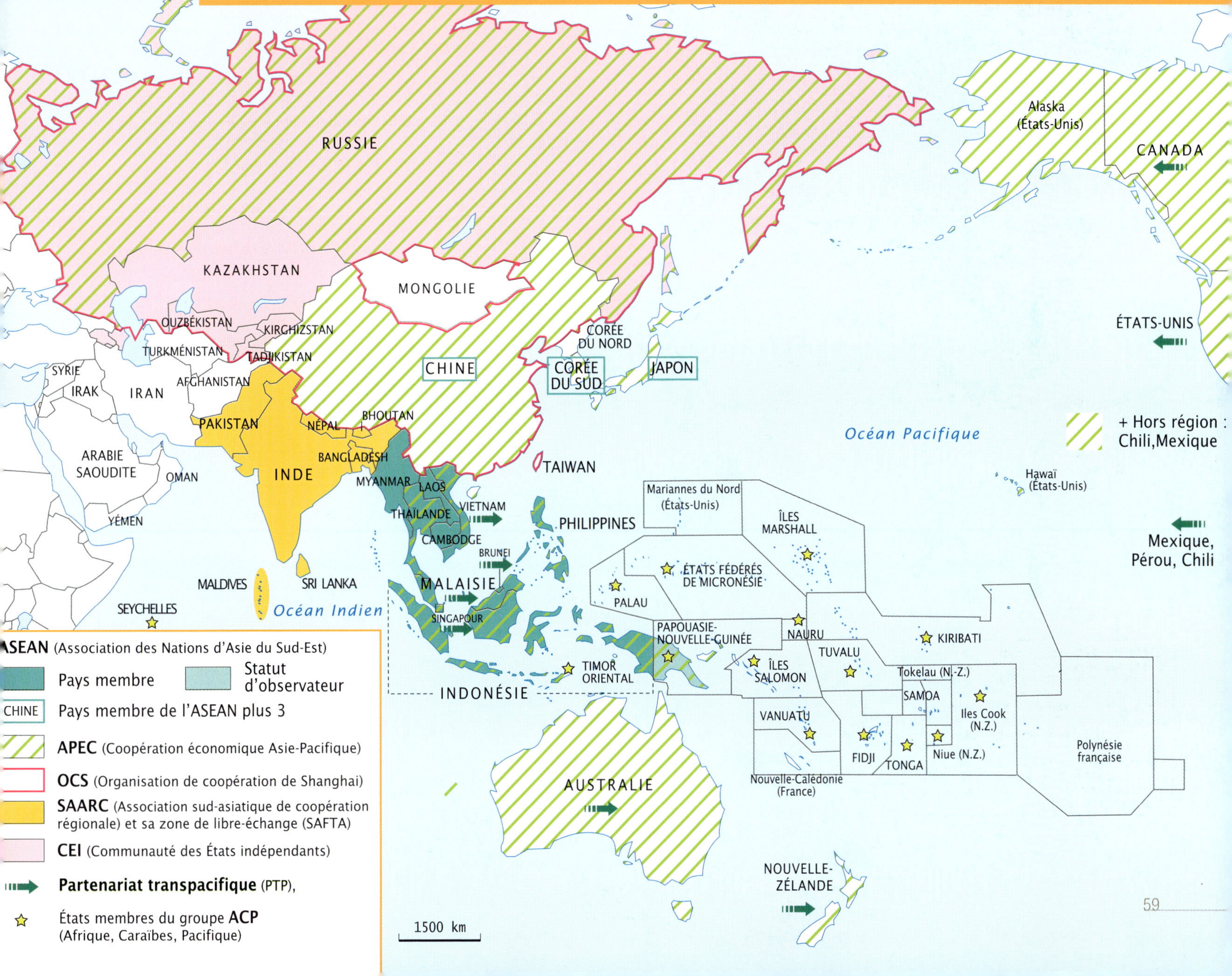

# LES RELIGIONS DANS LE MONDE CONTEMPORAIN

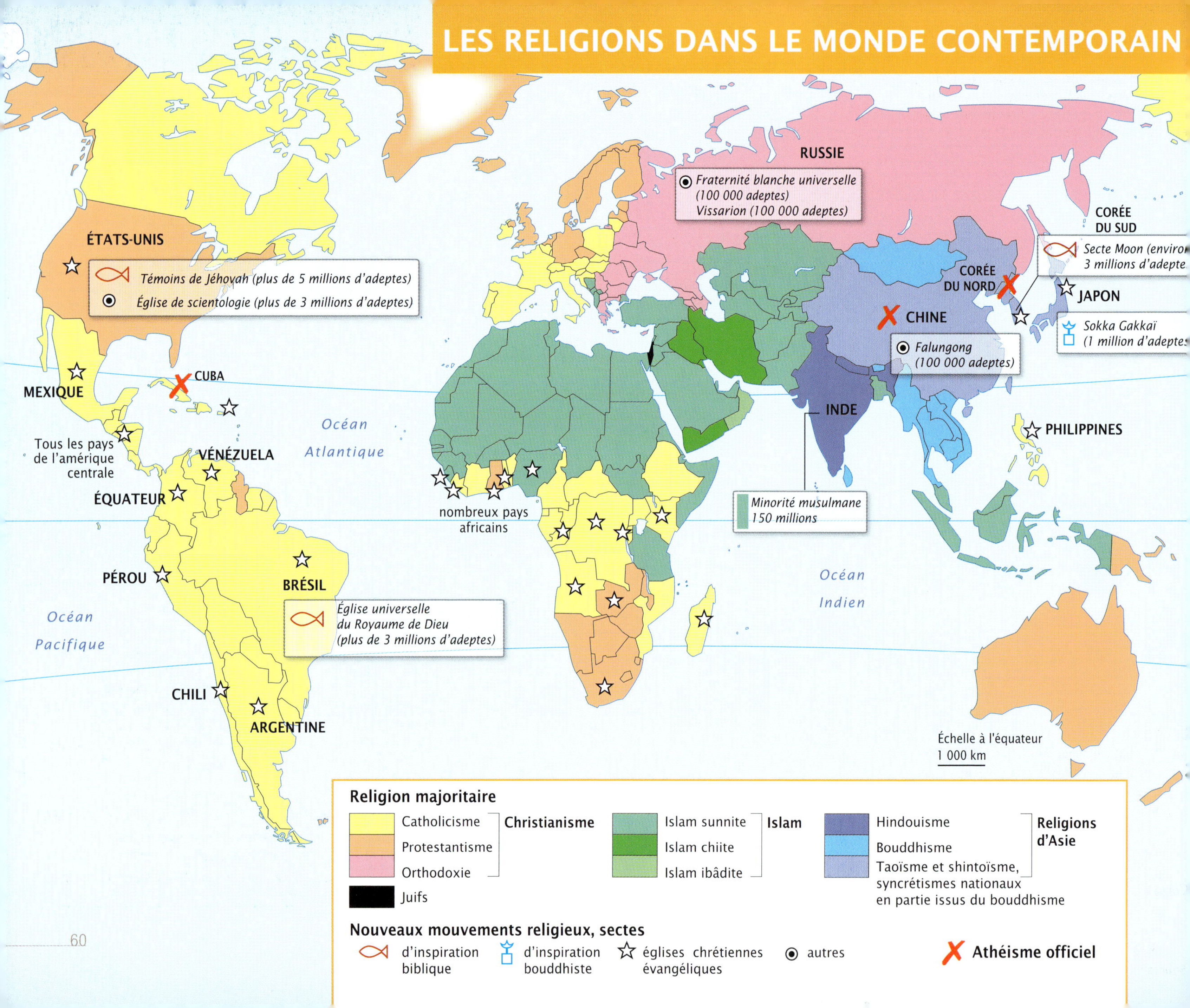

# LE COMMERCE MONDIAL

Aux flux commerciaux recensés par l'Organisation Mondiale du Commerce, il convient d'ajouter les trafics appartenant à une mondialisation informelle : commerce des armes, contrefaçons de biens industriels, narcotrafic (évalué entre 400 et 800 milliards de dollars par an).

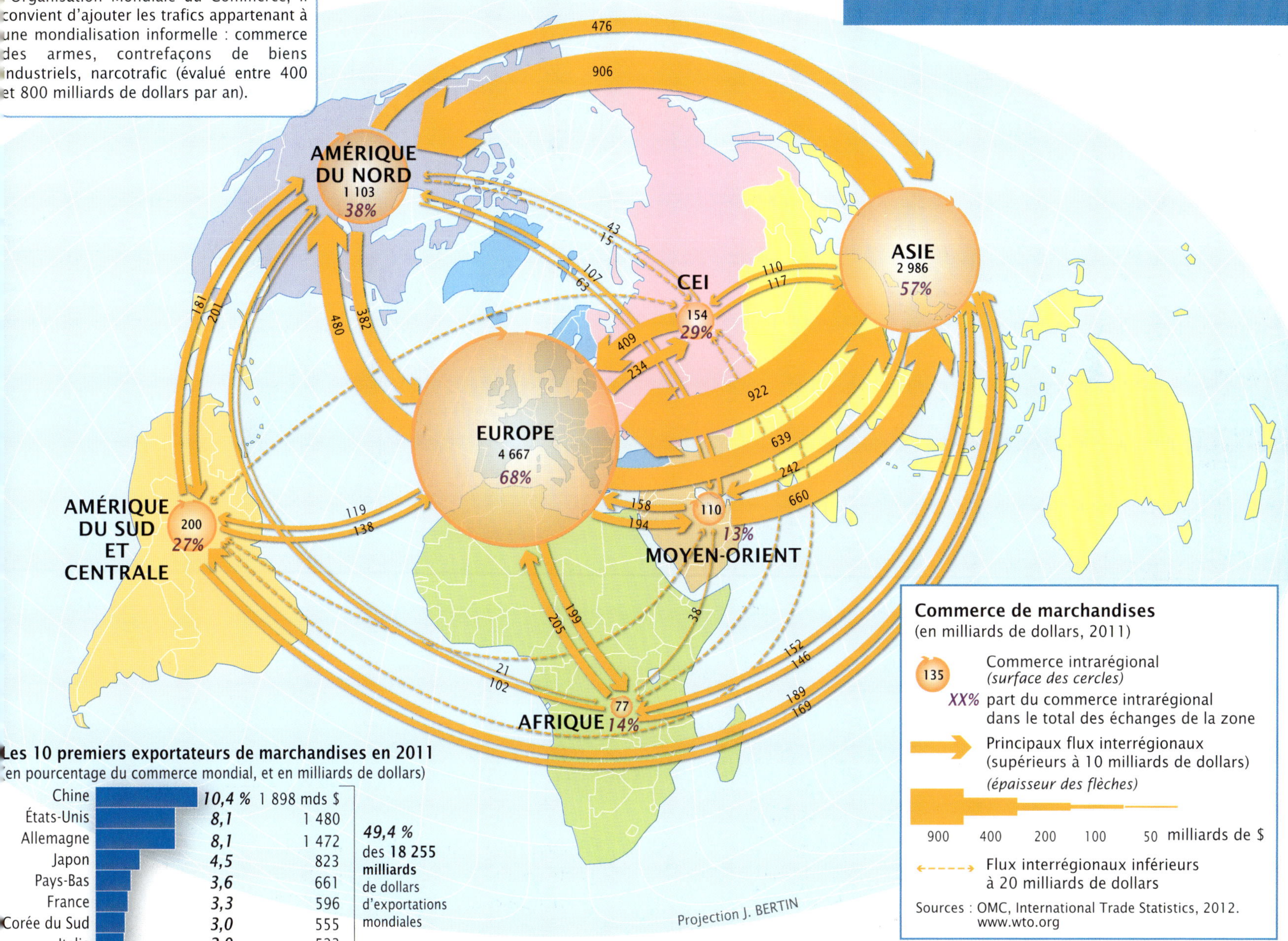


**Les 10 premiers exportateurs de marchandises en 2011**
(en pourcentage du commerce mondial, et en milliards de dollars)

| | | |
|---|---|---|
| Chine | 10,4 % | 1 898 mds $ |
| États-Unis | 8,1 | 1 480 |
| Allemagne | 8,1 | 1 472 |
| Japon | 4,5 | 823 |
| Pays-Bas | 3,6 | 661 |
| France | 3,3 | 596 |
| Corée du Sud | 3,0 | 555 |
| Italie | 2,9 | 523 |
| Russie | 2,9 | 522 |
| Belgique | 2,6 | 477 |

49,4 % des 18 255 milliards de dollars d'exportations mondiales

Source : OMC, 2012

# ROUTES ET DÉTROITS MARITIMES

On estime qu'environ 63% de la flotte de la marine marchande mondiale navigue sous un **pavillon de complaisance**.
Le Panama, le Liberia, les Bahamas et les îles Marshall rassemblent plus de de la moitié des navires enregistrés sous pavillon de complaisance.

Le commerce mondial s'effectue à près de 95% par la voie maritime.

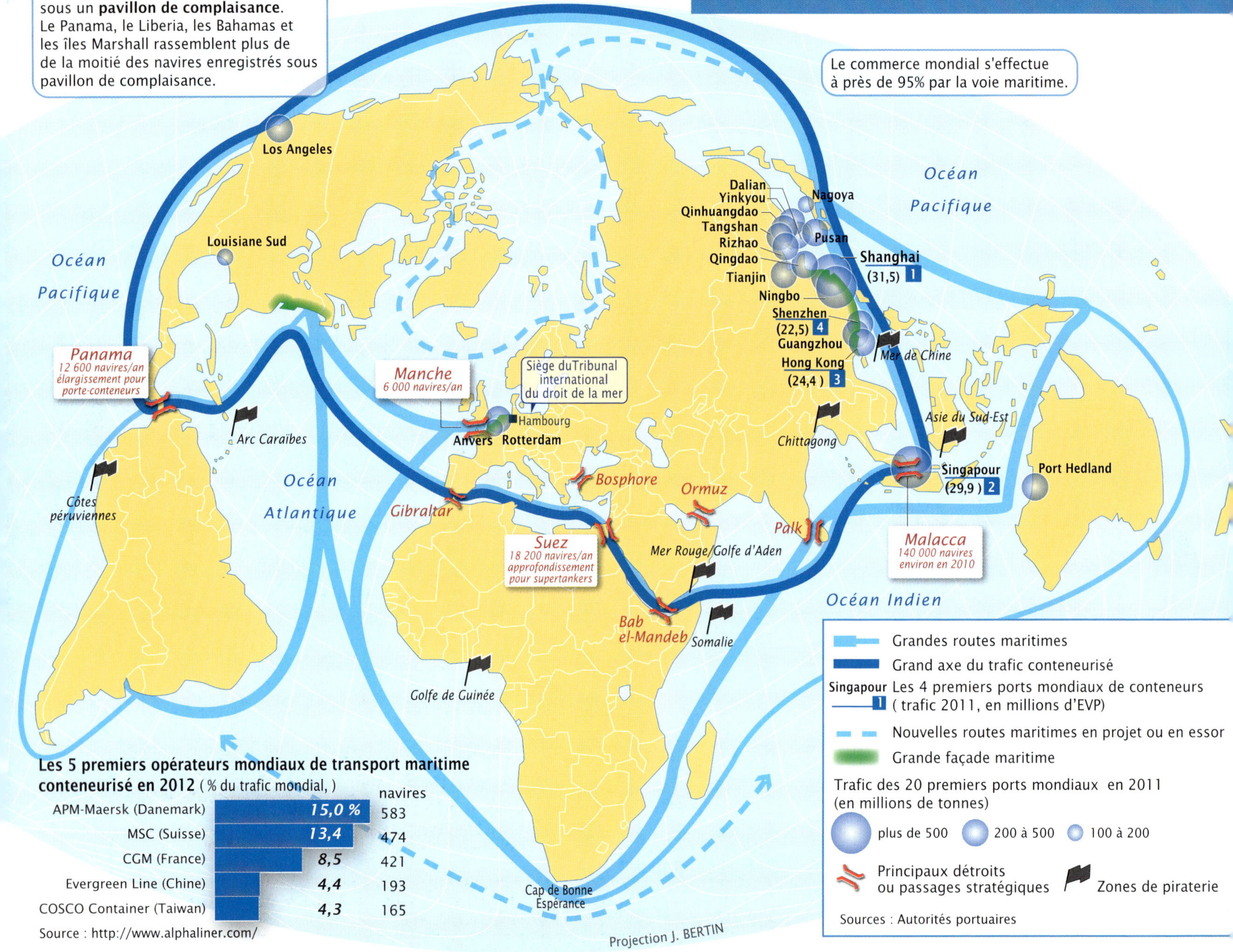


**Les 5 premiers opérateurs mondiaux de transport maritime conteneurisé en 2012** ( % du trafic mondial, )

| | % | navires |
|---|---|---|
| APM-Maersk (Danemark) | 15,0 % | 583 |
| MSC (Suisse) | 13,4 | 474 |
| CGM (France) | 8,5 | 421 |
| Evergreen Line (Chine) | 4,4 | 193 |
| COSCO Container (Taiwan) | 4,3 | 165 |

Source : http://www.alphaliner.com/

# LES FLUX MIGRATOIRES

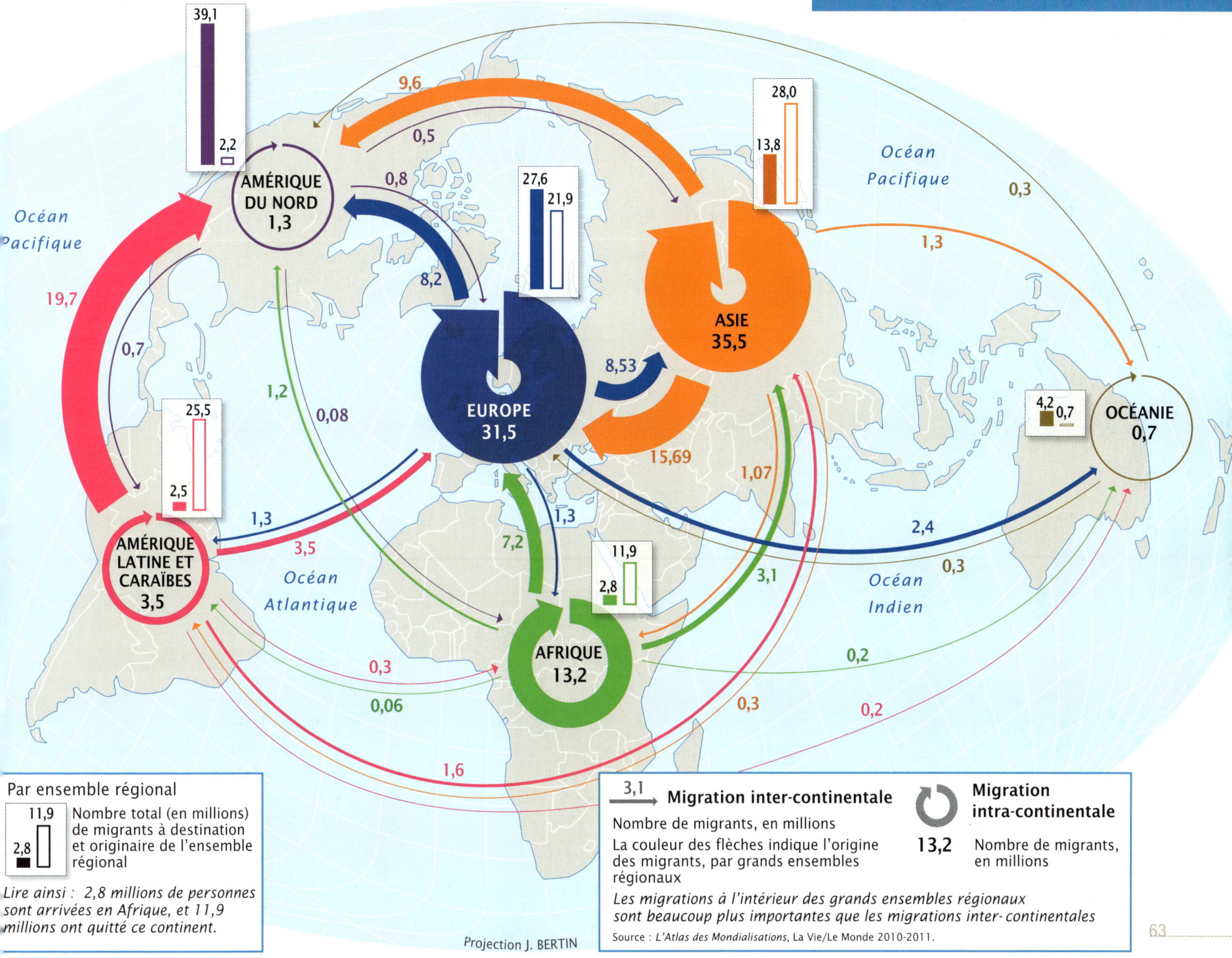


Par ensemble régional

11,9 / 2,8 — Nombre total (en millions) de migrants à destination et originaire de l'ensemble régional

*Lire ainsi : 2,8 millions de personnes sont arrivées en Afrique, et 11,9 millions ont quitté ce continent.*

3,1 → **Migration inter-continentale**

Nombre de migrants, en millions

La couleur des flèches indique l'origine des migrants, par grands ensembles régionaux

**Migration intra-continentale**

**13,2** Nombre de migrants, en millions

*Les migrations à l'intérieur des grands ensembles régionaux sont beaucoup plus importantes que les migrations inter-continentales*

Source : *L'Atlas des Mondialisations*, La Vie/Le Monde 2010-2011.

facile de l'information représentée, mais aussi une construction intellectuelle qui met en œuvre une analyse des territoires.

• Le croquis est un **complément très utile à la dissertation**, et pour employer une expression à la mode, il est en quelque sorte interactif avec elle.

« La carte est une construction intellectuelle qui aide le candidat dans sa réflexion, en lui évitant des oublis fâcheux, en lui inspirant des dynamiques spatiales pertinentes, des mises en relation fructueuses pour sa démonstration... Elle doit être citée à plusieurs reprises dans le corps du texte et ne pas être plaquée à la fin du travail comme un exercice simplement obligatoire » (F. Bost, président du jury, *Rapport du jury*, ESCP 2008).

Elle doit donc être élaborée au début, après le temps passé à l'analyse du sujet et à sa problématique. Le pire est un croquis qui ne serait jamais cité. Au contraire, un croquis original, personnalisé, démontrant un propos intelligent et corrélé toujours à la dissertation sera fortement valorisé. Il faut insister sur ce point : c'est cette liaison avec la dissertation qui est le point faible habituel des cartes réalisées aux concours, comme si l'étudiant se débarrassait d'une exigence, alors que le croquis est au service de la démonstration menée, autant que le texte rédigé avec soin.

➤ Document 4

Envisageons le sujet de dissertation suivant : « La Chine est-elle redevenue l'Empire du Milieu ? » L'étude sera menée dans une perspective aussi bien continentale que mondiale.

*Fond de carte proposé : un planisphère avec une projection centrée sur l'Asie de l'Est.*

L'intérêt d'un croquis est naturellement évident pour un sujet qui dès son intitulé introduit une dimension spatiale. La Chine est au milieu de quoi ? Le planisphère proposé sous-entend qu'elle occupe ou cherche à occuper une place centrale dans le monde. Le croquis a pour intérêt de montrer cette place, le poids de la Chine par rapport à ses voisins immédiats ou par rapport à ses compétiteurs et le rôle que le pays joue, c'est-à-dire l'influence qu'il exerce, les réseaux qu'il constitue. L'étudiant pressé qui cherche à plaquer pour sa légende le plan de sa dissertation risque de ne convaincre dans aucun des exercices.

La dissertation doit en effet introduire une dimension historique pour montrer le rattrapage effectué par la Chine et le contexte si particulier de son histoire politique. Le croquis a lui pour objectif de montrer d'abord les outils dont le pays dispose, c'est-à-dire cette puissance déjà considérable que lui confère sa démographie, son PIB, sa puissance militaire, sa capacité scientifique, il dégage ainsi dans un second temps la manière dont ce pouvoir devient influence et réseaux par toute une série de flux financiers, commerciaux, humains, pour enfin démontrer le rôle central du pays, d'ores et déjà en Asie et dans une moindre mesure au niveau mondial avec des rapports privilégiés et spécifiques avec ses différents partenaires. Le croquis montre et démontre à la fois, et son intérêt est bien de donner une image immédiate de ce « retour » de la Chine sur la scène mondiale après la domination du XVIII$^{e}$ où la Chine réalisait près de 40 % de la production mondiale.

Et pourquoi ne pas envisager, si le choix avait été laissé entre ce planisphère et une carte centrée sur l'Asie orientale, un croquis complémentaire à une partie seulement de la dissertation et montrant que l'Empire chinois qui a, historiquement, dominé l'Asie orientale, s'y impose à nouveau comme la puissance dominante en dépit des résistances japonaises ?

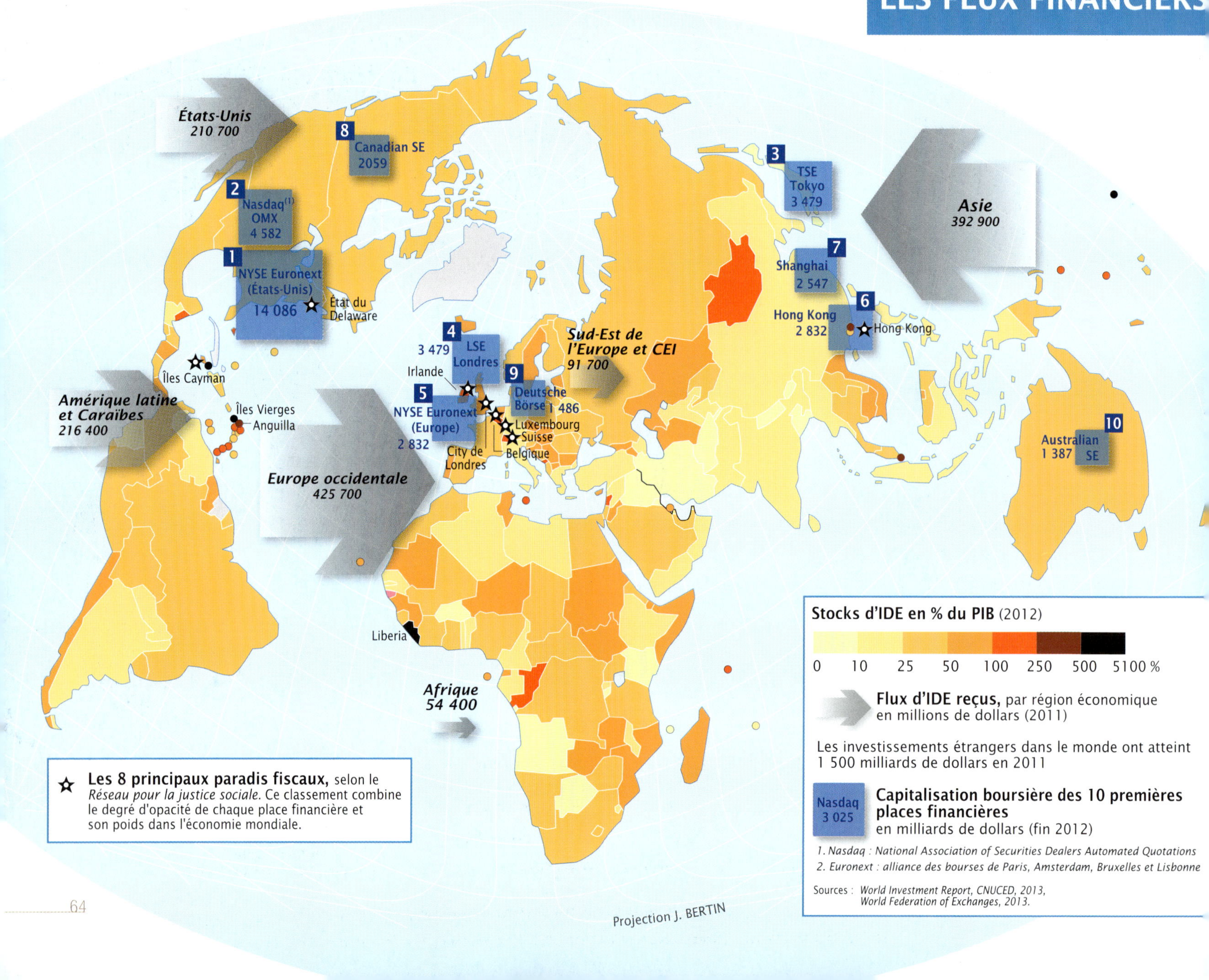


**Stocks d'IDE en % du PIB** (2012)

0 10 25 50 100 250 500 5100 %

**Flux d'IDE reçus,** par région économique en millions de dollars (2011)

Les investissements étrangers dans le monde ont atteint 1 500 milliards de dollars en 2011

Nasdaq 3 025 — **Capitalisation boursière des 10 premières places financières** en milliards de dollars (fin 2012)

*1. Nasdaq : National Association of Securities Dealers Automated Quotations*

*2. Euronext : alliance des bourses de Paris, Amsterdam, Bruxelles et Lisbonne*

Sources : *World Investment Report, CNUCED, 2013, World Federation of Exchanges, 2013.*

☆ **Les 8 principaux paradis fiscaux,** selon le *Réseau pour la justice sociale*. Ce classement combine le degré d'opacité de chaque place financière et son poids dans l'économie mondiale.

# L'EAU DANS LE MONDE

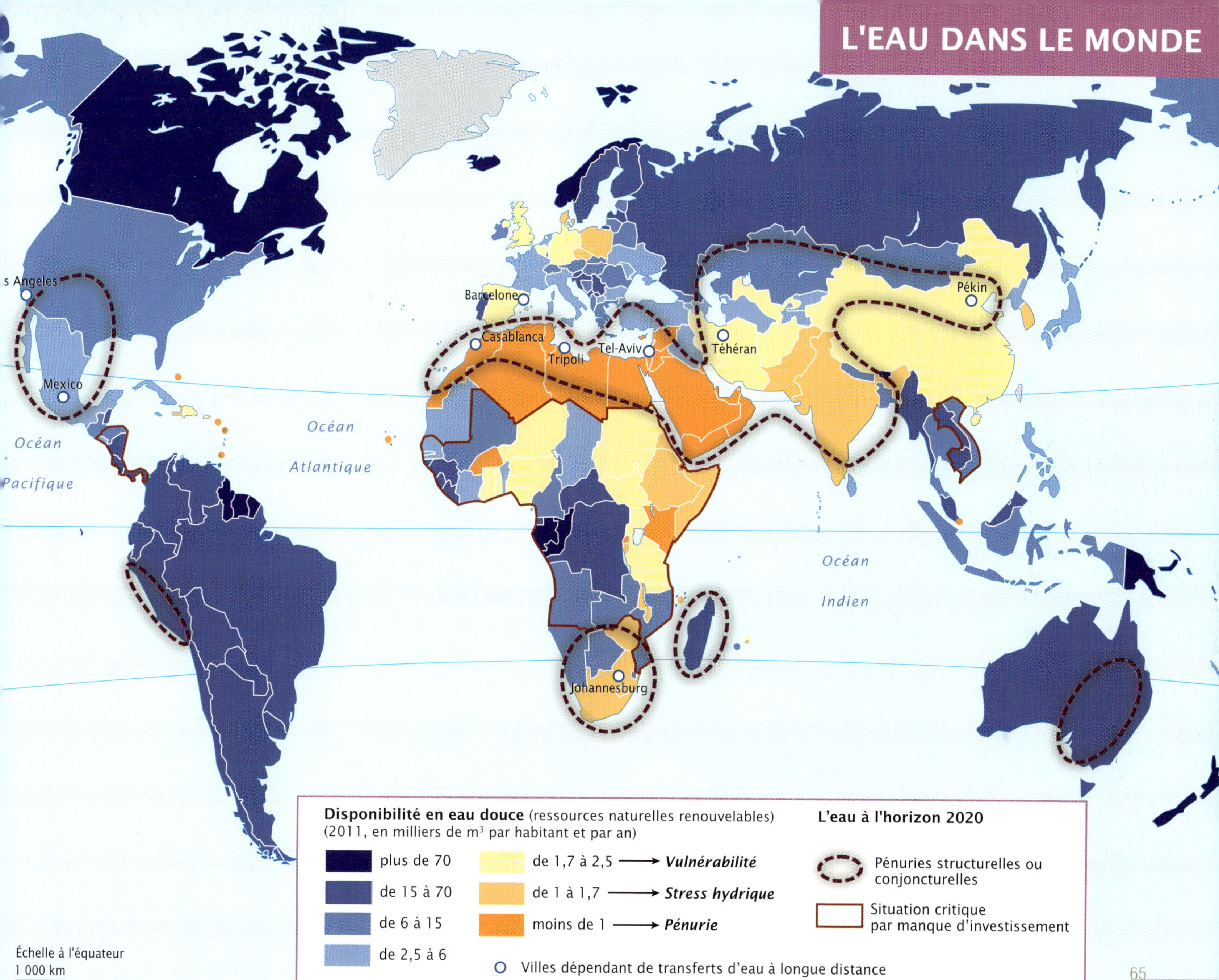


Source: FAO-AQUASTAT database, accessed in March 2013; *Atlas Mondial de l'Eau (Éd. Autrement, 2009).*

# LA FIN DU PÉTROLE

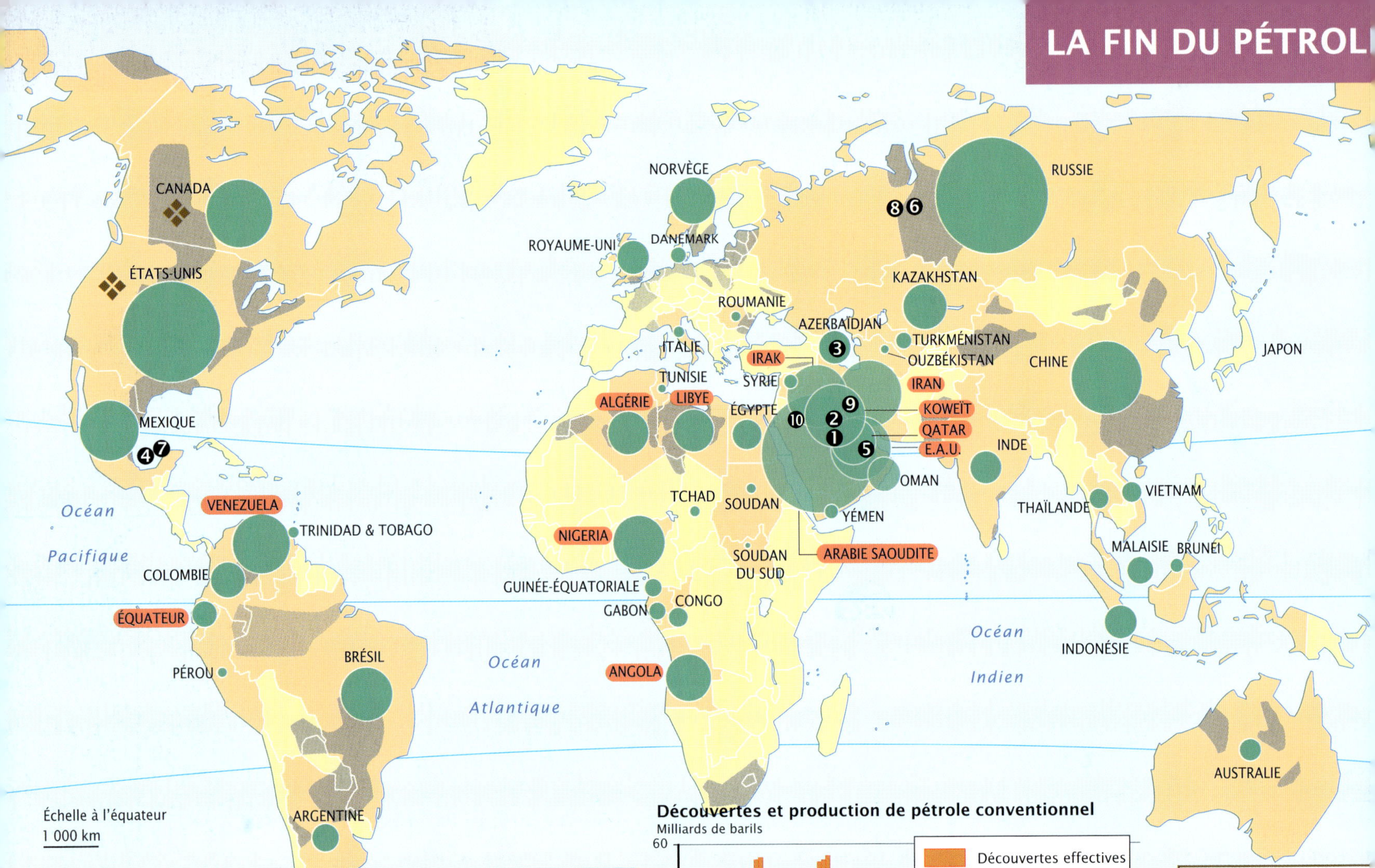


**Production de pétrole**
(2012, millions de tonnes)

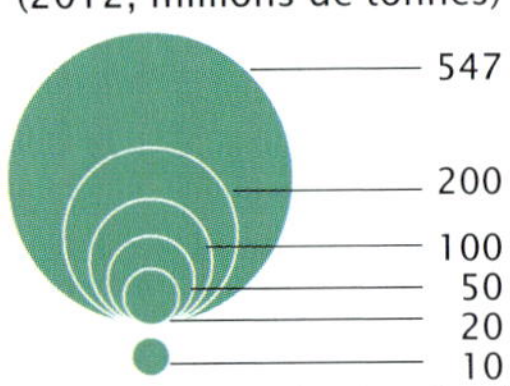


Source : *BP Statistical review of world energy 2013.*

ALGÉRIE Pays membre de l'OPEP (12 États)

**Les dix plus grands champs de pétrole**
(2008, en milliers de barils/jour)

| | | |
|---|---|---|
| 1. | Ghawar (Arabie Saoudite) | 5 000 |
| 2. | Burgan (Koweït) | 1 200 |
| 3. | Azeri-Chirag-Guneshi (Azerb.) | 850 |
| 4. | Ku-Malloob-Zaap (Mexique) | 800 |
| 5. | Zakum (Émirats Arabes Unis) | 750 |
| 6. | Samotlor (Russie) | 750 |
| 7. | Cantarell (Mexique) | 660 |
| 8. | Priobskoye (Russie) | 650 |
| 9. | Ahwaz (Iran) | 600 |
| 10. | Shaybah (Arabie Saoudite) | 500 |

**Découvertes et production de pétrole conventionnel**

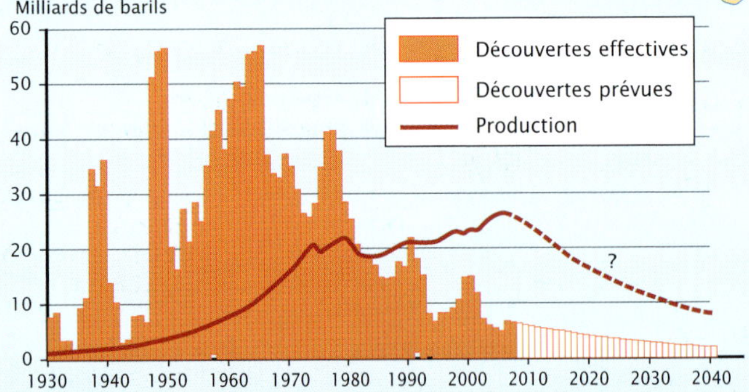


Source : *Association pour l'étude des pics de production de pétrole et de gaz naturel (ASPO)*

**Gaz et huiles de schis**

Pays exploitant les huiles et gaz de schistes

Principaux bassir recensés avec estimation des ressources

Source : *U.S. Energy Informati Administration*

# LE RISQUE ALIMENTAIRE

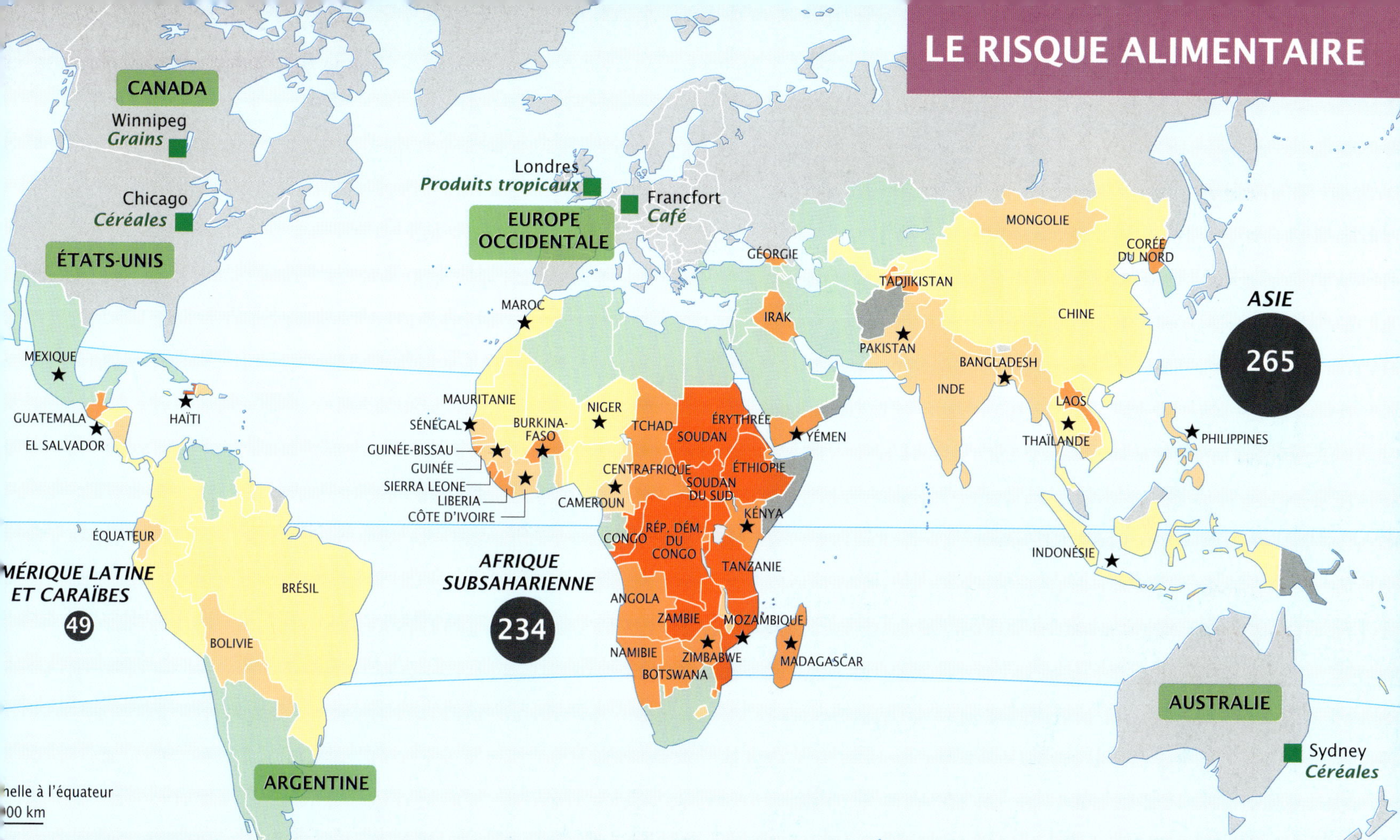


**nsécurité alimentaire dans les pays en développement selon la FAO en 2012**

6 de personnes sous-alimentées
par rapport à l'ensemble de la population

- Très élevée, plus de 35 %
- Élevée, de 25 à 34 %
- Moyenne, de 15 à 24 %
- Faible, de 5 à 14 %
- Très faible, moins de 5 %

234 Nombre de personnes sous-alimentées, en millions

★ Troubles sociaux en réaction à l'augmentation des prix des denrées agricoles, 2008

Absence de données

Pays non étudié

ÉTATS-UNIS **Principaux pays exportateurs de céréales**

■ Bourses de produits agricoles

**L'enjeu du contrôle des terres arables**

Voir ce sujet dans la carte de la globalisation foncière.

Source : *FAO, 2012.*

# LE RÉCHAUFFEMENT CLIMATIQUE

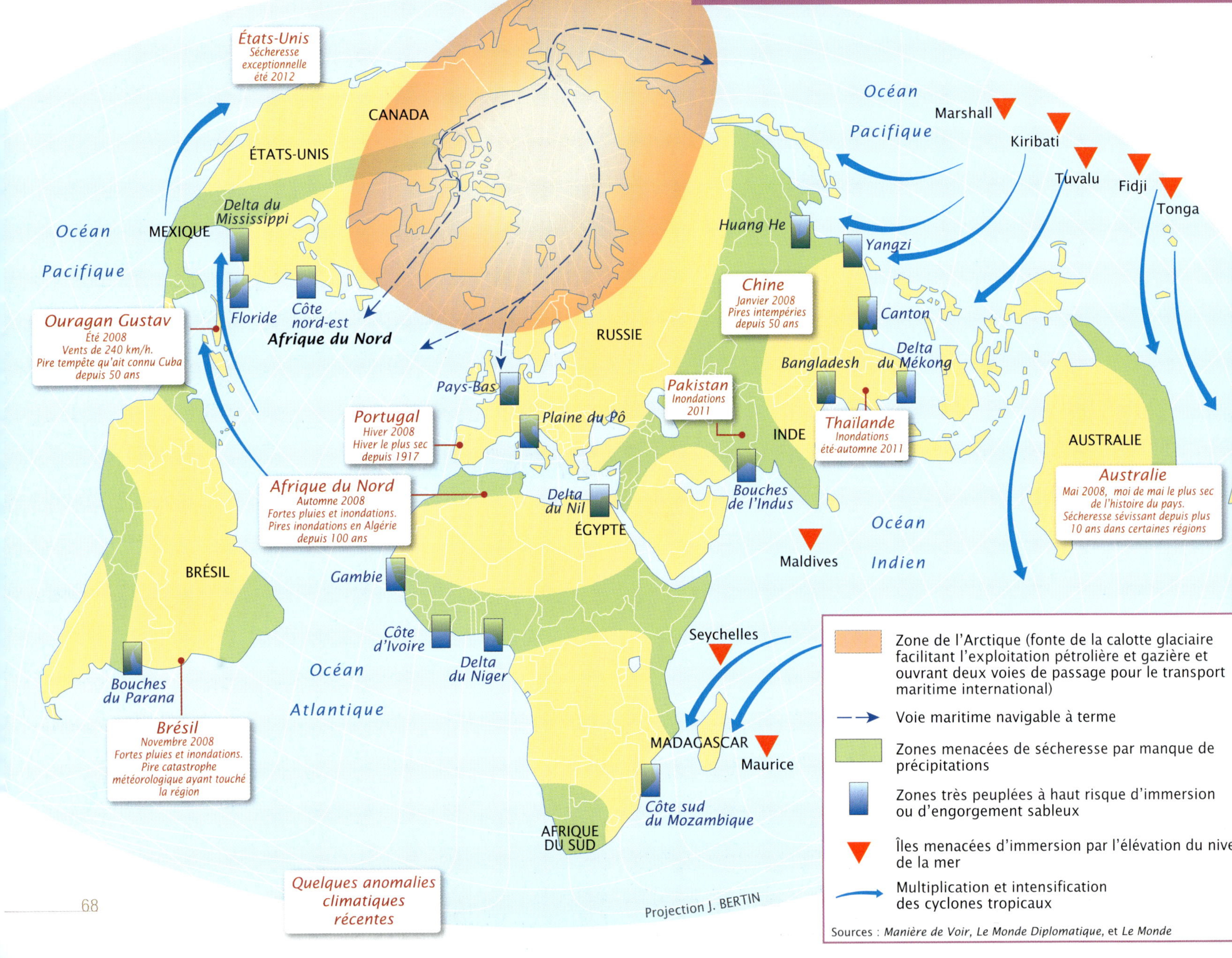

# LES CONFLITS AFRICAINS

## L'ONU en Afrique

Le continent africain occupe une place centrale dans les travaux du Conseil de sécurité.
L'ONU y déploie plus des deux tiers de ses Casques bleus.
C'est en République Démocratique du Congo que son implication est la plus forte : présente depuis 1999, l'ONU y déploie plus de 20 000 hommes dans le cadre de la MONUSCO. Les violences qui demeurent vives à l'est du pays menacent la stabilité de toute la région des Grands Lacs.
L'ONU en mars 2013 a créé une brigade d'intervention pour renforcer les opérations de maintien de la paix.
C'est une première dans la mesure où cette brigade est autorisée à mener des opérations offensives pour neutraliser les groupes armés.

TADJIKISTAN
Pamir
Khorog
Fayzabad
AFGHANISTAN
Hindou Kouch
Chitral
XINJIANG
CHINE
Col de Khunjerab
TERRITOIRES DU NORD
Karakorum
Territoire cédé par le Pakistan à la Chine en 1963 et revendiqué par l'Inde
Gilgit
K2
8 611 m
Col de Karakorum
Indus
Glacier du Siachen
Skardu
Baltistan
Aksai Chin
PROVINCE DE LA FRONTIÈRE DU NORD-OUEST
Djalalabad
Muzaffarabad
Mardan
Peshawar
Srinagar
Ladakh
Leh
ZONES TRIBALES
Islamabad
Rawalpindi
JAMMU ET CACHEMIRE
AZAD J&K
Col de Lanak
TIBET
Chenab
HIMALAYA
PENDJAB
Indus
PAKISTAN
Jammu
INDE
Étendue maximale du Cachemire telle que revendiquée par l'Inde en 1947
Ligne de contrôle (ex-ligne de cessez-le-feu de 1949)
Territoire annexé par la Chine en 1962 et revendiqué par l'Inde
Territoire sous contrôle du Pakistan et revendiqué par l'Inde
HIMACHAL PRADESH
PENDJAB
Lahore
Amritsar
100 km

L'EX-YOUGOSLAVIE
AUTRICHE
Graz
Lac Balaton
HONGRIE
ITALIE
Maribor
Drave
Danube
Tisza
Mures
Ljubljana
SLOVÉNIE
Pécs
Timisoara
Zagreb
Trieste
CROATIE
Voïvodine
Vukovar
Novi Sad
ROUMANIE
Rijeka
Save
Pancevo
Rép. serbe de Bosnie
Bihac
Banja Luka
Brcko
Belgrade
Craiova
Tuzla
BOSNIE-HERZÉGOVINE
Fédération croato-musulmane
Mer Adriatique
Zadar
Knin
Srebrenica
SERBIE
Danube
Morava
Sarajevo
Gorazde
100 km
Nis
Mostar
Novi Pazar
BULGARIE
MONTÉNÉGRO
Sofia
Pec
Pristina
Dubrovnik
Podgorica
KOSOVO
Prisren
Tetovo
Skopje
ALBANIE
MACÉDOINE
Tirana
Bitola
GRÈCE
Thessalonique
Frontière de l'ex-Yougoslavie
Ligne de Dayton fixant le partage de la Bosnie (1995)
Principales populations
Slovènes
Croates
Musulmans
Serbes
Monténegrins
Albanais
Macédoniens
Hongrois
Turcs
Bulgares
L'Union européenne
Pays membres
Pays officiellement candidats
Slovénie et Croatie sont membres de l'Union européenne.
Macédoine, Monténégro, Albanie et Serbie ont déposé une demande d'adhésion

**1947** Le plan de partage de l'ONU

**1948-1967**

**1967** Après la guerre des Six-Jours

**2002**

# IRAN-AFGHANISTAN-PAKISTAN

# LE CAUCASE

Vers Novorossiisk
RUSSIE
KALMOUKIE
Stavropol
Rép. des ADYGHÉENS
Tcherkessk
Northern Route
1
KAZAKHST
Tuapse
KARATCHAEVO-TCHERKESSIE
KABARDINO-BALKARIE
TCHÉTCHÉNIE
Terek
Mer Caspienne
Sotchi
Elbrouz 5 642 m
Naltchik
INGOUCHIE
Nazran
Groznyi
ABKHAZIE
Makhatchkala
Soukhoumi
OSSÉTIE DU NORD
Vladikavkaz
DAGHESTAN
GÉORGIE
OSSÉTIE DU SUD
Mer Noire
Koutaïssi
Tskhinvali
Derbent
Poti
Soupsa
Koura
4
Tbilissi
Batoumi
ADJARIE
100 km
South Caucasus Pipeline
Western Route
2
3
Tbilissi-Ceyhan
Gümri
AZERBAÏDJAN
Soumgaït
ARMÉNIE
Gandja
vers Ceyhan
Bakou
Lac Sevan
Ararat 5 165 m
Erevan
HAUT-KARABAKH
Koura
Araxe
Stepanakert
TURQUIE
Araxe
Kurdistan
NAKHITCHEVAN (AZER.)
Nakhitchevan
Lac de Van
IRAN
Les peuples
Peuples caucasiques et kartvéliens
Kartvéliens
Groupe nord-centre
Groupe nord-ouest
Groupe nord-est
Indo-Européens
Iraniens
Slaves
Arméniens
Altaïques
Turcs
Mongols
Conflits
Zone de tension
Présence militaire russe
Les tensions liées au pétrole et au gaz
Zone d'exploitation du pétrole et du gaz
Oléoducs
Gazoducs

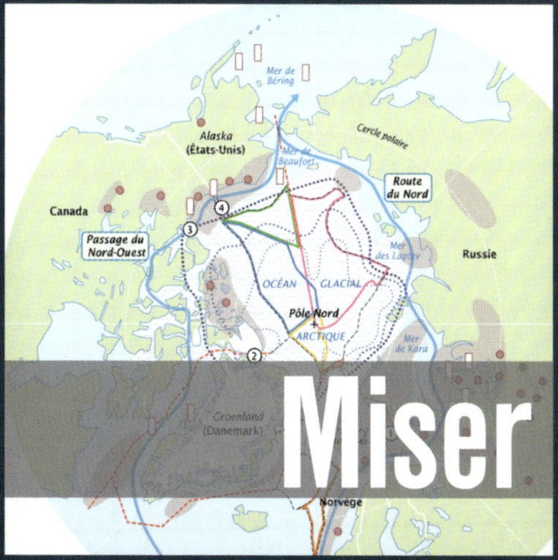


# Miser sur la cartographie aux concours

# ENJEUX MONDIAUX



**La mondialisation** peut être définie simplement comme l'interdépendance accrue entre les différentes parties du monde du fait de l'intensification des échanges (biens, services, capitaux, personnes, informations...) conduisant ainsi à la création d'un espace mondial intégré.

Cette « émergence dans tous les domaines d'un espace de niveau mondial » (J. Lévy) débutée dans les années 1980 a des implications politiques, économiques, sociales, environnementales. Les grands défis du XXIe siècle, qu'ils se posent en termes géopolitiques – la paix, la sécurité – ou géoéconomiques – l'alimentation, l'énergie, l'eau, la pauvreté... – imposent de raisonner à l'échelle de la planète. Il y a là des enjeux mondiaux pour lesquels les États tendent à apparaître de plus en plus démunis. Le cadre national et même continental est trop étroit pour prendre la mesure de bien des évolutions de ces trente dernières années. Les acteurs du XXIe siècle (entreprises, société civile, États, institutions régionales, mafias transnationales etc.) développent des stratégies et pensent les problèmes de manière globale. Journaux et atlas multiplient ainsi les cartes-planisphères pour nous donner à comprendre les enjeux planétaires actuels. Cependant, loin d'être condamnés à la misère de la politique, les États-nations peuvent trouver une nouvelle dynamique par leur rôle dans cet espace mondialisé, par le recours et la protection qu'ils offrent à des populations souvent malmenées par la mondialisation, et, pourquoi pas, par leur participation active à l'élaboration d'une gouvernance mondiale.

| | |
|---|---|
| Population mondiale | 7,1 mds habitants en 2013 (croissance actuelle : +200 000 habitants par an) |
| Prévision population en 2050 | 9,2 mds à 9,5 mds. |
| Taux d'urbanisation | 51,5 % de la population mondiale. |
| Migrants internationaux | 3 % de la population mondiale. |
| Indice de fécondité moyenne mondiale. | 2,44 enfants par femme (2013) |
| IDH Moyenne mondiale (2012) | 0,694 |
| Espérance de vie (moyenne mondiale) | 69,4 ans (2013) |
| Répartition de la population active monde | Agriculture 34 %, industrie 22 %, services 44 % |
| PIB mondial | 70 000 mds de dollars. |
| PIB/hab. PPA (moyenne mondiale) | 11 640 $ |
| Croissance moyenne annuelle 1999-2008 | PIB : 3,9 % ; Population : 1,2 % ; PIB/hab./ppa : 2,6 % |
| Croissance du PIB mondial | 2009 : -0,5 % ; 2010 : 5,1 % ; 2011 : 4,0 % ; 2012 : 3,2 % ; 2013 : 3,3 % |
| Flux d'investissements directs à l'étranger (IDE) | Varient depuis 2000 entre le minimum de 630 mds $ en 2003 et le record de 1830 mds $ en 2007. 1500 mds en 2011. |
| Exportations mondiales de marchandises | 18 130 mds $ |
| Exportations mondiales de services | 4 100 mds $ |
| Transactions journalières sur le marché des changes | 5 060 mds $ en moyenne en 2010. |
| Dépenses militaires mondiales | 1 740 mds $ |
| Dépenses de recherche et développement monde | 1395 mds $ |
| Consommation énergétique mondiale annuelle | 12 275 M de tonnes équivalent pétrole (TEP) dont 33 % de pétrole, 24 % de gaz et 30 % de charbon. |

**Ces données « repères » et celles des pages présentant les ensembles régionaux sont des ordres de grandeur, pour des données 2011 – sauf mention particulière.**

### Sources

- Deux synthèses annuelles :
  - *Alternatives économiques*, hors série *Les chiffres de l'économie* (HS N° 94, 2013).
  - *Images économiques du monde 2013* (A. Colin, 2012).
- Les publications en ligne des institutions internationales, principalement :
  - FMI : www.imf.org.
  - OMC : www.wto.org.
  - CNUCED : www.unctad.org.
  - Banque Mondiale : www.banquemondiale.org.
  - Fonds des nations Unies pour la population : www.unfpa.org.
  - Rapport sur le développement humain : http://hdr.undp.org/fr.
  - Banque des règlements internationaux : www.bis.org.
  - OCDE : www.oecd.org.
  - INED (Institut national des études démographiques – France) : www.ined.fr.

**1. Des flux massifs relient les pays entre eux, construisant un espace mondial de plus en plus intégré**

- Les grands flux du commerce mondial
- ÉTATS-UNIS — Grandes zones d'accueil des flux d'IDE
- Principaux flux migratoires
- Passages maritimes stratégiques
- Flux internet interrégionaux

**2. mais les lieux de l'échange montrent une incontestable polarisation**

- Limite traditionnelle entre le Nord et le Sud, telle qu'elle est perçue jusqu'aux années 1960

*Une hiérarchie de pôles*

- New York — Les métropoles dominant l'espace mondial et symbolisant cet archipel métropolitain mondial
- OMC — Les lieux de pouvoir, siège des grands organismes internationaux
- Shanghai — Les principales places boursières mondiales, interconnectées entre elles
- Les grandes façades maritimes mondiales

*Les échanges au service d'une dynamique régionale*

- **UE** (Union européenne)
- **ALENA** (Accord de libre-échange nord-américain)
- **MERCOSUR** (Communauté économique des pays d'Amérique du Sud)
- **ASEAN** (Association des Nations d'Asie du Sud-Est)
- **SACU** (Union douanière sud-africaine)

**3. Le monde apparaît encore très fragmenté**

- Les pays de la Triade, espaces moteurs de la mondialisation

Pays émergents

- Les 4 puissances émergentes rassemblées sous l'acronyme BRIC (Brésil, Russie, Inde, Chine)
- Les autres pays émergents, une insertion apparemment réussie des PVD dans la mondialisation
- Les 12 pays de l'OPEP, pays pétroliers à revenus élevés
- Pays «en transition» (ex. pays socialistes), dans une logique de rattrapage
- PVD en situation intermédiaire, peu intégrés aux échanges mondiaux
- PMA, exclus de la croissance mondiale, et encore largement marginalisés dans les échanges mondiaux

# Échanges et territoires dans le monde

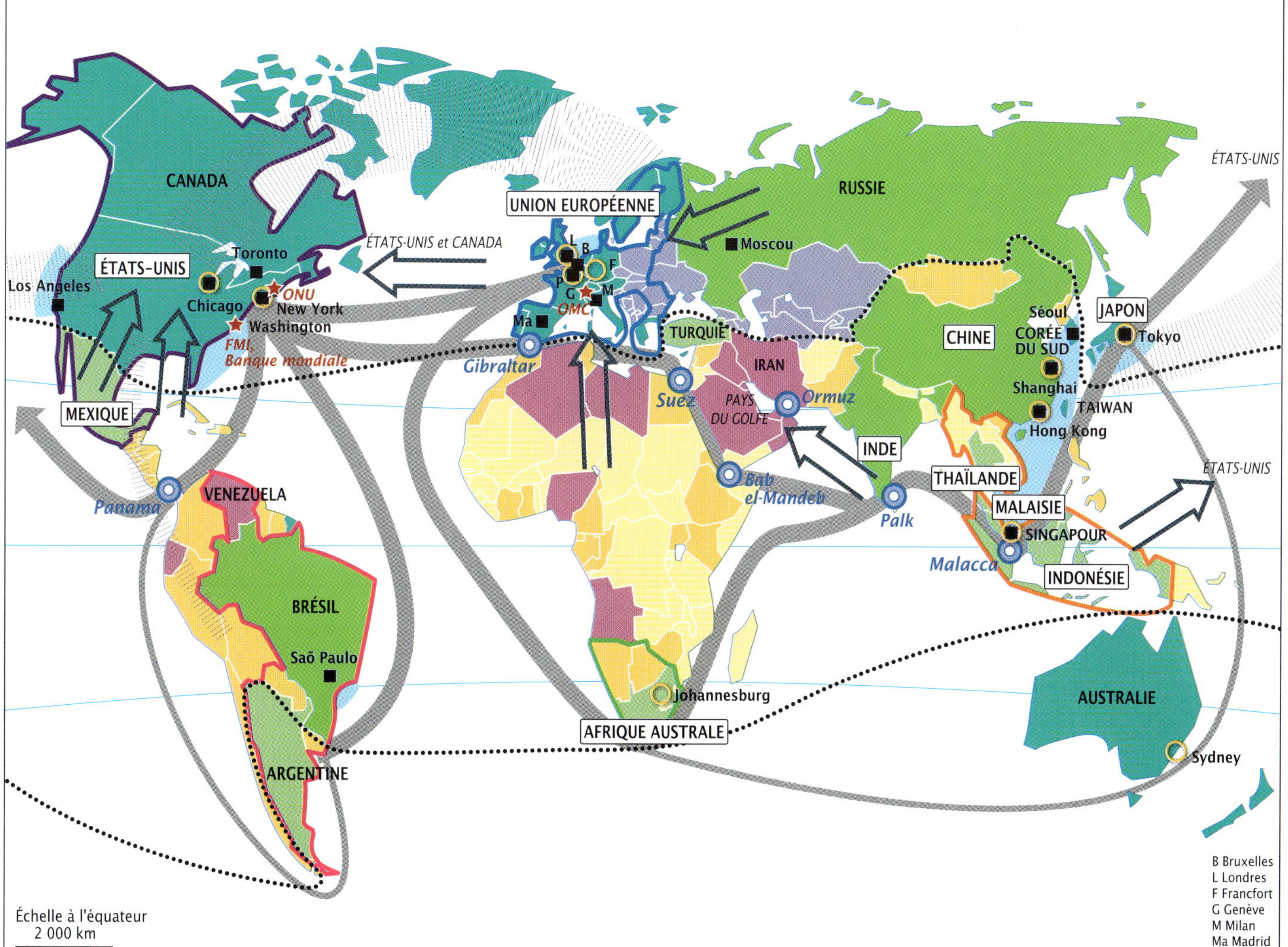

"Le cadre national reste et restera un référentiel de premier rang, y compris pour les grandes firmes, leur actionnariat, leurs stratégies. Néanmoins, une nouvelle géographie de l'économie mondiale articule désormais moins des ensembles nationaux homogènes et compacts que des foyers d'accumulation et de croissance infra-nationaux, des régions, des villes, des métropoles."

PIERRE VELTZ, *Mondialisation, villes et territoires. L'économie d'archipel*, PUF, 1996.

➤ Lexique

centre-périphérie
échanges
flux
mondialisation
pays émergent
territoire

## De l'énoncé à l'idée directrice

La mondialisation, par définition l'intégration croissante des différentes parties du monde par le développement d'échanges de toute nature, tend à effacer les frontières, à gommer les différences entre les pays. Pourtant, paradoxalement, le monde ressemble de plus en plus à un « archipel métropolitain mondial » (O. Dollfuss) dominé par quelques pôles, la concurrence s'accroît entre les territoires et ceux-ci, loin de basculer dans l'uniformité, cherchent à se différencier. Réfléchir au lien entre échanges et territoires, c'est donc s'interroger sur la place et le rôle de ces territoires quelle que soit leur échelle dans une économie désormais mondialisée.

Les **échanges ont considérablement augmenté** depuis la fin de la Seconde Guerre mondiale, tirant vers le haut la croissance économique. L'année 2009, marquée par une diminution du commerce mondial (–12 %), est tout à fait hors norme et contraste avec les taux supérieurs à 5 % qui caractérisaient le début de la décennie, et que l'on retrouve depuis 2011. Les flux sont devenus à la fois plus denses et plus variés : les services représentent 1/4 des flux mondiaux et les flux de capitaux se sont envolés dans les années 1990 (les IDE culminant en 2008 à 1 700 milliards de dollars).

**Les territoires sont-ils à proprement parler acteurs, décideurs de ces échanges ?** Ce sont les États qui, en choisissant des politiques d'ouverture – lorsqu'elles ne sont pas imposées par les plans d'ajustement structurel du FMI pour les PVD –, en participant au GATT, puis à l'OMC, en créant des zones franches attractives, en adhérant à des associations régionales de libre-échange, ont créé les conditions indispensables au développement de ces flux. Dans ce cadre, les entreprises multinationales ont pu donner toute leur mesure ; elles ont mis en place une division internationale du travail de plus en plus sophistiquée, avec une modularisation des processus productifs, c'est-à-dire une organisation de la production d'un bien donné entre divers territoires. Les quelque 80 000 FMN génèrent un commerce complexe, captif et des flux humains et financiers. Elles introduisent une distinction de plus en plus claire au sein des ressources nationales entre celles qui n'ont pas de substitut à l'étranger (personnel qualifié surtout) et celles qui sont largement disponibles à l'échelle mondiale. En ce sens, elles ont des stratégies territoriales propres et provoquent une hiérarchisation des espaces mondiaux.

**Ce monde intégré est donc aussi un monde fragmenté**. Certains territoires sont privilégiés dans cette économie d'échanges : façades maritimes, grandes métropoles capables d'articuler les interconnexions entre les différents acteurs mondiaux et entre les échelles nationales, continentales et mondiales. Les travaux de Pierre Veltz sur la métropolisation de l'espace mondial et de Saskia Sassen sur les villes globales ont mis en évidence que, par un phénomène d'accrétion, l'économie mondiale est dominée par quelques pôles, au premier chef desquels les très grandes métropoles des pays hautement développés. À l'inverse, des territoires apparaissent de plus en plus marginalisés : campagnes des pays développés traversées et non desservies par les réseaux de transports, PVD peu insérés dans les échanges mondiaux. La mondialisation est productrice d'exclusion mettant en concurrence les territoires entre eux. On ira jusqu'à parler, en prenant en compte l'importance de la maritimisation des économies, d'une sorte de nouvelle hanséatisation du monde (après celle du XVe siècle en mers du Nord et Baltique), où se juxtaposent des territoires utiles intégrés et des espaces exclus.

## Des faits au croquis

Sujet classique au demeurant, l'exercice proposé permet de montrer comment on passe des cartes (seconde partie de l'ouvrage) au croquis de synthèse.

La légende doit à la fois présenter des territoires inégalement insérés dans la mondialisation – d'où la nécessité et l'intérêt d'une typologie –, mais également des dynamiques, c'est-à-dire des flux qui tendent à converger sur des lieux privilégiés, métropoles, ports, façades maritimes, *hubs* aériens etc. Le devoir doit fréquemment renvoyer à la carte qui dispense de bien des descriptions.

Le croquis doit faire des choix – encore plus rigoureux si le format proposé est en A4 –, la présentation des principaux flux du commerce mondial ainsi que des grands flux migratoires peut suffire déjà à le remplir ! Le croquis est donc forcément simplification, ce qui n'est pas un défaut. Mais l'essentiel doit sauter aux yeux : en dépit de la croissance des exportations du Sud (les PVD : 37 % environ des exportations mondiales), la polarisation des flux sur l'Amérique du Nord, l'Union européenne et l'Asie-Pacifique est évidente, comme l'est la marginalisation de l'Afrique qui ne représente que 3 à 4 % des échanges mondiaux. Le modèle centre-périphérie fonctionne toujours même si le développement de pays émergents a fait tomber la traditionnelle coupure Nord-Sud. Le croquis est donc là pour compléter la dissertation en proposant non seulement des localisations et une représentation spatiale des territoires étudiés mais par la construction de la typologie, en donnant à voir cette fragmentation du monde.

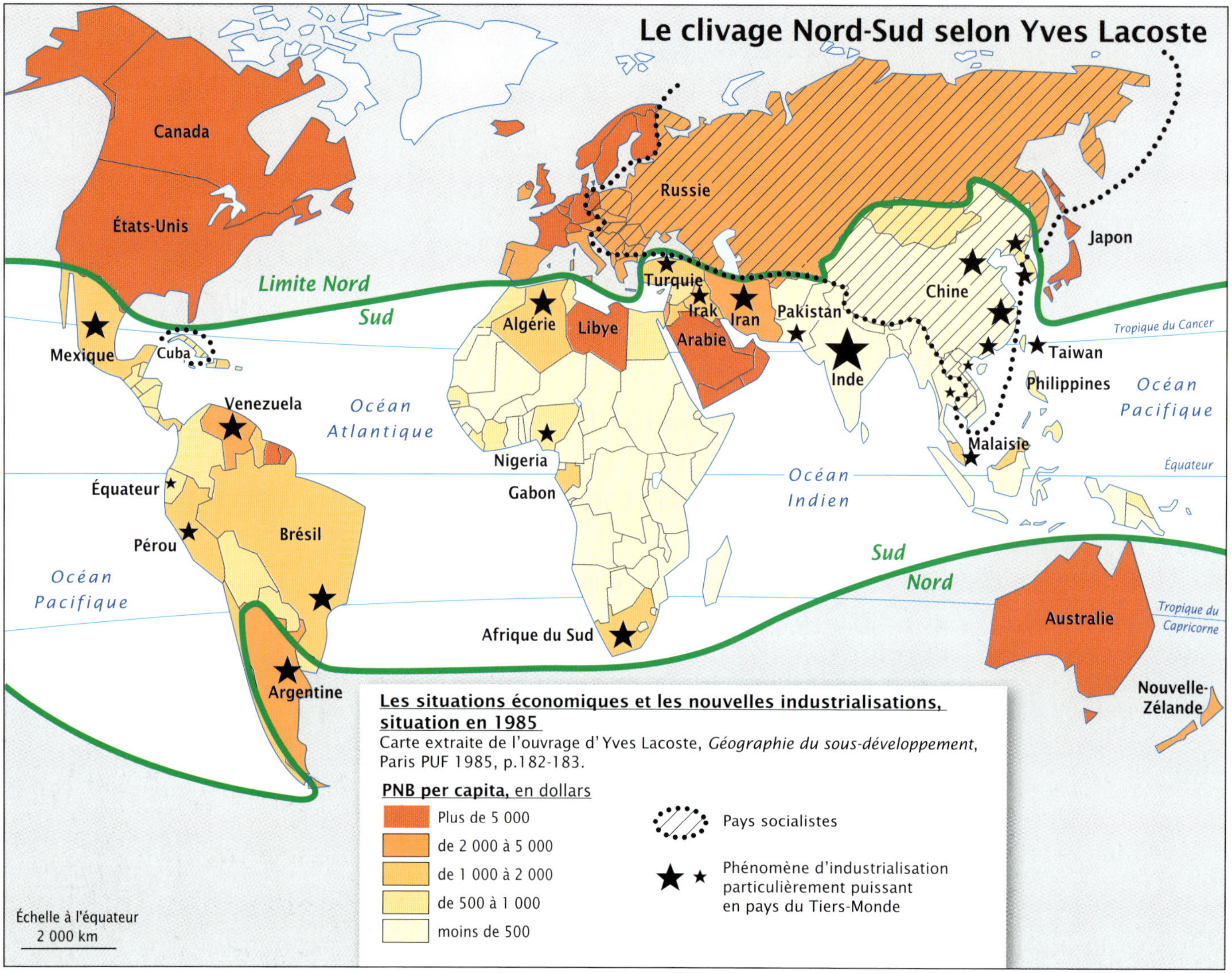
Le clivage Nord-Sud selon Yves Lacoste
Canada
États-Unis
Mexique
Cuba
Venezuela
Équateur
Pérou
Brésil
Argentine
Limite Nord
Sud
Sud
Nord
Océan Atlantique
Océan Pacifique
Océan Indien
Océan Pacifique
Russie
Turquie
Irak
Iran
Arabie
Pakistan
Inde
Chine
Japon
Taiwan
Philippines
Malaisie
Algérie
Libye
Nigeria
Gabon
Afrique du Sud
Australie
Nouvelle-Zélande
Tropique du Cancer
Équateur
Tropique du Capricorne
Les situations économiques et les nouvelles industrialisations, situation en 1985
Carte extraite de l'ouvrage d'Yves Lacoste, Géographie du sous-développement, Paris PUF 1985, p.182-183.
PNB per capita, en dollars
Plus de 5 000
de 2 000 à 5 000
de 1 000 à 2 000
de 500 à 1 000
moins de 500
Pays socialistes
Phénomène d'industrialisation particulièrement puissant en pays du Tiers-Monde
Échelle à l'équateur
2 000 km

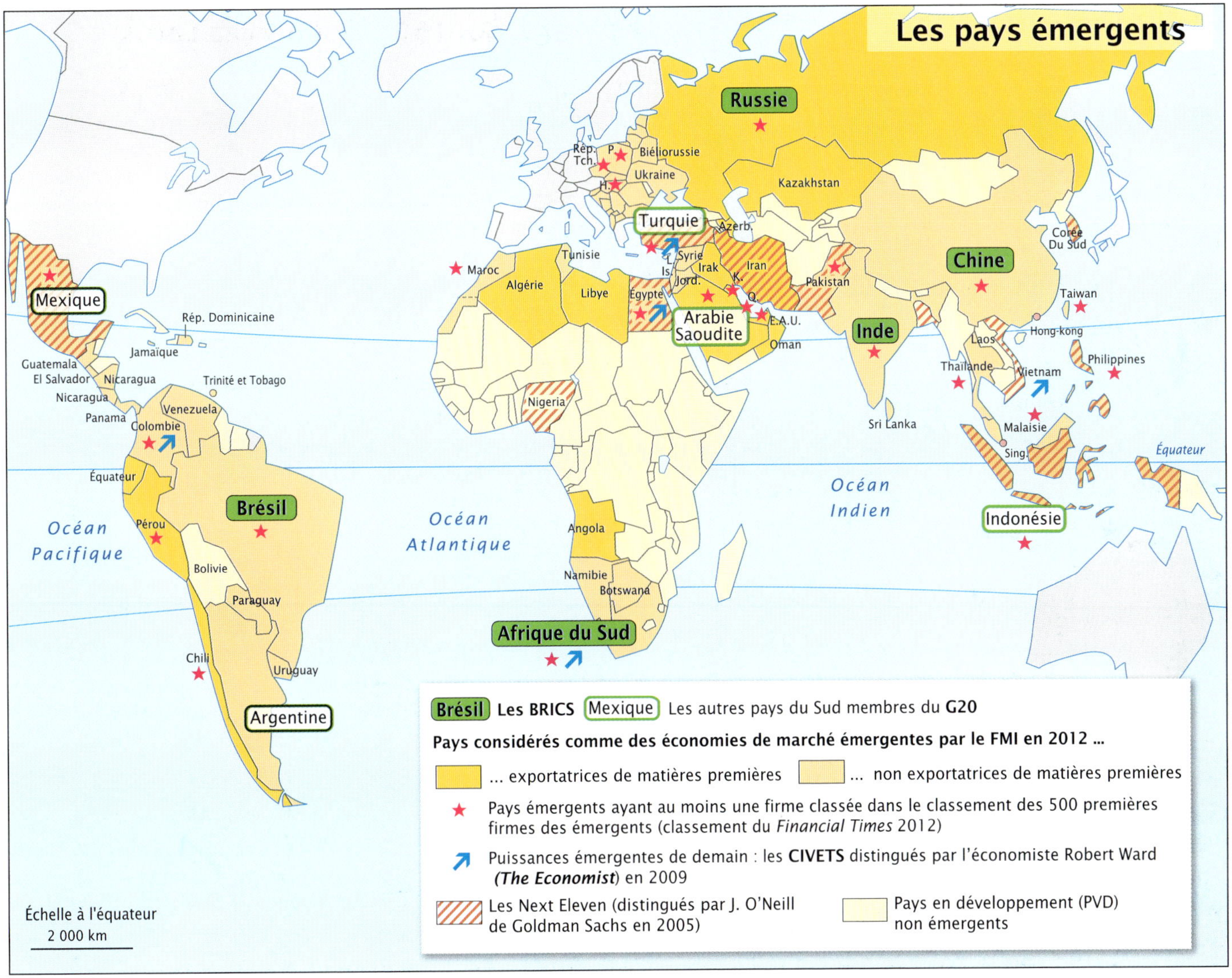
Les pays émergents
Russie
Rép. Tch.
P.
H.
Biélorussie
Ukraine
Kazakhstan
Turquie
Azerb.
Corée du Sud
Tunisie
Maroc
Algérie
Libye
Égypte
Syrie
Is.
Jord.
Irak
Iran
K.
Q.
E.A.U.
Oman
Pakistan
Chine
Taiwan
Hong-kong
Arabie Saoudite
Inde
Laos
Thaïlande
Vietnam
Philippines
Malaisie
Sing.
Sri Lanka
Mexique
Rép. Dominicaine
Jamaïque
Guatemala
El Salvador
Nicaragua
Nicaragua
Panama
Trinité et Tobago
Venezuela
Colombie
Équateur
Brésil
Pérou
Bolivie
Paraguay
Chili
Uruguay
Argentine
Nigeria
Angola
Namibie
Botswana
Afrique du Sud
Océan Pacifique
Océan Atlantique
Océan Indien
Indonésie
Équateur
Brésil Les BRICS
Mexique Les autres pays du Sud membres du G20
Pays considérés comme des économies de marché émergentes par le FMI en 2012 ...
... exportatrices de matières premières
... non exportatrices de matières premières
Pays émergents ayant au moins une firme classée dans le classement des 500 premières firmes des émergents (classement du Financial Times 2012)
Puissances émergentes de demain : les CIVETS distingués par l'économiste Robert Ward (The Economist) en 2009
Les Next Eleven (distingués par J. O'Neill de Goldman Sachs en 2005)
Pays en développement (PVD) non émergents
Échelle à l'équateur
2 000 km

## Présentation des documents

Yves Lacoste publie dans les années 1960 une *Géographie du sous-développement* où il définit cette notion comme étant une distorsion nouvelle entre une croissance démographique devenue rapide et des moyens d'existence effectifs incapables de progresser au même rythme. En 1985 dans une réédition de l'ouvrage, il publie la première des cartes ici proposée. Elle aborde les **pays du Sud** par une approche surtout économique. Les critères retenus d'analyse sont le PNB par habitant en dollars (on n'utilise pas encore les données en parité de pouvoir d'achat qui permettent des analyses plus justes), l'industrialisation – le terme de NPI, nouveaux pays industrialisés, est alors en usage, et les clivages géopolitiques entre Est et Ouest, Nord et Sud.

La seconde carte a pour but de cerner la notion de **pays émergent**. Cette expression vient de l'économie et précisément du monde de la finance puisque l'on parlait dans les années 1980 d'économies à marché émergent pour désigner des pays stables institutionnellement à la croissance économique rapide et présentant des opportunités d'investissements pour les pays riches. Le terme s'est désormais tout à fait imposé dans les institutions internationales pour désigner les **PVD prometteurs, dont la vigoureuse croissance est liée à une insertion croissante dans la mondialisation et qui ont la capacité de bouleverser l'ordre établi**. Pour autant dresser une liste définitive d'émergents est impossible comme le montre la carte qui présente plusieurs listes émanant pour la plupart d'institutions financières.

**➤ Lexique**

Nord
Sud
développement
Tiers-Monde
acteur
investissements
gouvernance mondiale
G7, G8, G20
pays émergent
PMA

## Intérêt

**La comparaison de ces deux documents permet ainsi de mesurer le chemin parcouru en un quart de siècle**. La première carte fit date. « Son retentissement fut réellement mondial, notamment par la démarcation spectaculaire qu'elle a imposée, tel un *limes* moderne, opposant un Nord et un Sud. Le succès mondial de cette représentation du monde [...] s'explique d'une part par son fondement historique sur le long terme (l'idée centrale étant celle de la dépendance), d'autre part par sa matérialisation géographique selon une ligne clairement matérialisée » (F. Bost). La seconde carte se garderait bien de couper le monde en deux, elle propose à partir d'une confrontation entre les listes d'appréhender le concept d'émergent que la crise économique débutée en 2008 a contribué à rendre incontournable pour appréhender l'organisation géoéconomique et géopolitique du monde.

## Analyse

La comparaison de ces deux cartes permet trois constats :

• **La coupure Nord-Sud est devenue caduque**. En effet, la Russie et les anciennes démocraties populaires, un temps baptisées d'économies en transition, ont désormais rejoint le groupe des pays émergents dans la plupart des classements internationaux (FMI par exemple). Inversement, les « dragons » asiatiques (Corée du Sud, Singapour, Taiwan et Hong Kong) sont désormais rattachés le plus souvent aux pays avancés, terme qui depuis quelques années a remplacé celui de pays développés.

• **L'éclatement des Suds déjà perceptible sur la carte de Lacoste s'est confirmé**. En 1985, les différences en termes de richesse étaient déjà

**“Le G20 est plus important que le G8, plus représentatif, donc plus proche des réalités de la crise que nous traversons. En avril (2009), Londres avait été le premier sommet où tout le monde avait été placé sur un pied d'égalité [...]. Le G8 n'a plus de raison d'être, à moins que ce soit pour débattre d'autres sujets que les grands équilibres internationaux. L'économie mondiale a besoin de forums multilatéraux, comprenant les BRIC, l'Indonésie, l'Afrique du Sud, le Mexique, les pays arabes. Leur impact dépendra de leur représentativité.”**

**L.I. Lula da Silva, président du Brésil, interview au *Monde*, 8 juillet 2009.**

très perceptibles. Les pays pétroliers rejoignaient ici les pays développés, l'Amérique latine était nettement mieux placée que l'Afrique et l'Asie du Sud et de l'Est ; l'Espagne qui en 1985 négociait son entrée dans la Communauté européenne ne se différenciait pas de l'Argentine qui la devançait avant guerre. L'industrialisation annonçait l'avenir : c'est en Asie qu'elle était le plus visiblement en marche, le terme de NPIA s'imposait, la Chine avait ouvert ses premières ZES en 1980 ; mais l'Amérique latine comptait aussi des NPI et en Afrique le Nigéria et la Côte d'Ivoire faisaient encore illusion. Y. Lacoste n'utilisait pas le concept de PMA, mais une première liste de ces pays les moins avancés, les plus pauvres et sans industrialisation, avait été établie en 1971 avec 24 noms, l'Afrique Sub-saharienne y était déjà fortement représentée.

Aujourd'hui, **la notion même de Tiers-Monde née en 1952 sous la plume de Sauvy et encore opérationnelle dans la carte de Lacoste apparaît obsolète**. L'Asie, dont la faiblesse du revenu par habitant frappait en 1985, compte le plus de pays émergents. Là sont des États qui ont su tirer profit de la mondialisation grâce à une insertion accélérée dans l'économie mondiale, attestée par la croissance de leurs exportations et l'attrait sur les investissements étrangers. **L'émergence est fille de la mondialisation libérale**. Ces pays ont désormais des FMN dynamiques à l'image de Tata, Reliance, Mahindra en Inde, Huawei, Suntech power, CNOOC en Chine, Embraer ou Odebrecht au Brésil etc. L'Amérique latine semble être légèrement déclassée par rapport à la première carte, ses pays émergents s'appuyant davantage sur le dynamisme de leur marché intérieur que sur leur poids dans les échanges mondiaux. Le continent africain confirme sa marginalisation, même l'Afrique du Sud, géant en Afrique peine à tenir son rang face aux autres membres des BRICS.

• **Depuis 25 ans, ont ainsi émergé de véritables puissances au sein des Suds**. Les poids lourds en sont la Chine, l'Inde et le Brésil, de tous les classements, qui associés à la Russie ont été distingués par l'acronyme BRIC dès 2001. Ils sont profondément disparates – la Chine exporte 90 % de produits manufacturés en 2010 et la Russie seulement 21 % – mais ont en commun leur taille et leur potentiel et ont tenu leur premier sommet en Russie en 2009. La Russie, qui n'a pas le passé d'un PVD et tente plutôt de ré-émerger, trouve là un nouveau relais de puissance. L'Afrique du Sud les a rejoints en 2011 confirmant ainsi la prétention de ce groupe à être capable de bouleverser un ordre mondial trop longtemps dominé par l'Occident. Plus largement, l'institutionnalisation des sommets du G20 depuis 2008 confirme l'obsolescence des schémas antérieurs.

## Portée des cartes

La carte de Lacoste donne à voir un moment dans l'histoire du Tiers-Monde, montrant la position encore privilégiée de l'Amérique latine, annonçant les transformations asiatiques et majorant sans doute la puissance industrielle indienne. Elle révèle l'insuffisance du critère du PNB par habitant, supplanté en 1990 par l'Indice de développement humain (IDH) plus apte à appréhender l'émergence asiatique ou le retard africain. Depuis 1985, à des degrés divers, le Sud est dans une logique de rattrapage par rapport aux « pays avancés ». Si le terme de pays émergent s'est tout à fait imposé, la seconde carte montre combien l'incertitude demeure sur les contours de cet ensemble. Après tout, le succès de ce concept réside sans doute dans ce flou relatif qui permet de constituer un groupe à géométrie variable qui, quel qu'il soit exactement, démode définitivement la vieille coupure Nord-Sud.

# Les transferts financiers des migrants : un levier de développement ?



**"L'Inde est sans doute le seul pays au monde, qui a non seulement donné une reconnaissance officielle à ses expatriés mais a aussi forgé un acronyme pour les désigner : NRI ou Non Resident Indian.[...] En 2003-2004, [leurs] versements atteignirent 26 milliards de dollars. Dans l'État du Kerala, ces versements ont engendré un véritable essor dans les domaines de l'immobilier et du bâtiment, en certains endroits le prix du terrain a triplé. De plus entre 1976 et 1988, les NRI placèrent 3 milliards de dollars sur des comptes étrangers dans des banques indiennes... on comprend facilement pourquoi un gouvernement à court de devises fortes courtise assidûment les NRI."**

**Shashi Tharoor, *L'Inde, d'un millénaire à l'autre*, Seuil, 2007.**

➤ Lexique

transferts
migrations
développement
investissement

## Présentation du document

Les migrations apparaissent souvent comme le parent pauvre de la mondialisation, 3 % seulement de la population mondiale peut être considérée comme migrante. Marchandises, capitaux, informations circulent bien plus librement que les hommes. La carte proposée étudie les envois de fonds faits par les travailleurs expatriés à leur pays d'origine, elle a été établie à l'aide des données de la Banque Mondiale. Celle-ci publie annuellement depuis 1970 des données sur les migrations internationales et les flux financiers ainsi engendrés (2 milliards de dollars en 1970 pour le monde, 513 en 2011 en dollars courants). Elle nous fournit deux séries d'informations : les flux en valeur absolue reçus par les pays d'origine des migrants, et d'autre part la valeur relative que représente cette manne par rapport au PIB des États destinataires.

## Intérêt

• Cette carte permet de bien saisir les enjeux de l'exercice : repérage des informations majeures, explication avec des exemples ponctuels et spatialisés, problématisation fournie par le titre, qu'il faut justifier et mettre en perspective. Même avec une carte récente, il est possible de préciser les enjeux les plus contemporains du document. Dans le cas précis, ces transferts financiers ont été fortement affectés par la récession mondiale et la problématique n'en prend que plus d'acuité.

• Le commentaire doit viser l'essentiel : description des flux, poids de ceux-ci pour l'économie et la société des pays du Sud, réponse à la problématique pour montrer que ces transferts monétaires ou rétrotransferts – « *remesas* » en espagnol, « *remittances* » en anglais –, constituent un atout pour le développement de ces

# Les transferts financiers des migrants, levier de développement ?

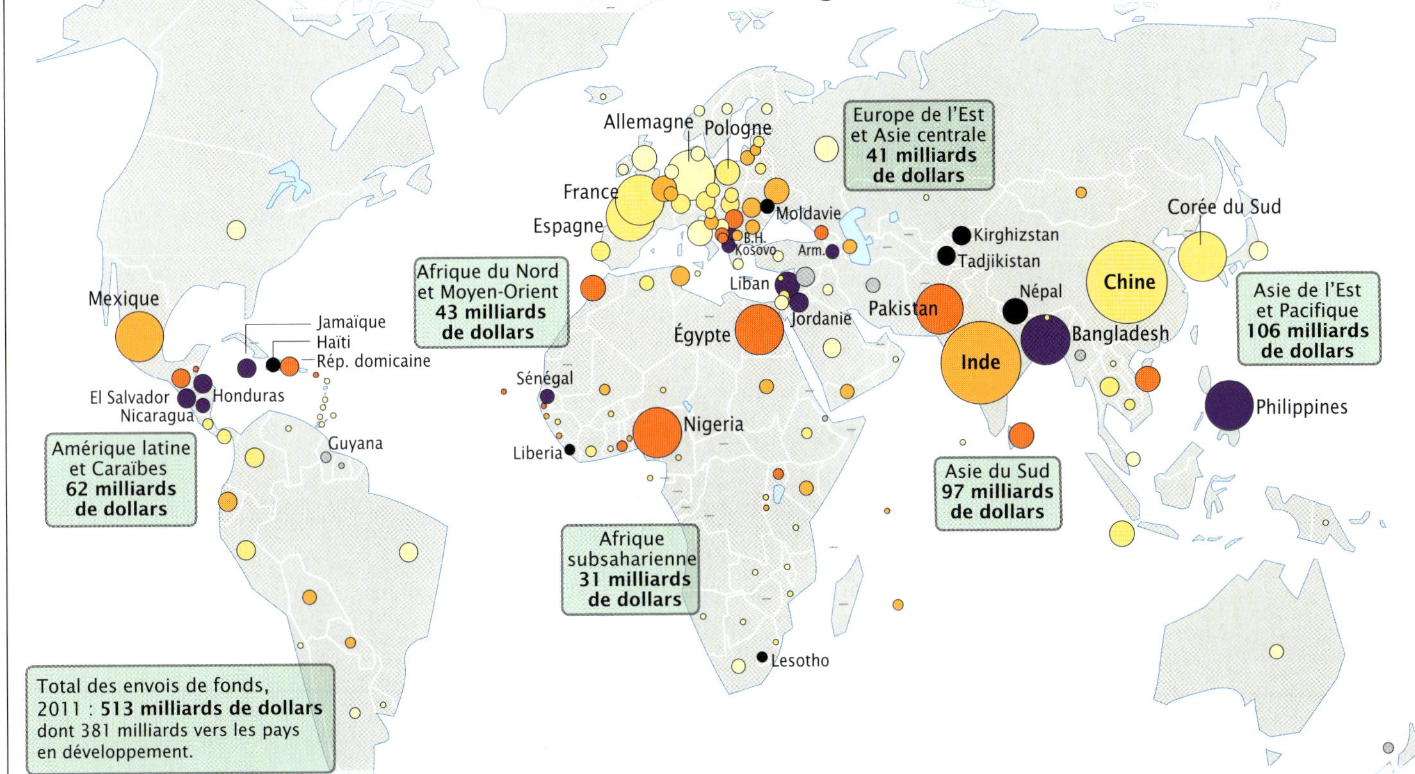


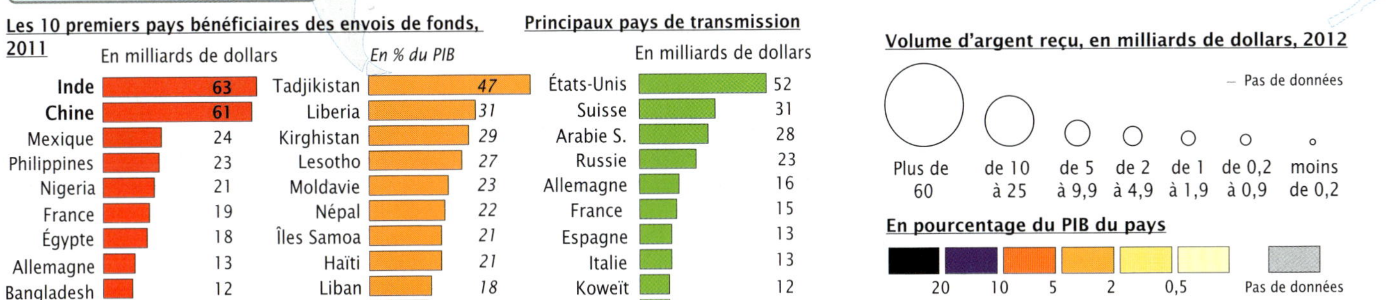


Source : Banque Mondiale, section migration, http://siteresources.worldbank.org

États sans cacher les formes de dépendance que cela induit. Ainsi certains aspects ne sont pas développés, comme les modalités de transferts de fonds où coexistent des institutions financières ayant pignon sur rue comme Western Union et les multiples possibilités d'une mondialisation informelle (transferts de main en main, utilisation d'intermédiaires – système du Hawala au Moyen-Orient et Asie du Sud).

• Enfin, si le mérite de la carte est de rappeler que les transferts financiers concernent aussi les pays riches (France, Allemagne, Espagne, Belgique...), le commentaire n'en fait pas mention, se concentrant sur la problématique fournie avec le document. En effet, les transferts financiers effectués par les émigrés vers les pays du Sud sont vitaux pour la survie des familles restées au pays. Mais transfert financier ne rime pas forcément avec levier de développement, autrement dit cette manne est-elle consommée ou investie ? Devient-elle le point de départ d'un cercle vertueux de développement en stimulant l'économie locale, en formant les populations, en favorisant la mise en place d'infrastructures et d'équipements ?

## Analyse

### 381 milliards de dollars pour le Sud

Pour l'année 2011, sur un total mondial de 513 milliards, la Banque mondiale estime que les flux destinés aux PVD ont atteint 381 milliards de dollars. **Les migrations s'inscrivent largement encore dans un schéma classique centre-périphérie**, drainant vers les espaces riches des populations pauvres, relativement proches ou ayant tissé des liens historiques avec ces territoires. Quatre pays s'imposent comme principaux receveurs de fonds de leurs expatriés : l'Inde, la Chine, le Mexique et les Philippines si l'on évoque les montants bruts reçus. La Chine et l'Inde bénéficient de diasporas puissantes (de l'ordre de 50 millions d'individus pour la Chine, d'une vingtaine de millions pour l'Inde) qui expliquent l'importance des transferts financiers, le Mexique (112 millions d'habitants) possède une communauté de 26 millions d'expatriés aux États-Unis. L'Afrique, comme le montre la carte, apparaît par contre peu concernée, seuls l'Égypte – travailleurs du pays du Golfe Persique –, le Nigeria et le Maroc semblant recevoir des flux notables, l'Afrique subsaharienne ne se partage que 31 milliards de dollars.

Mais la mesure de ces sommes rapportée aux PIB nationaux permet de mesurer la dépendance de ces pays : la carte montre que ces flux représentent 7 % du PIB marocain et plus d'un quart du PIB d'un pays comme le Lesotho qui bénéficie de la proximité de la République sud-africaine. Les Philippines sont un autre cas intéressant : domestiques féminines dans les pays du Golfe, infirmières expatriées en Grande-Bretagne ou aux États-Unis, marins navigant sur toutes les mers du monde, chauffeurs de taxis à New York etc., les Philippins expatriés représentent près d'un quart de la population active du pays et ont renvoyé 24 milliards de dollars en 2011 au pays, soit 10 % du PIB. Les États les plus dépendants de ces transferts sont de petits pays d'Amérique latine (Haïti au premier chef puisque les transferts représentent près du cinquième du PIB, Nicaragua, Honduras, El Salvador, Guatemala, Jamaïque), du Moyen-Orient (diaspora libanaise), d'Europe orientale (Moldavie) et d'Asie centrale (Tadjikistan). Le Tadjikistan, avec près de la moitié de son PIB assuré par ces envois de fonds, est devenu dépendant de la conjoncture économique de la Russie, où la plupart de ses émigrés sont établis, et a dû composer en 2009 avec une réduction de ces flux de 30 % par rapport à 2008.

### Aide à la survie ou levier de développement ?

Pour ces États, **la manne financière des transferts** – 80 milliards de dollars en 2000, 381 en 2011, soit un quadruplement en valeur courante – **joue donc un rôle considérable dans l'économie** : elle sert largement aux dépenses de consommation des populations locales. 80 à 90 % sont consacrés aux besoins fondamentaux : logement, nourriture, santé, éducation. Des milliers de foyers, dans l'État de Jalisco au Mexique ou dans la région de Kayes au Mali vivent littéralement sous perfusion financière grâce aux envois de leurs expatriés dont le départ a souvent été financé par la famille élargie.

**Ces flux sont-ils vraiment levier de développement** ? Parce qu'ils réintroduisent des formes de dépendance, on peut en douter, mais ces sommes peuvent également financer des dépenses utiles comme la scolarité des enfants, des infrastructures collectives, le bâtiment etc. Un État comme le Mexique avec l'appui de la BID (Banque interaméricaine de développement) favorise désormais tout type d'investissements productifs permis par les *remesas*. En tous les cas, ces transferts dont le montant dépasse celui de l'Aide Publique au Développement (APD), sont, derrière les investissements directs (IDE), la seconde source de financement des PED. C'est une manne essentielle mais dont le prix à payer est souvent le départ des éléments les plus dynamiques du pays (et des plus qualifiés : *brain drain*, fuite des cerveaux). Le développement supposant de plus une certaine planification des objectifs, l'extrême volatilité de ces ressources en période de crise nuit à leur efficacité : ainsi la crise du groupe Nakheel, filiale de Dubaï World, en décembre 2009 et la suspension des chantiers Samsung (coréen) ou Baytur (turc) condamnent des milliers d'Indiens, Pakistanais et Bengalis au retour.

## Portée de la carte

Comme on le voit avec ce dernier exemple, l'impact de la crise économique de 2008-2009 a été sévère. **La Banque mondiale évalue à 5 % la baisse des transferts de fonds vers les pays du Sud en 2009 par rapport à 2008, alors que la croissance de ces flux avait été continue depuis 1970**. Les PVD ont senti ici leur vulnérabilité et leur dépendance (la Malaisie par exemple annula en mars 2009 le visa de travail de 55 000 travailleurs du Bangladesh, et la Russie annonça sa volonté de réduire les permis de travail pour les étrangers en 2009 de 4 à 2 millions). Pourtant, paradoxalement, ce sont ces envois de fonds qui restent la plus sûre source de financement extérieur pour les pays pauvres car les autres sources (IDE ou APD) ont baissé elles aussi. Les migrants installés ne gagnent rien à rentrer au pays et constituent toujours une main-d'œuvre plus flexible et moins chère que les nationaux, tandis que les candidats à l'exil sont toujours aussi nombreux, poussés par une récession qui existe aussi au sein des PED. Les transferts financiers vers le Sud ont ainsi augmenté de 8 % en 2010 et 12 % en 2011, dépassant largement les montants de 2008.

# Le secteur automobile dans le monde, de la crise à la recomposition ?

**“Ceux qui ont pris la peine de rechercher sous la surface les grandes tendances de notre époque savent qu'une industrie géante lutte pour venir au monde. Tous les signes indiquent que le véhicule à moteur est la suite nécessaire des méthodes de locomotion déjà établies et approuvées. Les besoins croissants de notre civilisation exigent sa venue, le public croit en lui et attend avec le plus grand intérêt son application pratique à la vie de la planète.”**

**Revue *Horseless*, 1895.**

**“La génération Y (les 22 à 32 ans) est encore moins attirée par les belles américaines que celle des parents, les baby-boomers. D'après le cabinet Autopacific, quand on leur demande quelle automobile ils comptent acheter, plus de la moitié de ces 73 millions de jeunes pensent à Toyota contre 34 % à Chevrolet, la marque phare de General Motors : pis, un jeune sur deux se verrait bien acheter une voiture chinoise et un sur trois une indienne.”**

**Philippe Boulet Gercourt, *Nouvel Observateur*, à propos du marché américain, 24 décembre 2009.**

## Présentation et intérêt du document

• Elle combine trois dimensions : une logique de production, une logique de marché, une logique de firme (Toyota).
• Elle est en elle-même un événement, en choisissant l'année 2011, année de reclassement surprenant après la crise : Toyota (3e firme mondiale en 2011 !) et General Motors, firme emblématique de la croissance des Trente Glorieuses, géant entravé hier mais de nouveau conquérant et premier du podium (2011).
• Elle cartographie ce secteur à une époque cruciale : constructeurs historiques menacés d'hier mais en convalescence pour certains (GM) ou restructurations douloureuses pour d'autres (PSA) ou en plein essor (Volkswagen) ; zones traditionnelles de production évidées (Détroit, ville emblématique en faillite durant l'été 2013), production et marchés redéployés.

## Analyse

### 1. Une nouvelle ère ?

• Le nouveau centre de gravité asiatique

**Au-delà de la poussière de producteurs** indiens (Tata, Maruti, Mahindra), coréens (Hyundai très performant en Europe désormais), sans compter les échecs indonésiens (Timor du fils Suharto), marques d'une division régionale asiatique du travail, la carte fait apparaître une redistribution des cartes en faveur de l'Asie.

**La Chine entre dans le concert des grands marchés** (premier mondial depuis 2009) et des producteurs : 20 millions de véhicules (voi-

➤ Lexique

DIT
bien de consommation
délocalisation
entreprise
FMN

# L'automobile, une nouvelle donne ?

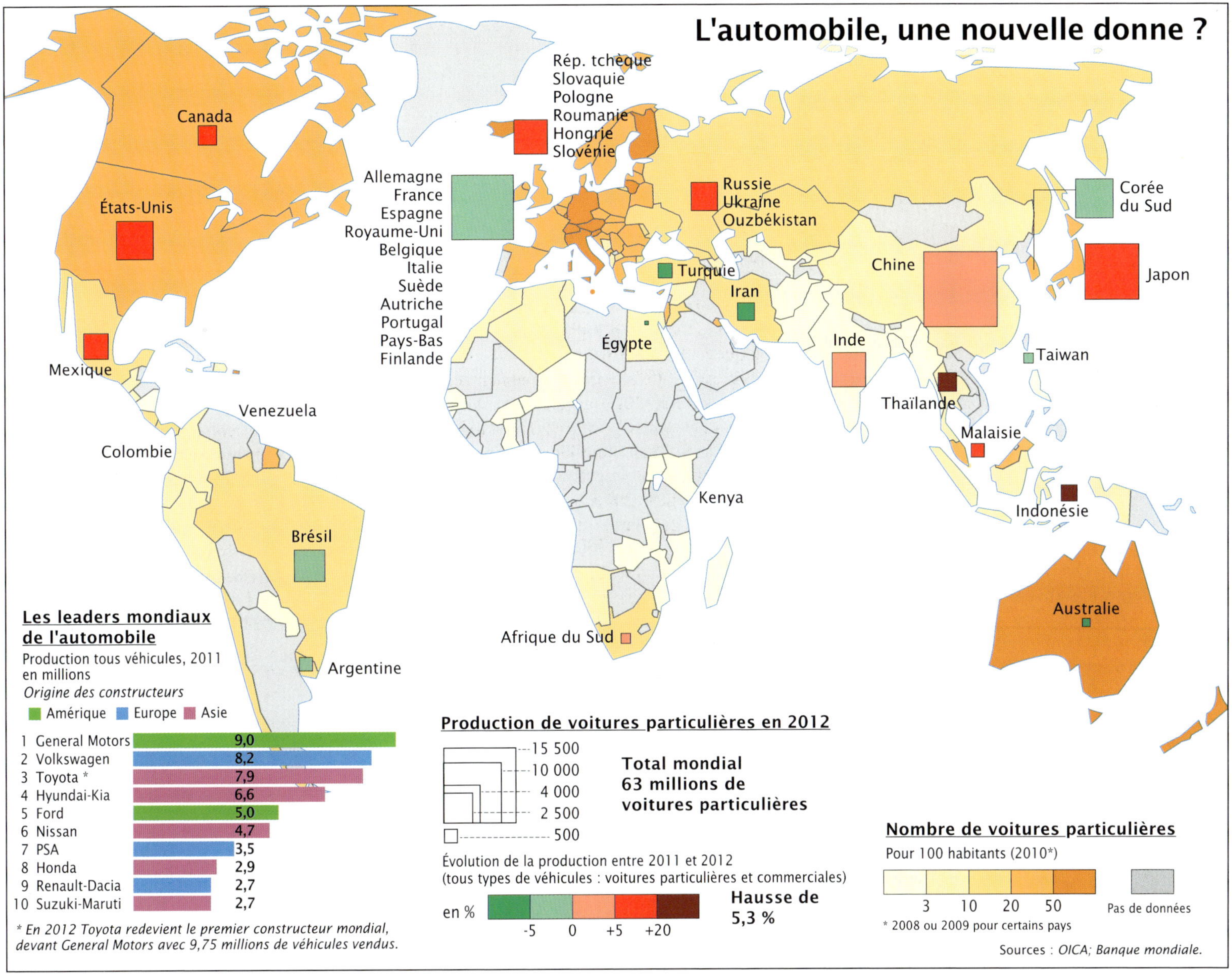

tures et véhicules utilitaires légers) devraient être produits sur le sol chinois en 2013, contre 18 millions en Europe en incluant la Russie et même la Turquie. Certes le poids des marques étrangères dans l'essor chinois relativise cette émergence : elles captent environ 70 % du marché national et produisent sur place, comme General Motors, l'allemand Volkswagen ou encore le japonais Nissan, *via* des coentreprises avec des Chinois (comme SAIC, n° 1 Chinois). Mais les constructeurs nationaux montent en puissance, rachètent des entreprises (Geely Volvo) investissent à l'étranger (Great Wall en Bulgarie) et diversifient leurs segments de production (4X4 et électrique).

**Le Japon n'abandonne pas le terrain**. Dans le passé Toyota a su être le fleuron de l'industrie nipponne par la maîtrise de 4 atouts évolutifs... parmi d'autres : une gestion innovante depuis les années 1960 avec la réduction des stocks et l'amélioration continue de la compétitivité-prix et de la qualité, une diversification des marques de Lexus haut de gamme à Scion (pick-up pour les jeunes citadins), une stratégie aussi tardive que rapide de continentalisation et de « glocalisation » (production et véritable filière complète installée dans les pays tiers – comme en Europe occidentale à Onnaing près de Valenciennes ou aux États-Unis avec 9 établissements) et une DIT régionale très précoce sur la façade de l'Asie-Pacifique rendue possible par les effets volume (spécialisation par pays comme la Malaisie dans les climatiseurs et la Thaïlande les moteurs diesel). Mais le cauchemar de 2011 a coûté cher au constructeur : fermeture de l'usine de Nummi au cœur de la Californie, rapatriement massif de véhicules (crime de lèse-qualité), onde de choc du séisme de Fukushima, inondations en Thailande. Pour autant le groupe a retrouvé ses ambitions... et sa première place en 2012. Le marché interne est plus tonique (Abenomics obligent) et les implantations aux États-Unis relaient la reprise américaine.

## 2. Le passé fait de la résistance

Au-delà de la conjoncture de 2008-2009, dévastatrice pour l'industrie américaine, **GM rebondit** depuis 2011 (1er producteur mondial cette année-là). Certes, l'été 2013 a mis au grand jour la faillite de Detroit. Certes l'État a joué un rôle de levier décisif (GM était d'ailleurs appelé « Government Motors » en référence aux subsides perçus), l'automobile n'est plus « la colonne vertébrale de l'économie américaine » (B. Obama), mais peu importent les moyens : l'essentiel est dans le renouveau du secteur en réduisant les pôles de production, les coûts salariaux : Opel, filiale allemande de GM, n'est plus à vendre à PSA comme un instant envisagé, et les entreprises renouent avec les profits.

**L'industrie européenne suit des évolutions contrastées :** l'Allemagne a consolidé des niches qualitatives (Audi), des positions fortes sur le marché chinois (Volkswagen), et la profitabilité de Porsche est exceptionnelle. Encore faut-il remarquer que c'est sur les marchés externes que l'industrie allemande conforte ses résultats plus que sur un marché européen un peu atone.

Mais on retiendra surtout les **difficultés de l'industrie automobile européenne, italienne et surtout française,** qui vit ses heures les plus difficiles depuis l'ère de la « bagnole » célébrée par Pompidou jadis. Fermetures de sites (PSA à Aulnay-sous-Bois), réduction de la voilure (Renault à Sandouville), accords-cadres de « flex-sécurité » ébauchés (Renault), délocalisations à l'Est (Peugeot en République tchèque, Renault à Pitesti en Roumanie) ou aux portes de l'Europe (ouverture à Tanger, zone franche d'une unité Renault produisant 340 000 véhicules par an, lignes de production de la Clio en Turquie) sont les stigmates d'une crise profonde : les batailles picrocholines sur les problèmes de pollution (recours interdit au liquide de refroidissement, le R134a, utilisé par Mercedes ce qui permet à la France en 2013 de bloquer les ventes de

Mercedes série A et B non conformes) sont peut-être les spasmes d'une chronique de la mort annoncée de l'industrie automobile française (un peu comme hier pour l'industrie britannique).

## 3. Un nouveau paradigme pour l'industrie automobile

• **La voiture d'aujourd'hui doit se soumettre aux contraintes énergétiques** et nul doute que le lithium argentin ou bolivien seront demain aussi importants que les gisements pétroliers d'hier : la voiture hybride ou délibérément électrique progresse au rythme des prises de conscience des États : précoce au Japon avec la Prius, tardive en France où l'avance traditionnelle des constructeurs n'a pas anticipé ce créneau d'avenir. Rapide en Chine (effet d'annonce), efficace aux États-Unis où Tesla, boostée par l'État, pèse en bourse 18 milliards de dollars en 2013, soit plus que Renault et Peugeot réunis. En 2020, les véhicules hybrides devraient couvrir plus de 50 % des besoins en voitures contre 10 % dans le reste du monde, 70 constructeurs sont au niveau de BYD. Ce n'est pas un marché de masse... du moins pas tout de suite.

• **La voiture d'aujourd'hui doit tenir compte des mutations des consommateurs** : électrique et urbaine, pas chère et proche des besoins des PED comme la Nano de Tata, pratique et utile comme les pick-up, économique et à fort volume comme la Lodgy produite à Tanger autant de besoins nouveaux qui font irruption chez les concepteurs d'automobiles. C'est la fin du tout-voiture, la fin de la voiture « couteau suisse ». 77 % des Français vivent en zone urbaine (50 % dans le monde) ; il faut donc distinguer l'urbain, le périurbain et les longs trajets : à chaque segment sa technologie désormais : électrique, hybride, thermique... La voiture doit donc pour le sociologue H. Rochefort « passer de l'état d'animal sauvage à celui de gentil animal domestique à l'aise dans la ville ».

• **Une nouvelle géoéconomie de l'automobile ?**

La voiture d'aujourd'hui n'échappe pas à la globalisation que déjà R. Reich évoquait en posant une question : « *Who is Pontiac* ? », et en déclinant les origines planétaires de ses composants. Renault Dacia confirme que les délocalisations des gros producteurs sont des réponses aux problèmes de coûts et de goût car la Logane ou le Dacia Duster ont dépassé leurs objectifs en connaissant un franc succès dans les anciens pays communistes et sur les marchés européen et national. Les pays de la Triade ne sont plus que des marchés de renouvellement (âge moyen du parc américain : 9 ans en 2010), sauf à compter la possible urgence climatique qui redéploierait le parc (urbain) vers les voitures électriques mais au contraire les pays émergents sont des marchés d'équipement : les taux de motorisation parlent d'eux-mêmes (plus de 800 pour 1 000 habitants aux États-Unis ; près de 600 dans l'Union européenne contre 130 au Brésil mais moins de 40 en Chine et en Inde, deux populations de 1,3 milliard d'hommes).

## Portée de la carte

Elle embrasse donc d'un seul coup d'œil des changements géoéconomiques et géopolitiques majeurs et donne à l'émergence un contenu visuel qui vaut tous les chiffres de PIB et parts de marchés et toutes les analyses les plus absconses de la nouvelle DIPP division internationale du processus productif.

# La globalisation foncière : nouvel enjeu de la mondialisation



“Tout peut attendre excepté l'agriculture”

JAWAHARLAL NEHRU, 1948

“L'ampleur et souvent l'aspect spéculatif des transactions sur les terres observées ces derniers temps ont pris tout le monde par surprise... Du coup, les acquisitions se font souvent au détriment des populations locales, en particulier celles qui sont les plus vulnérables, sans leur apporter les compensations appropriées”

Rapport de la Banque mondiale, septembre 2010

➤ Lexique

impérialisme
agriculture
pays émergents
ressources

## Nature du document

Le document proposé est une carte synthétique de la **globalisation foncière**, phénomène connu sous le vocable anglais de *land grabbing* (**accaparement de terres**) lequel désigne le rachat de terres par des puissances extérieures, une spéculation sur le potentiel productif de ces terres, une appropriation de leurs productions pour pallier des déficits agricoles, bref des transactions qui relèvent d'**une nouvelle forme d'impérialisme**. Après le *scramble for Africa* du XIX$^{e}$, le *new scramble for land* de ce début de siècle.

## Contexte

**L'insécurité alimentaire mondiale** reste l'arrière-plan de la crise systémique ouverte en 2008. Le monde paraissait pourtant avoir jugulé la crise alimentaire de 2008 marquée par une hausse des cours céréaliers, des manifestations de « ventres creux » pour s'élever contre le renchérissement brutal des denrées de base, et des refus d'exportation de pays souhaitant privilégier leur demande nationale (Vietnam par ex.). L'optimisme devant le dégonflement de la bulle spéculative agricole, et la baisse régulière du nombre des malnutris a été de courte durée. L'impossibilité d'atteindre les objectifs de développement du millénaire (réduire de moitié la malnutrition) l'impossibilité de maîtriser des cours erratiques, et les tensions induites par les agrocarburants, ont dès 2010 réactivé le spectre de l'insécurité alimentaire (980 millions de malnutris en 2012) De là le **rachat de terres systématisé** avec une dimension prédatrice évidente.

## Analyse

### La terre un actif à la mode.

C'est peu de parler de **ruée sur les terres** (227 millions d'hectares en 10 ans, d'après Oxfam, sept. 2011) tant depuis les années 2000 les acteurs sont nombreux.

Des financiers comme G. Soros, des fonds

# La globalisation foncière

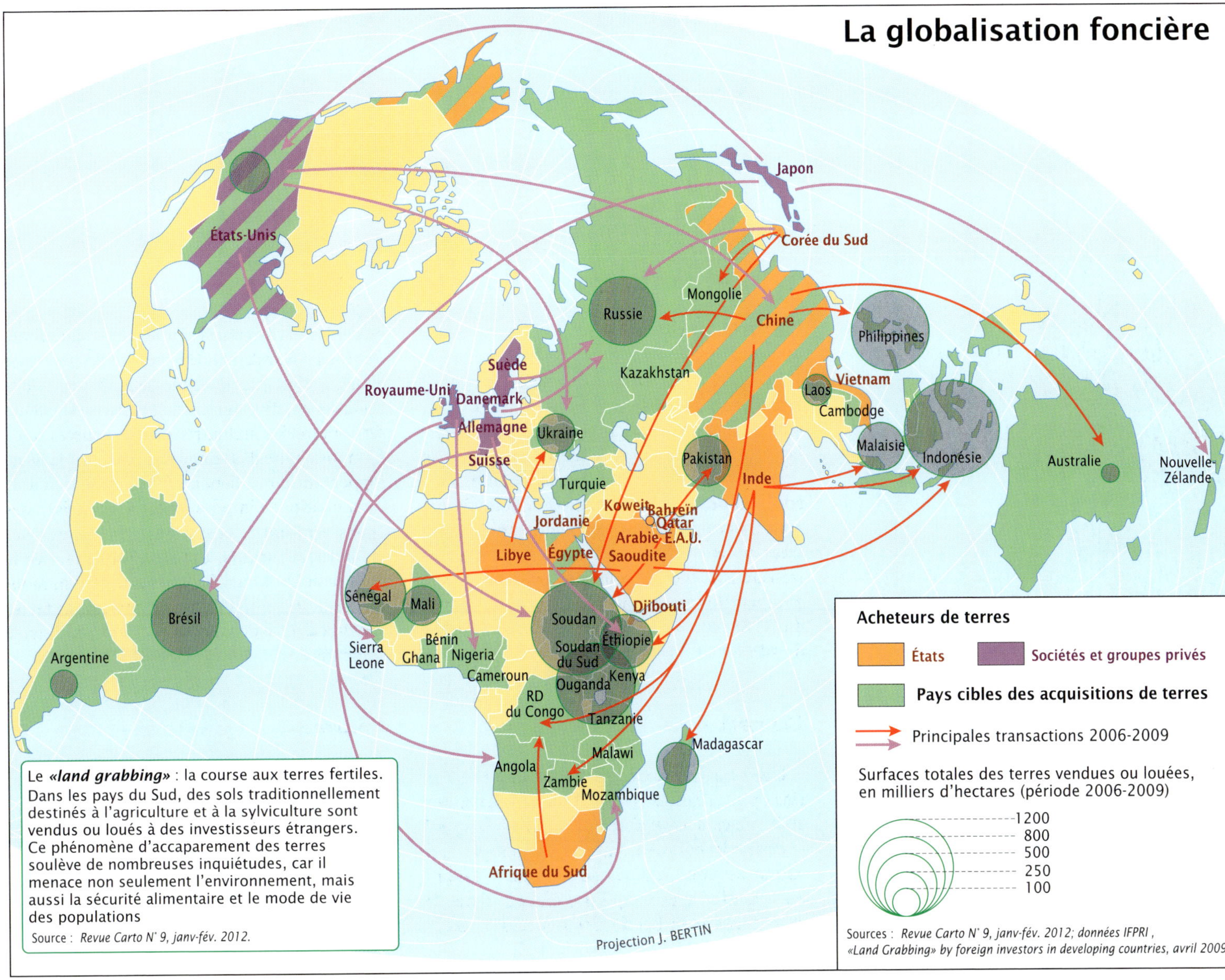


Le ***«land grabbing»*** : la course aux terres fertiles. Dans les pays du Sud, des sols traditionnellement destinés à l'agriculture et à la sylviculture sont vendus ou loués à des investisseurs étrangers. Ce phénomène d'accaparement des terres soulève de nombreuses inquiétudes, car il menace non seulement l'environnement, mais aussi la sécurité alimentaire et le mode de vie des populations

Source : *Revue Carto N° 9, janv-fév. 2012.*

Sources : *Revue Carto N° 9, janv-fév. 2012; données IFPRI , «Land Grabbing» by foreign investors in developing countries, avril 2009.*

spéculatifs comme Altima, Quantum ouvrent la voie.

• **Des pays émergents** s'engouffrent dans la brèche. La Chine tient les devants de la scène : avec 7 % des terres arables, la Chine doit nourrir 22 % de la population mondiale. Une quarantaine de sociétés agricoles chinoises sont implantées dans trente nations sur les cinq continents. Près de 400 km² de terres kazakhes ont ainsi été cédées récemment à Pékin, des milliers en Zambie. L'Inde et le groupe Karuturi Global (roses et riz) emboîtent le pas en Éthiopie comme Singapour et les sociétés Olam et Wilmar (huile de palme) au Gabon.

• **Les pétrodollars** donnent des envies. L'Arabie Saoudite veut réviser des programmes pharaoniques intérieurs d'autosuffisance alimentaire – l'épuisement des nappes phréatiques et la pression sur des nappes fossiles et va chercher... au Soudan le complément. Les pays du Golfe qui importent de 70 à 90 % de leur consommation alimentaire, ont aussi imaginé un troc pétrole contre terres agricoles susceptible de fournir des produits réexportés... chez eux.

• **Des pays de l'OCDE** ne sont pas en reste, comme la Corée du Sud, qui a mobilisé sans succès ses *chaebols* pour racheter des terres à Madagascar, comme en 2008 où 1,3 million d'hectares devaient être attribués à Daewoo par le président Ravelomanana, ou en Argentine. Le Japon, par des accords de *swaps*, troque une partie de la dette de certains pays latino-américains contre des terres.

• **Les fonds souverains nouveaux acteurs** de la finance mondiale deviennent des acteurs zélés de ces marchés fonciers conseillés par des sociétés spécialisées comme la Bidwells Property, société britannique d'expertise foncière.

## Les risques d'une nouvelle colonisation ?

• Cette course à la terre peut être assimilée à un **néocolonialisme économique**. J. Diouf, directeur général de la FAO, dénonce « l'émergence d'un pacte néocolonial pour la fourniture de matières premières, sans valeur ajoutée pour les pays détenteurs des sols ».

Les nombreux contrats, les baux emphytéotiques, sont flous et longs (99 ans). Les contreparties des compagnies et des États étrangers venant acquérir des terres sont en pointillé et les prix de location dérisoires (2 dollars par an et par hectare en Éthiopie contre 400 en Inde !). L'**agrobusiness** peut une fois de plus expulser l'agriculture vivrière paysanne et accélérer l'exode rural alors que d'ores et déjà les villes africaines explosent... « La Chine arrive avec sa propre main-d'œuvre, ses semences et tient peu compte du contexte local de biodiversité », pour l'ONG espagnole Grain.

• Un tel impérialisme foncier fait débat :

Comment **évaluer les terres disponibles**, lorsque le problème du droit à la terre n'est pas déjà pleinement réglé et comment faire cohabiter comme c'est souvent le cas des titres de propriété formels et des droits coutumiers d'usage ? Comment **ne pas exclure les communautés paysannes locales**, accélérer un processus d'exode rural, contribuer aux pertes de repères familiaux, tribaux ? Comment **concilier la capture de terres et la préservation de la biodiversité** sur des terres cultivées sur un mode intensif ? Comment les États gardes-barrières, souvent corrompus, vont-ils pouvoir gérer ces intrusions ? Comment **faire le choix entre une extraversion des productions ou un partage** surtout dans des pays dont la situation alimentaire est particulièrement délicate comme au Pakistan où 45 millions de personnes vivent dans l'insécurité alimentaire à l'heure où des terres vont être louées à l'Arabie Saoudite ? Comment ne pas concevoir que **cette appropriation de terres s'intègre à des logiques impériales,** comme lorsque la Libye et la société Malibya Agriculture investit au Mali dans le Delta intérieur du Niger, avec, hier, en arrière-plan le rêve de M. Kadhafi, le roi des rois d'Afrique, d'une grande Libye ? Comment ne pas opposer les stratégies d'États comme l'Éthiopie qui pensent jouer gagnant-gagnant (transferts de technologies, emplois industriels en compensation, IDE) et des États comme le Soudan qui, comme avec le pétrole, cherche une nouvelle rente pour satisfaire l'appétit d'États prédateurs ?

### Quelle gouvernance face à ce « grand monopoly » des terres agricoles ?

Plus que de gouvernance on parlera d'abord de **résistance,** comme à Madagascar où la législation malgache a été réhabilitée : elle interdit à un opérateur étranger d'acheter plus de 2,5 hectares (alors que Daewoo Logistics avait conclu un contrat de location portant sur 1,3 million d'hectares, soit la moitié des terres cultivées pendant... 99 ans). La mobilisation prend de l'ampleur comme en septembre 2011 où au Mali des paysans de 30 pays ont créé une alliance pour dire « stop à l'accaparement des terres ». Des ONG relaient, comme Via campesina, le thème de la « souveraineté foncière » dans leur projet altermondialiste.

**Un code de bonne conduite** comme celui édité en septembre 2010 par la banque mondiale paraît utile même si pas suffisant (acteurs responsables, assurance de sécurité alimentaire pour la population, transparence...) Une voie est explorée, celle **du *contract farming*** qui établit un contrat de longue durée et évite l'achat de terres et la disparition des droits d'usage.

Des pays comme le Brésil, le Pérou, le Mexique édictent des **législations plus rigoureuses** mais une fois de plus on réagit plus qu'on anticipe.

## Critiques et portée du document

Ouvrir les yeux sur un phénomène nouveau est certes riche d'enseignement mais il ne faudrait pas oublier deux choses :

• Que l'on aurait pu représenter **les importations de terres « virtuelles »** des accaparements indirects...

Ainsi l'UE importe l'équivalent de ce que produiraient 20 % de ses domaines arables, soit 35 millions d'hectares sur 170 millions d'importations concernant des terres à soja, tourteaux en provenance d'Argentine ou du Brésil.

• Que l'avenir de l'agriculture mondiale ne dépend pas que de cette course aux terres... ce nouveau fléau après 25 ans de plans d'ajustement structurels et six sécheresses pour l'Afrique de l'Ouest par exemple.

– L'avenir est bien plutôt dans la **mise en valeur de nouvelles terres** : selon la FAO le potentiel mondial de terres cultivables aptes à l'agriculture pluviale serait de 4,15 milliards d'hectares, soit 3 fois les surfaces actuelles cultivées...

– Un **soutien à l'agriculture** s'impose — au Malawi l'État accorde *a minima* 10 % du budget national à l'agriculture, et le rebond agricole est réel.

– Les aides au développement devraient reprendre le chemin de l'agriculture (5 % de l'APD en 1980 contre 18 % en 2010).

– La recherche d'une **révolution doublement verte** (Gordon Conway, 1993) comme en Afrique devrait être aussi une solution (une révolution portant sur le millet, le manioc, et plus respectueuse d'un agroenvironnement). L'amélioration des techniques devrait aussi porter ses fruits, surtout lorsque l'Afrique consomme 8 kg d'engrais à l'hectare.

Mais le combat devrait aussi porter sur **les structures agricoles** : transactions, formation, commercialisation, mobilisation des banques locales. Enfin il faudrait regarder du côté du **commerce international où subventions des uns et protection démantelée des autres dérivent** vers la lente régression de l'agriculture parallèlement aux gaspillages.

Ce sont là les véritables pistes du futur pour adapter production et consommation mondiale et les seules voies pour nourrir 9,1 milliards d'hommes en 2050 contre 7,1 aujourd'hui en lieu et place de ce monopoly foncier : « Tout peut attendre excepté l'agriculture », Jawaharlal Nehru, 1948.

# Plus de murs dans un monde sans frontières



> **“Le béton est une langue barbare le mur est un pays irrationnel.”**
>
> **MUSTAPHA BENFODIL, poète palestinien**

> **“Les hommes construisent trop de murs pas assez de ponts.”**
>
> **ISAAC NEWTON, 1643-1727**

➤ Lexique

frontières
flux
État-nation
migration
gouvernance

## Nature du document

Il s'agit d'un double document, incluant un graphique représentant le nombre de murs existants ou construits dans le monde depuis 1945 et un planisphère permettant de visualiser ces barrières, le motif de leur érection, les années de construction, les pays impliqués, avec des focales sur des murs emblématiques (Ceuta ou Jérusalem) à partir de sources variées et compilées dont celles de l'Université du Québec à Montréal (UQAM).

## Intérêt

C'est une façon de se poser la question **d'un monde où les flux s'intensifient** (18 200 milliards de dollars en 2011 de commerce international, 1 507 milliards de dollars d'IDE, dont 17 vers les PMA !), où les frontières sont de plus en plus poreuses, où les unions régionales se créent en cascades (217 répertoriées en 2012 !), où les migrations s'accélèrent (sur 7 milliards d'habitants, 1 milliard en 2011 sont en situation de mobilité, dont 240 millions pour des migrations internationales réparties en 97 millions pour les migrations Sud/Nord, 50 Nord/Nord, 40 Nord Sud), mais paradoxalement où des murailles jadis symboles de force et d'autorité, se multiplient comme autant de symboles de tensions, de dialogues impossibles et de vestiges de périodes et de clivages que l'on croyait révolus.

## Analyse

### Une tentation permanente : le mur, solution artificielle à l'impossible dialogue et exutoire de toutes les peurs.

• La frontière devient désormais **un point de fixation** pour les responsables des politiques migratoires... De là la volonté d'ériger des murs (nombre élevé de murs prévus).
• Les murs ont **triplé en longueur depuis la**

# Un monde fragmenté : murs et barrières

L'**espace Schengen** décidé en 1985 entre l'Allemagne, la France et les pays du Benelux avait pour objectif de permettre la libre circulation des personnes. Cette convention est entrée en vigueur en 1995, elle rassemble aujourd'hui 25 États. La crainte d'une « Europe passoire » conduisit à renforcer la coordination entre les services de polices et de douanes ; elle est devenue plus qu'un espace de liberté de circulation un espace de sécurité territoriale renforçant l'impression extérieure d'une Europe forteresse.

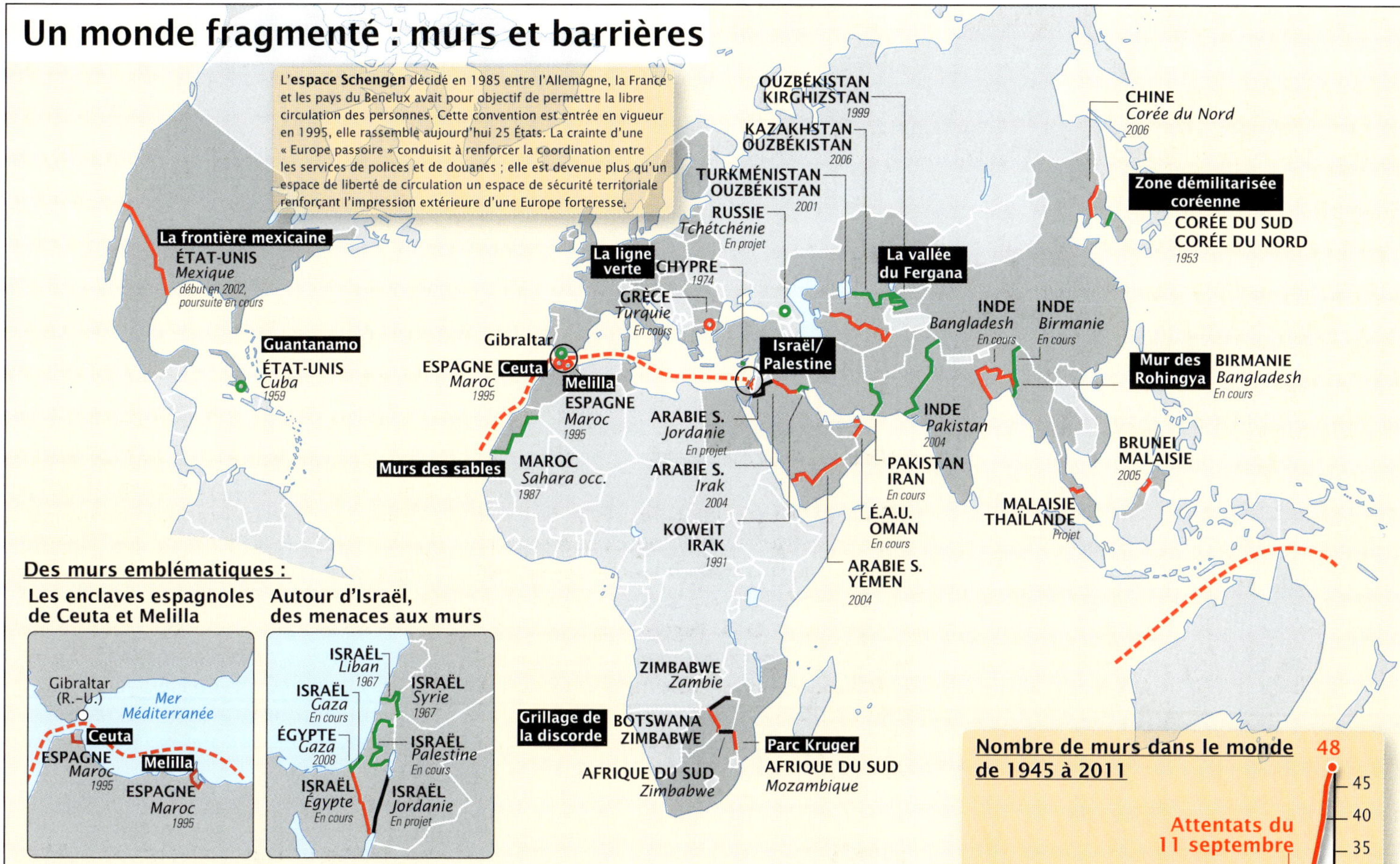


**Qui construit ? Qui subit ?**

**ESPAGNE** Pays construisant un mur ou une barrière

*Maroc* Pays subissant un mur ou une barrière

*2001* Année de construction

**Motif de la construction du mur ou de la barrière**

- Immigration
- Dispositif maritime destiné à arrêter les migrants
- Autre : ghetto, anti-terrorisme, anti-trafic, zone de conflit, conflit territorial, barrière économique ...
- indéterminé

*Sources : É. Vallet, Chaire Raoul-Dandurand, UQÀM et compilation, 2011.*
*Atlas du Monde de demain, hors-série Le Monde-La Vie, 2013.*

**Nombre de murs dans le monde de 1945 à 2011**

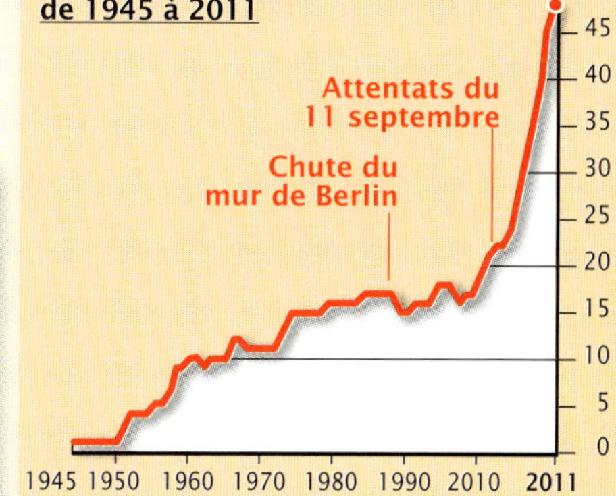

**guerre froide** et le rideau de fer annoncé par W. Churchill à Fulton (Missouri), 48 frontières sont impliquées et scarifiées sur **30 000 km.**

• Tous les types d'obstacles sont dressés, clôtures avec fondations maçonnées, longées de routes d'enceintes ourlées de barbelés, percluses de senseurs, ponctuées de postes de surveillance, de caméras infrarouges, de dispositifs d'éclairage, autant de preuve de la diversité des tensions invoquées.

• Mais aussi des **murs juridiques** dotés d'un arsenal législatif avec criminalisation de l'émigration, restriction du droit d'asile, multiplication et complexification des permis de séjour et des visas.

## Des causes et des prétextes multiples

On distinguera :

• **Des barrières face aux migrations clandestines** réelles ou fantasmatiques : fermer des « portes de service ».

La *frontera* mexicaine, depuis l'arrêt des programmes *braceros* en 1964 devient un enjeu majeur des relations américano-mexicaines, particulièrement avec l'approfondissement de l'Alena, et la psychose antiterroriste depuis 2001. Le mur dit de « l'humiliation », sur un tiers de la frontière qui le sépare des États-Unis, ne dissuade pas les 400 000 mexicains et 100 000 centraméricains qui tentent chaque année l'aventure.

Le mur en cours de réalisation sur l'Evros entre la Grèce et la Turquie – il ne s'agit pas de fermer la route aux Turcs mais bien aux Afghans, et autres migrants orientaux – est le produit de nationalismes exacerbés par la crise, et d'une xénophobie exutoire commode.

Le rejet de potentiels réfugiés climatiques suffit à justifier entre l'Inde et le Bangladesh 4 000 km de barrières. L'endiguement des *harragas* subsahariens, grilleurs de frontières au sens littéral (100 000 au Maghreb), victimes de l'économie mafieuse du passage clandestin, des trafics de papiers et de visas (Ceuta Melilla), est indirectement à l'initiative de l'Union européenne.

• **Des barrières délimitant des territoires convoités et disputés** : le mur des sables du Sahara occidental porte la marque des conflits Maroc/Algérie depuis 1963 sur l'indépendance des Sahraouis, et entre l'Inde et le Pakistan au Cachemire, c'est l'enlisement des revendications sur ce territoire qui impose une muraille.

• **Des rideaux protecteurs face à des terrorismes** : le mur israélo-palestinien rêvé par les fondateurs et réalisé depuis Sharon veut être un bouclier contre l'incursion de terroristes palestiniens. Il devient un blocage de la feuille de route du règlement de ce conflit.

• **Des ghettoïsations de peuples opprimés** : dans l'Arakan, les Rohingyas, apatrides musulmans et Birmans sont condamnés à l'exil ou à la clandestinité et l'isolement des Biharis appelés aussi « les pakistanais oubliés » du Bangladesh a pour origine la partition de l'Inde en 1947, et l'écartèlement de cette minorité musulmane de langue ourdou à qui on refuse la nationalité pakistanaise ou bangladaise.

• **Des murs de la honte, vestiges hérités que l'on croyait disparus** : la Corée du Nord et la Corée du Sud qui n'ont toujours pas signé de traités de paix se défient de part et d'autre d'une zone démilitarisée (DMZ). À Chypre, la Grèce et la Turquie se défient depuis 1964 sous le regard impuissant des casques bleus.

• **Des grillages de la discorde** : Entre le Zimbabwe et l'Afrique du Sud la déliquescence de l'État de Mugabe et une xénophobie renaissante contre les réfugiés fuyant le régime de R. Mugabe est prétexte à l'installation de barrières de protection. Dans les républiques d'Asie centrale les tensions interethniques comme en 2010 à Bichek, sont mal jugulées par le refus de la libre circulation.

## Des risques importants…

Tous ces murs ne doivent pas faire oublier que la mobilité est un facteur essentiel du développement humain, que l'étanchéité des frontières présente des risques multiples.

• **Risques humains**: des flux, détournés plus que stoppés, et mise en danger encore plus grande des migrants avec des passeurs (coyotes) sans scrupule, *rio grande* marins qui deviennent des cimetières de barques et *pateras* et *cayucos* fragiles (14000 morts en méditerranée de 1998 à 2008).

• **Risques financiers** (2 millions d'euros les 100 km pour Israël) et surtout économiques pour les populations palestiniennes à la mobilité entravée, qui ne peuvent accéder facilement à leurs champs, à leurs emplois.

• **Risques écologiques**: étude de l'université de Pékin révélant des évolutions génétiques différenciées de la flore de part et d'autre de la grande Muraille. Les murs affectent les migrations animales et mettent en danger la biodiversité.

• **Risques d'inefficacité** depuis le *fossatum africae* romaine Afrique du Nord et le mur d'Hadrien au nord de l'Angleterre, la Grande muraille de Chine, la ligne Maginot, le mur entre États-Unis et Mexique ou Israël et Égypte : les murs n'empêchent pas de passer.

• **Risques d'aveu de faiblesse** des États car les murs favorisent l'économie souterraine (au sens littéral entre Égypte et Gaza).

• **Risques de perpétuer l'incompréhension**, avec la sanctuarisation de territoires qui stigmatisent les indésirables venus d'ailleurs, un «choc des civilisations» vécu au niveau du béton: cf. le « cauchemar hispanique» décrit par S. Huntington.

## Critiques du document

Des espaces de libre-circulation non représentés pourtant, existent et se déploient dans la Communauté andine, tout comme entre l'Inde et le Népal ou dans l'espace Schengen, qui accroît ses membres régulièrement, même s'il a été menacé pendant les printemps arabes.

À l'inverse, des politiques migratoires fonctionnent aussi comme des murs (Frontex, politiques restrictives de visas) non représentés et somme toute on aboutit avec cette carte à une vision tout aussi caricaturale des fractures du monde que celle inverse de T. Friedman de l'interdépendance dans son ouvrage à sensations, *La Terre est plate*.

## Portée du document

Ce document, au cœur du multilatéralisme, est riche d'enseignements:

• C'est une façon d'illustrer qu'au-delà des utopies — le commerce «arme de la paix», le «doux commerce», « la terre est plate» — il faut prendre en compte les fractures d'un monde où tribalisme (B. Badie), nationalismes activés par des populismes, peur de l'autre sont monnaies courantes. Certains murs ne font que réactiver la fracture Nord/Sud, entre misère et opulence ostentatoire.

• C'est une façon de marginaliser les clichés sur «la fin des frontières», le village global, le «sans frontiérisme transposition au monde d'une vision d'adolescent» (H. Védrine).

• C'est une preuve de l'échec d'une gouvernance mondiale des migrations (45 pays seulement ont à ce jour signé la convention des Nations unies sur les droits des travailleurs migrants et de leurs familles et tous sont du Sud!) Il faudra encore bien du temps pour que la mobilité devienne un bien public mondial, profitable aux pays d'accueil et aux pays de départ et... aux migrants.

• Au-delà des murs qui ne sont pas des lieux d'échanges mais des bornes, ce document est une façon indirecte de réhabiliter les frontières véritables, celles qui sont des marqueurs identitaires, «car pour recevoir de l'autre il faut bien ouvrir sa porte donc lui faire franchir une frontière» et «poser une limite géographique à son voisin c'est aussi respecter sa singularité» (R. Debray, *Éloge des frontières*)... sauf s'il s'agit de murs infranchissables.

# Arctique : terre promise ou terre de promesses ?

“Le vrai Nord fort et libre...”

Extrait de l’hymne national canadien.

“Nous ne sommes plus au XVe siècle. On ne peut aller n’importe où dans le monde et planter des drapeaux et dire nous revendiquons ces territoires [...]. Pour développer le Nord, nous devons connaître le Nord. Pour protéger le Nord, nous devons contrôler le Nord. Et pour atteindre ces objectifs pour le Nord, nous devons être dans le Nord.”

Peter Mac Kay, chef de la diplomatie canadienne, août 2008.

“L’Arctique est le *ground zero* des recherches sur le climat.”

Ban Ki Moon, secrétaire général de l’ONU, en septembre 2009, lors d’un déplacement dans l’Arctique.

➤ Lexique

enjeux
environnement
développement durable
gouvernance mondiale

## Présentation du document

Cette carte à projection originale est ciblée sur le pôle Nord, sur les 14 millions de km$^2$ de l’océan arctique et a le mérite de superposer des données climatiques (évolution estimée de la banquise d’ici 2090), des données géologiques (pétrole, gaz), des données géopolitiques (rapports de force entre huit États concernés et cinq puissances riveraines qui veulent exercer leur souveraineté) et des données économiques (la nouvelle route du Nord et le passage du Nord-Ouest, mythiques voies ouvertes par le réchauffement climatique).

## Intérêt

Cette carte pose trois questions :

- Arctique : nouvel eldorado accessible ou périphérie extrême sans lendemain économique ?
- Arctique : zone à aménager ou à ménager ?
- Arctique : nouvelle guerre froide ou... guerre spectacle ?

# Arctique : terre promise ou terre de promesses ?

**1. Le recul de la banquise**

Calotte glaciaire au début des années 2000

Prévision de recul pour les périodes :

- 2010 à 2030
- 2040 à 2060
- 2070 à 2090

**2. Ressources énergétiques**

- Extraction de pétrole et de gaz
- Réserves connues de pétrole et de gaz, zones en cours de prospection
- Forage (prospection)

**3. Enjeux géopolitiques**

- Nouvelle route maritime utilisable en permanence à échéance de dix ou quinze ans
- Frontière approuvée
- Frontière non établie (limite des zones économiques nationales)

**Espace maritime revendiqué par…**

- la Russie
- le Danemark
- le Canada
- les États-Unis
- la Norvège

**Zone de conflit**

1. Russie/Norvège en mer de Barents
2. Danemark/Canada (îlot de Hans)
3. États-Unis/Canada (gestion du passage du Nord-Ouest)
4. États-Unis/Canada en mer de Beaufort

*Source : Atlas du Monde diplomatique, Atlas des Relations internationales - Hatier, Durham University.*

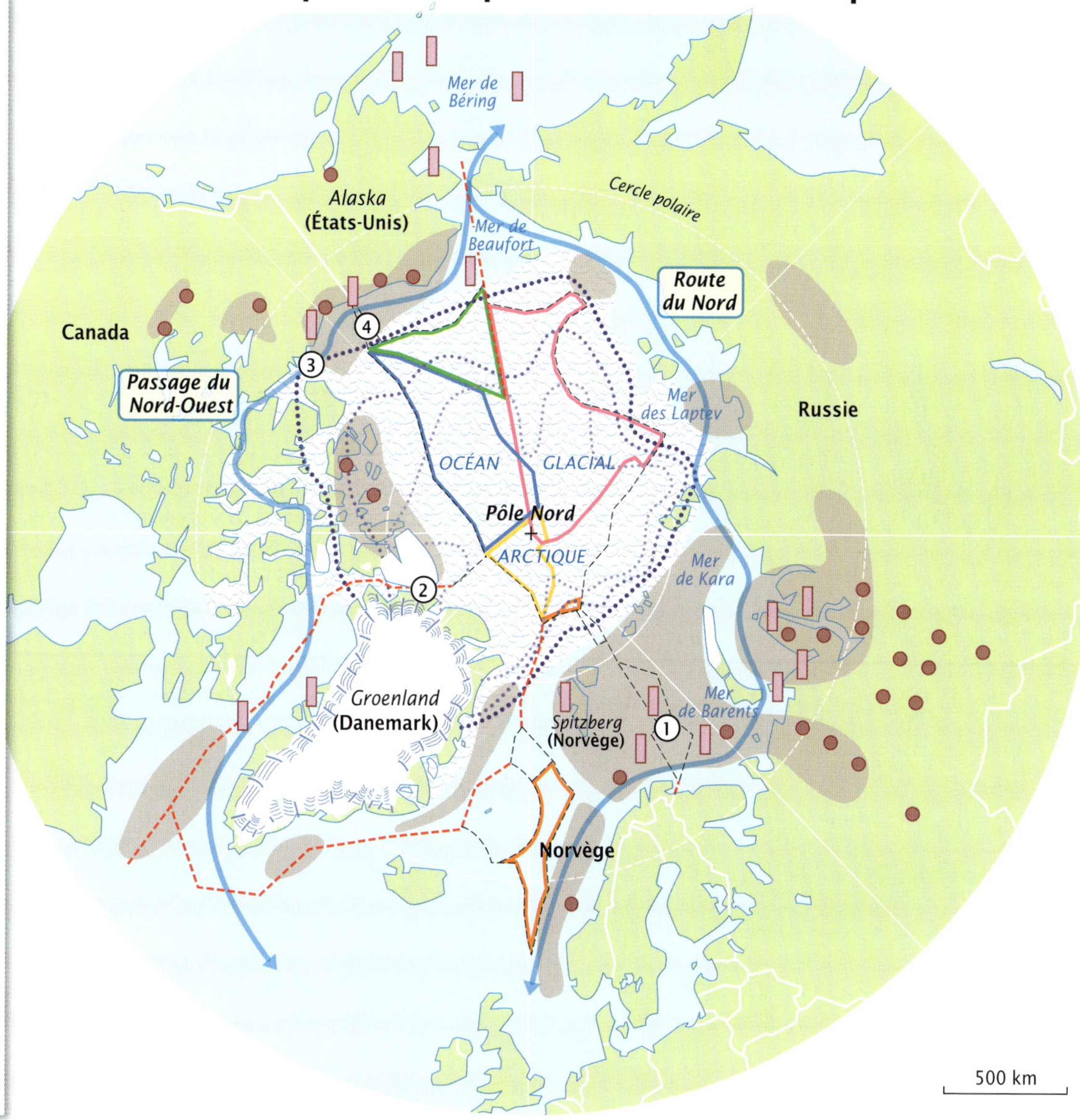

## Analyse

### L'Arctique est au cœur de 3 enjeux

• **Un enjeu climatique** : à l'heure où les *scenarii* sur l'accélération du réchauffement climatique se confirment, l'Arctique est un condensé de toutes les prévisions les plus pessimistes : le volume estival de glaces dans l'Océan Arctique aurait baissé de près de moitié entre 2004 et 2012, et de 70 % au cours des trente dernières années, la calotte glaciaire devant disparaître selon le GIEC entre 2040 et 2060 (superficie désormais réduite à 3,4 millions de km² contre 4,2 en 2007), la fonte des glaces au Groënland se fait au rythme de 100 à 200 km³ par an, soit un débit annuel entre celui du Rhône et du Danube. Le coût économique de cette fonte des glaces équivaudrait à un impact de 60 000 milliards de dollars, soit l'équivalent du PIB mondial en 2012 !

• **Un enjeu énergétique** : suivant les données les plus récentes de l'US Geological Survey, l'Arctique contiendrait 30 % des réserves de gaz et 13 % des réserves de pétrole à découvrir (90 milliards de barils) et technologiquement exploitables, chiffres à prendre avec précaution, mais impressionnants (3 ans de consommation mondiale de pétrole et 6 ans pour le gaz sont en jeu) : l'Arctique est bel et bien un nouvel eldorado pour certains, puisque le Nord du cercle polaire contiendrait des réserves comparables à l'Arabie Saoudite, et des minerais rares (nickel, cuivre, étain, platine, diamant...), et du fer (territoire des Nunavut). Le sommet de Davos en 2008 en avait d'ailleurs fait « une solution aux difficultés d'approvisionnement énergétique ».

• **Un enjeu géopolitique** : en vertu de la convention internationale de Montego Bay de 1982, les pays bordiers peuvent revendiquer leurs droits sur les ressources du sol et du sous-sol de la haute mer, soit 220 milles et même jusqu'à 350 milles (1 mille nautique : 1 852 mètres), s'ils parviennent à prouver qu'ils sont un prolongement physique de leur plaque continentale sous la mer. La Russie n'a pas hésité, à l'occasion de la plantation symbolique d'un drapeau en août 2007 par 4 000 m de fond au pôle Nord, à rappeler que la dorsale de Lomonossov (1 800 km à 3 000 m de profondeur) se poursuivait en Arctique. Le Canada a répondu en publiant un atlas des gisements d'hydrocarbures et de gaz pour fixer la règle du jeu. L'Arctique n'est en aucun cas une zone sanctuarisée vide de toute présence humaine comme l'Antarctique, et petit à petit, la zone internationalisée est réduite à peau de chagrin, soit 10 % si toutes les revendications sont prises en compte.

### L'Arctique est source de 3 risques

**Le risque climatique et environnemental** peut être aggravé par l'exploitation sans calendrier ni maîtrise des énergies fossiles – comme c'est déjà le cas en Alaska – et, faut-il le rappeler, le tourisme extrême, activité lucrative mais polluante, peut être une menace comme à Ny Alesund (78°55 N et 55°E dans l'archipel du Spitzberg, point mythique du départ de Admunsen visité par des milliers de touristes chaque année). L'ouverture de la route Nord ou Nord-Ouest à des cargos de la *Beluga Shipping* russe est déjà opérationnelle (premier transit de juillet à septembre 2009 du port coréen d'Ulsan à Novy Port, l'embouchure de l'Ob). Elle peut annoncer des trafics plus intenses (le passage du Nord-Ouest supprime le quart du trajet, plus de 7 000 km entre Europe et Asie par rapport à Panama ou Suez) au prix de risques de diffusion d'espèces invasives ou de pollution sur le rail maritime.

**Le risque géopolitique** est de passer de négociations difficiles sur la souveraineté économique sur les plateaux continentaux, à des conflits ouverts ; on sent bien que la Russie fait de ce dossier un test grandeur nature de son retour au *sea power*, que les États-Unis relisent dans le même temps Mc Mahan, que les Canadiens retrouvent le Grand Nord (cf. hymne national en exergue). La conférence de Ilulissat au Groënland en 2008 a beau avoir souligné que le dialogue devait l'emporter dans l'élaboration du droit de la mer sur des ressources déjà pour l'essentiel intégrées aux ZEE, les conflits sont sous-jacents. Les Russes ne font-ils pas cavaliers seuls en accordant déjà en 2013 des permis d'exploration à des compagnies privées et en faisant de l'Arctique un des piliers de la progression régulière de leur production de pétrole (518 millions de tonnes en 2012, soit 40 % de plus qu'en 2000) ? Les passages sont-ils nationaux selon les volontés russo-canadiennes ou internationalisés ? Mais avec les ZEE existe-t-il encore des zones internationalisées, et comment gérer le pétrole *offshore* au-delà des 200 milles marins ?

**Le risque humain** : en liaison directe avec les prédations d'un milieu naturel dans une zone capitale pour les captures halieutiques mondiales (6 %), on peut nourrir quelque inquiétude pour les Inuits, sentinelles de l'Arctique, victimes de la militarisation, de la pollution, de la normalisation... eux dont l'auto-éthnonyme *Inuit* signifie au sens littéral... «êtres humains». Le bouleversement des écosystèmes pour 4 millions d'autochtones (et plus si l'on pense au relèvement eustatique du niveau des mers sur les zones littorales) et la disparition d'îles comme Shishmaref (Alaska) avec leur patrimoine culturel, fait de l'Arctique une zone aux avant-postes des problèmes des éco-réfugiés.

### L'Arctique combine à terme 3 incertitudes

**Quelle est la rentabilité** de ces voies, dès lors que le passage ne convient qu'à des cargaisons spéciales de gros équipements avec des bateaux 2 à 3 fois plus chers que les bateaux classiques ? Les contraintes maritimes n'interdisent-elles pas des *trampings* réguliers et des dessertes multiples sur le trajet ?

**Quelle est la véritable importance énergétique de la région ?** Les chiffres se contredisent et la liste des espoirs déçus dans ce domaine est longue, comme le Mexique qui devait être une nouvelle Arabie Saoudite. De toute façon, le pétrole et le gaz seront difficiles à exploiter, on est loin de l'accès technique facile au pétrole persique. La production de gaz russe de Chtokma, dont les permis signés il y a 25 ans impliquent Gazprom, Total, et Statoil... n'est pas encore opérationnelle ! Le gaz de schiste ne compromet-il pas l'avenir du gaz *offshore* du Grand Nord ?

**Quelle est la capacité d'ériger une gouvernance mondiale de ce bien collectif ?** Difficile de s'entendre quand les Américains n'ont pas ratifié la convention internationale des Nations Unies sur le droit de la mer, et quand les Russes font de la tectonique (dorsale de Lomonossov) un titre de propriété. Pour l'heure il faut se dégager du schématisme ambiant : l'Arctique : une nouvelle guerre froide ? Sans toutefois sombrer dans l'angélisme : un océan partagé ? De façon plus réaliste, une terre promise... loin d'être l'eldorado proclamé.

## Portée de la carte

Plus aucune *terra incognita* de la planète n'échappe à la logique de la quête des ressources, plus aucune ressource n'échappe à une logique de conflit ou de prédation. L'Arctique va inexorablement devenir d'ici deux à trois décennies un formidable enjeu de puissance.

Mais son intégration à la dynamique de mondialisation peut avoir encore plus de conséquences sur l'avenir de la planète Terre, qu'avant-hier les découvertes de «l'extrême Occident», ou hier «la course au clocher» en Afrique. Cette carte est donc un condensé des enjeux et des risques d'une nouvelle course boréale mal maîtrisée.

# EUROPE



Le mot « **Europe** » est devenu, dans la seconde moitié du XXe siècle, polysémique : il désigne au sens propre un territoire continental, promontoire avancé de l'Asie, allant par convention de l'Atlantique à l'Oural, mais aussi, par simplification langagière, une création institutionnelle, la CEE, puis Union européenne. Il faut donc être attentif aux sous-ensembles territoriaux : certains, anciens, s'expliquent par l'histoire, la culture, la géographie ; d'autres, plus récents, correspondent aux constructions institutionnelles nées à la faveur des démarches d'intégration européenne. Toute la richesse et la difficulté de l'étude de l'Europe tiennent dans ses définitions : l'Union européenne, comme foyer de modernisation et laboratoire politique, se veut la rencontre d'un espace et d'un projet démocratique, mais est confrontée en permanence au problème des limites de l'Europe espace (élargissement) et de l'Europe puissance (approfondissement).

**L'Europe occidentale** a une unité forgée par l'histoire : romanisée dans l'Antiquité, rassemblée dans le Saint Empire romain germanique, berceau des transformations industrielles au XIXe, elle est clairement bornée par le rideau de fer après la Seconde Guerre mondiale.

**L'Europe méditerranéenne** regroupe les régions liées au berceau de civilisations de la Méditerranée et dépasse les simples limites des rivages de la *Mare nostrum* (le Portugal y est, pour certaines problématiques, rattaché).

**L'Europe scandinave** unit linguistiquement la Suède, la Norvège, l'Islande, le Danemark, aux comportements très hétérogènes face à l'Union européenne (Suède, Danemark en marge de l'Euroland, la Norvège attachée à son refus de l'intégration).

**L'Europe centrale** est l'Europe dominée par l'influence allemande et austro-hongroise avant la Première Guerre mondiale, c'est une Europe du milieu (Allemagne, Pologne, République tchèque, Slovaquie, Autriche, Hongrie, Croatie, Slovénie). Les pays d'Europe centrale et orientale (**Peco**) désignent plutôt un ensemble géopolitique qui fut dans l'orbite soviétique entre 1945 et 1991.

**L'Europe médiane** est un ensemble géographique associant les pays de la Pologne aux Balkans dans une logique méridienne.

**L'Europe orientale** associe des pays orthodoxes et musulmans, unis par une culture différente de l'Europe de la chrétienté bâtie autour de Rome. Il faut noter que si Géorgie, Azerbaïdjan et Arménie sont membres du Conseil de l'Europe, elles sont placées dans certaines publications onusiennes en Asie occidentale.

On réservera donc le terme d'**Union européenne** à l'ensemble consacré par le traité de Maastricht en 1992. Pour la période antérieure, de 1957 à 1992, on préférera l'expression de **communauté européenne** (regroupe les trois communautés originelles : **CECA**, Communauté européenne du charbon et de l'acier ; **CEE**, Communauté économique européenne ou marché commun et **CEEA**, Communauté européenne de l'énergie atomique ou Euratom).

**L'espace économique européen** est un ensemble plus large, opérationnel en 1994, et associant l'Union européenne, l'Islande, le Liechtenstein, la Norvège dans un cadre commercial nouveau de libre-échange.

**L'AELE, Association européenne de libre-échange,** riposte de la Grande-Bretagne en 1960 à la constitution du marché commun n'est plus qu'une coquille vide unissant quatre pays soucieux de préserver leur identité (pour combien de temps ? par exemple, la Suisse a rejoint l'espace Schengen) face à l'Union européenne (Liechtenstein, Norvège, Suisse, Islande).

| Europe | Union Européenne (UE 27) | CEI (Communauté des États indépendants) |
|---|---|---|
| 10 millions de km² (dans des frontières allant jusqu'au détroit du Bosphore et au Caucase et à l'Oural). | 4, 5 millions de km² | 22 millions de km² |
| 47 pays membres au Conseil de l'Europe dont les pays du Caucase et la Turquie. Ne sont pas membres en revanche la Biélorussie, le Kosovo, le Vatican. | L'UE va compter 28 pays avec l'entrée de la Croatie en juillet 2013. | 11 membres = ex-URSS moins les pays Baltes et la Géorgie. La Mongolie a le statut d'observateur. |
| 740 millions d'habitants (dont 142 pour la Russie, ce chiffre ne prend pas en compte la Turquie dont une grande partie de la population est asiatique). | 504 millions habitants. | 275 millions d'habitants. |
| IDH 2012 : entre 0,95 (Norvège, 1er) et 0,66 (Moldavie 113e) | IDH 2012 : entre 0,91 (Pays-Bas) et 0,77 (Bulgarie) | IDH 2012 de 0,76 (Russie) à 0,61 (Tadjikistan). |
| Fécondité (2013) : 1, 59 enf./f. | Fécondité (2013) : 1, 6 enf./f. | |
| | PIB/hab./PPA : 32 640 $ | |

Données 2011 – sauf mention particulière. Sources : cf. p. 77

# L'Europe : frontières et limites des années 1950 à nos jours

### 1. À l'époque de la guerre froide, les limites de l'Europe en construction sont naturellement conditionnées par les frontières de la guerre froide

Le *rideau de fer*, 1947-1991

A l'ouest :

- L'Europe des Six en 1951 et 1957
- La CEE à 12 (1986)
- Les pays membres de l'OTAN à l'heure de la guerre froide

A l'est :

- Les démocraties populaires
- La frontière orientale et méridionale de l'URSS
- La Yougoslavie, pays communiste hors de l'alliance soviétique
- La Tchécoslovaquie (jusqu'en 1993)

### 2. Depuis 1989 : les bouleversements politiques ont largement changé la donne territoriale en Europe

- KOSOVO — Nouveaux États nés depuis 1991
- ALLEMAGNE — Réunification allemande, 1990
- Nouvelles frontières apparues au cours des années 1990
- Ⓚ Territoire de Kaliningrad enclavé appartenant à la Russie
- Zones de conflits ou de tensions 5
- Nouveaux membres de l'OTAN (1990-2009) 5

### 3. Nouvelles frontières, nouvelles limites pour l'Union européenne, jusqu'où ?

Élargissement de l'UE

- en 1995 — nouveaux membres, depuis 2004
- Pays candidats, négociations en cours
(Islande, candidature déposée en juillet 2009, en phase d'évaluation)
↳ Retrait en 2015
- € La zone **Euro**, un sous-ensemble européen bien réel
↳ + Lettonie & Lituanie

Des frontières qui se rapprochent des limites du continent ?

- Les pays qui ont cherché à prendre quelques distances avec Moscou : le groupe de GUAM (Géorgie, Ukraine, Azerbaïdjan, Moldavie)
- Les frontières conventionnelles de l'Europe
- \+ Pays ayant signé des accords de stabilisation (ASA) avec l'UE et souhaitant à terme intégrer l'Union
(candidature acceptée pour la Macédoine)
- RUSSIE — Partenaire stratégique et rival à la fois, des ambitions sur ses périphéries immédiates
- ++ Ex-républiques soviétiques ayant participé au partenariat oriental proposé par l'UE depuis 2009
- Pays membres de la Communauté des États Indépendants (CEI) : un lien autour de la Russie 6

# L'Europe, frontières et limites de 1950 à nos jours

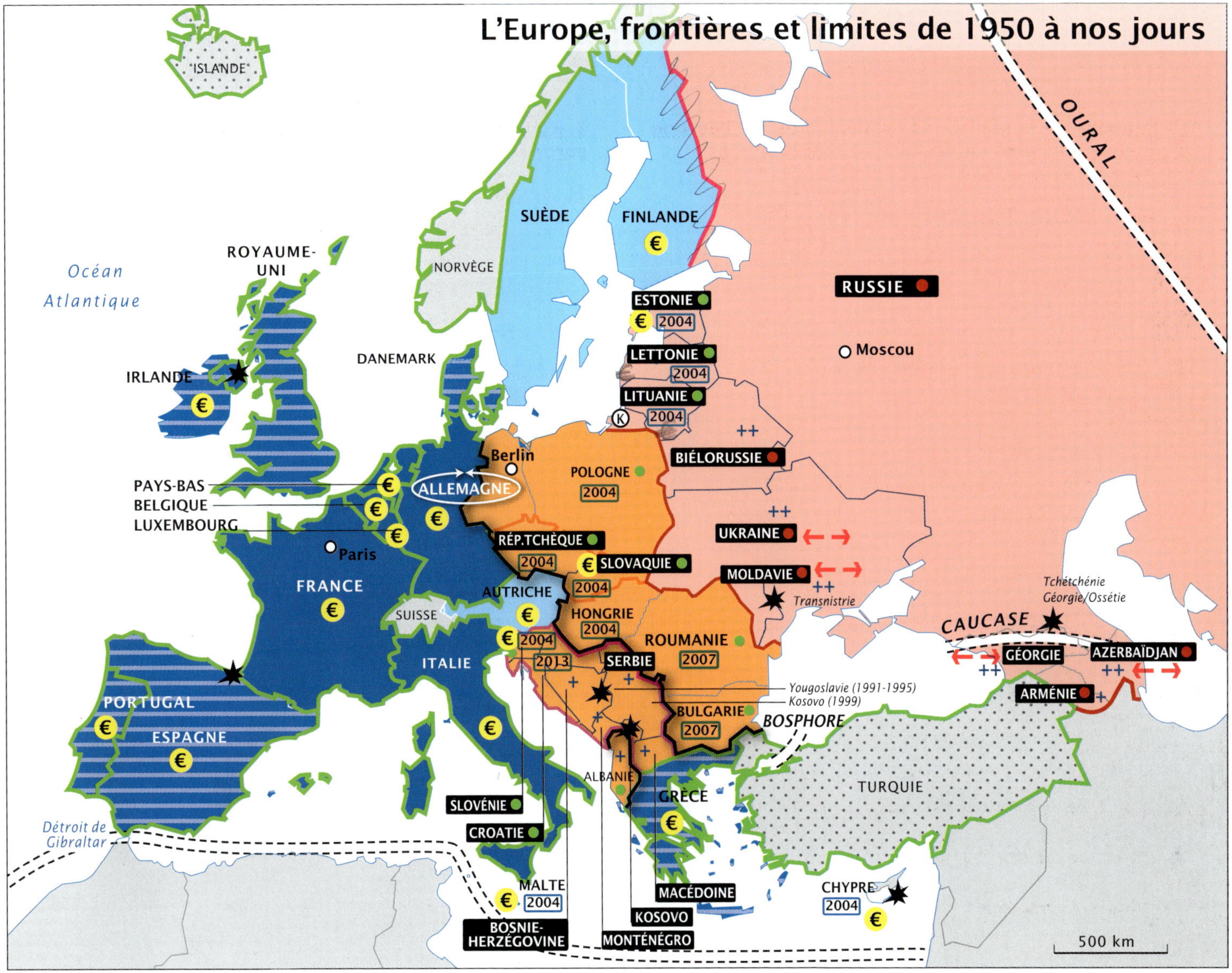

"L'Europe ne doit pas être considérée comme un cadre conventionnel dont il suffirait de détailler le contenu, mais comme un problème géographique de première importance, à la fois par les défis théoriques qu'il engage et par les enjeux de société qu'il recèle. [...] Elle existe dès l'origine avec une caractéristique spatiale essentielle : son noyau est relativement facile à identifier, mais ses marges sont délicates à situer."

J. Lévy, *Europe, une géographie*, Hachette, 1997.

➤ Lexique

géopolitique
frontière
limite
État-nation

## De l'énoncé à l'idée directrice

À l'époque de la Guerre froide, la géopolitique du continent européen a été figée. Les frontières nées de la Seconde Guerre mondiale, marquées par l'extension du territoire soviétique de 600 000 km$^2$ par rapport à 1939, sont devenues immuables. Le rideau de fer annoncé par le discours de W. Churchill à Fulton dès mars 1946 devient le symbole d'une Europe coupée en deux. Cette limite d'ailleurs évolue quelque peu par rapport à la situation décrite par W. Churchill : Yougoslavie communiste rejetée du Kominform et de l'alliance soviétique en 1948, Allemagne coupée en deux en 1949, neutralité autrichienne en 1955. Les deux termes employés ici dans l'énoncé n'ont pas le même sens : la frontière est en Europe non pas un front pionnier mais simplement le tracé délimitant le contact entre deux États. La limite permet de définir des ensembles qui ne sont pas forcément des États. **L'idée de frontière a été, comme le concept de souveraineté, au cœur de l'expérience européenne**. L'Europe a inventé la politique en inventant la frontière, elle a créé l'État-nation mais elle s'est aussi détruite par le choc des souverainetés. Aux lendemains de la guerre, les frontières deviennent littéralement *incontestables* et la guerre froide impose des logiques idéologiques. Mais depuis 1991, les questions territoriales ont pris une nouvelle acuité pour trois raisons majeures.

Ce continent apparemment pacifié a connu des **modifications de frontières très importantes depuis la fin des années 1980**. Certes, la chute du mur de Berlin a donné naissance à une dynamique unitaire dans la mesure où les pays d'Europe de l'Est se sont mis à rêver de l'OTAN pour leur sécurité et de l'Union européenne pour une vie quotidienne meilleure, mais la seconde dynamique géopolitique née de cette période est le développement des nationalismes et des revendications identitaires : affirmation des nations de l'URSS, éclatement de la Yougoslavie, séparation en deux de la Tchécoslovaquie... le nombre d'États européens passe de 35 à 50 aujourd'hui, en englobant la Turquie et les États du Caucase.

**Les limites mêmes du continent font débat** alors que la construction européenne n'est plus bornée par le rideau de fer. Isthme de l'Asie, l'Europe est une péninsule dont la limite orientale, l'Oural, a été fixée arbitrairement au XVIII$^e$ siècle afin d'ancrer la Russie de Pierre le Grand en Europe. Mais le mont Blanc est-il le plus haut sommet d'Europe avec 4 807 m ou est-ce le mont Elbrouz dans le Caucase avec 5 633 m ? On le voit, la question de la limite, c'est-à-dire du contour, de l'extrémité qui permettrait de définir cet ensemble, n'est pas simple.

Enfin, « **au sein [du] continent [...], se trouve une réalité légèrement décalée, un objet géographique non identifié, l'Union européenne** » (J. Lévy). Celle-ci modifie la perception que l'on a des frontières et limites en Europe. La construction européenne est un processus par lequel les États tissent des liens entre eux de manière à aller vers l'intégration, donc vers l'effacement progressif des frontières, tout en s'ouvrant aux États candidats, c'est-à-dire en repoussant les limites de ce nouvel objet politique. Comme l'analyse le géographe Jacques Levy, l'Europe qui « a donné naissance à l'État-nation est aujourd'hui le laboratoire de son dépassement ».

La question des frontières et des limites en Europe depuis 1950 a donc un singulier intérêt. Une frontière ferme un territoire autant qu'elle l'ouvre sur un monde extérieur. Définir les limites du continent Europe est un défi et une difficulté pour l'Union qui, à l'époque du rideau de fer, faisait l'économie de cette question. Mais ce qui est en jeu ici, dans le rapport de l'Union à ses frontières extérieures, c'est bien la nature de la puissance européenne et son projet pour le XXI$^e$ siècle.

## Des faits au croquis

La dimension historique est très présente dans ce croquis. À partir d'un fond de carte de l'Europe actuelle, il faut être capable de retrouver les frontières de 1945-1989 (le territoire des deux Europe doit être ainsi soigneusement retracé dans ses limites et ses frontières aujourd'hui disparues). De même, les élargissements successifs au sein de la Communauté européenne doivent apparaître clairement. La légende opte donc pour un plan à dimension chronologique.

Le croquis prend néanmoins tout son sens une fois achevé. C'est de la confrontation entre les limites continentales, les frontières des États et les contours politiques de l'Union européenne que peut naître ainsi une réflexion fructueuse sur la problématique sous-tendue par le sujet. Le projet européen, si singulier dans l'histoire mondiale, a permis la réunification du continent. Mais la coïncidence entre les limites de l'Union et celle de l'Europe ne sont pas pour demain, les obstacles géopolitiques sont nombreux à l'Est, en commençant par les réticences russes. Le croquis doit ainsi définir les marges européennes de l'Union, que celle-ci cherche à stabiliser (accords de stabilisation et d'association avec les pays des Balkans occidentaux), mais les difficultés d'un petit pays comme la Moldavie aux prises avec la sécession de sa région de Transnitrie montrent que l'objectif est déjà ambitieux. Des logiques géopolitiques s'opposent, comme l'attestent aussi les liens maintenus de la Russie avec les pays de la Communauté des États Indépendants.

## 1. La construction européeenne exorcise la guerre

**La guerre lointaine**

Verdun — Lieux symboliques des guerres passées en Europe

**La "paix froide"**

- L'ancien rideau de fer
- L'ancienne frontière de l'URSS
- L'empire sacrifié à la paix : les indépendances douloureuses

**Des havres européens de la paix**

- Pays neutres

## 2. L'Europe, puissance pacificatrice

- Pays de l'Union européenne (28 États)
- € Convergence monétaire : l'euro

**Les conflits résolus ou en voie de l'être grâce à l'Europe**

Convergence militaire : l'OTAN

- FRANCE — Pays de l'OTAN jusqu'en 2004
- BULGARIE — Pays ayant adhéré depuis 2004

**Les interventions lointaines pour "exporter la paix"**

- Interventions militaires
- Interventions civiles

**Le complexe militaro-industriel**

- Puissances nucléaires

Dépenses militaires (en milliards de dollars, en 2011)

90 — 60 — 10 — 5 — 2 — 1 — 0,25 *Source : SIPRI*

**Le "soft power"**

- Les droits de l'homme

Le doux commerce

- Union pour la Méditerranée
- Politique européenne de voisinage

## 3. Dans un monde où "la paix est un bien rare"

**Conjurer le choc des civilisations**

- Les attentats islamistes
- Contenir la poussée des fondamentalistes musulmans

**L'ambivalence américaine**

La présence américaine en Europe

- Siège de l'OTAN
- VIe Flotte
- Bases navales
- Le réseau échelon

**Le nouvel expansionnisme russe**

- L'arc des crises
- Oural, frontière problématique de l'Europe
- Frontières non stabilisées

L'arme du gaz

- Principales zones de production
- Gazoducs pour l'exportation vers l'Europe
- Gazoducs en projet

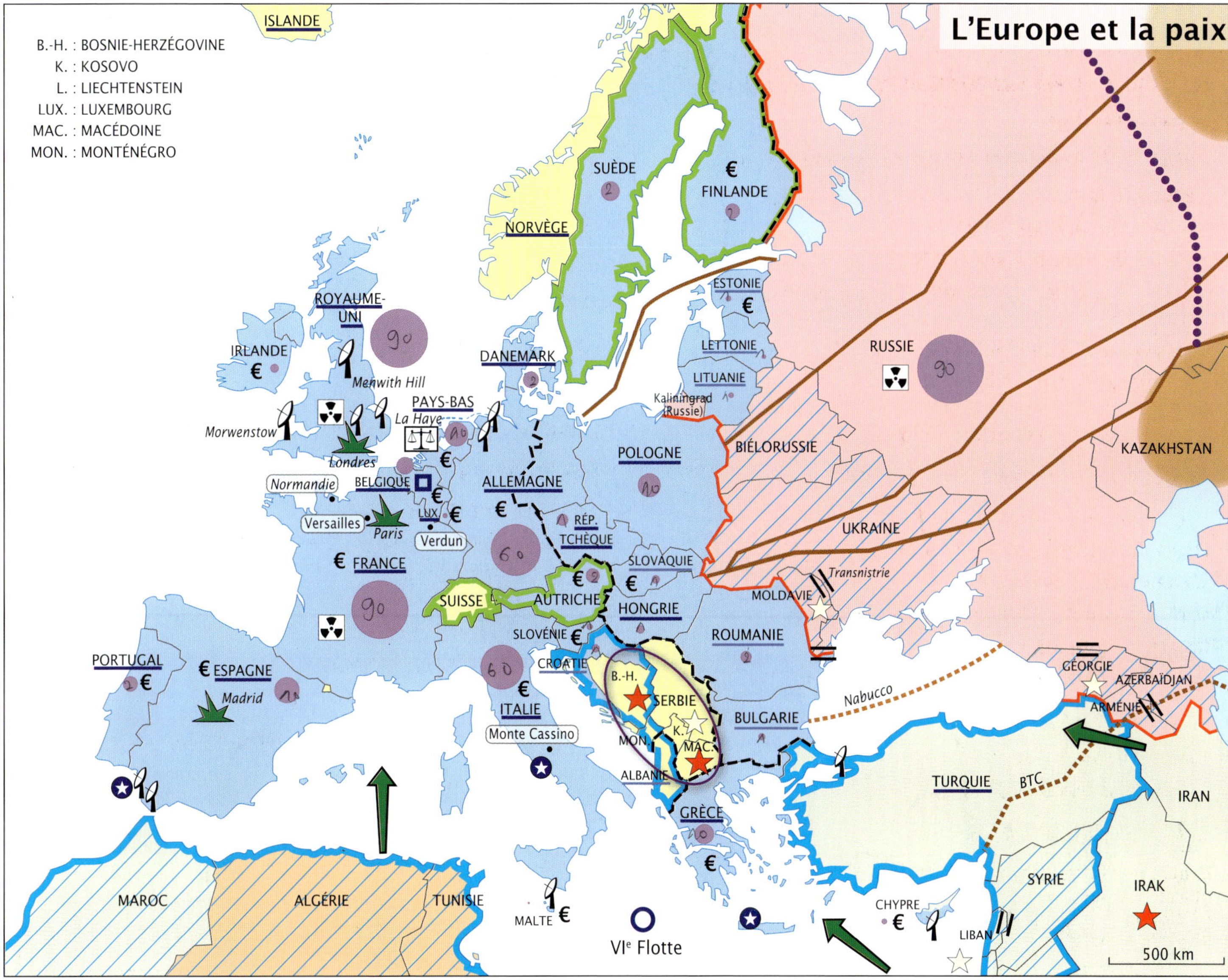
L'Europe et la paix
B.-H. : BOSNIE-HERZÉGOVINE
K. : KOSOVO
L. : LIECHTENSTEIN
LUX. : LUXEMBOURG
MAC. : MACÉDOINE
MON. : MONTÉNÉGRO
ISLANDE
NORVÈGE
SUÈDE
FINLANDE
ESTONIE
LETTONIE
LITUANIE
Kaliningrad (Russie)
RUSSIE
KAZAKHSTAN
BIÉLORUSSIE
UKRAINE
Transnistrie
MOLDAVIE
ROYAUME-UNI
IRLANDE
Menwith Hill
Morwenstow
Londres
DANEMARK
PAYS-BAS
La Haye
BELGIQUE
LUX.
Normandie
Versailles
Paris
Verdun
ALLEMAGNE
POLOGNE
RÉP. TCHÈQUE
SLOVAQUIE
AUTRICHE
SUISSE
HONGRIE
ROUMANIE
SLOVÉNIE
CROATIE
B.-H.
SERBIE
K.
MON.
MAC.
ALBANIE
BULGARIE
GRÈCE
FRANCE
PORTUGAL
ESPAGNE
Madrid
ITALIE
Monte Cassino
MALTE
VIe Flotte
TURQUIE
Nabucco
BTC
GÉORGIE
AZERBAÏDJAN
ARMÉNIE
IRAN
SYRIE
IRAK
CHYPRE
LIBAN
MAROC
ALGÉRIE
TUNISIE
500 km

"L'Europe présente une alternative à la puissance mais n'est pas une puissance alternative... en Amérique latine comme en Asie."

SYLVAIN KAHN, *L'Union européenne*, 2008

"L'Europe est un miracle géopolitique précieux, un espace du monde où les conflits se règlent par le droit, les lois. Ce miracle, ils voudraient l'étendre au monde entier ?"

R. KAGAN, *Le retour de l'Histoire*, 2008

➤ Lexique

conflits
puissance
frontières

## De l'énoncé à l'idée directrice

Sujet difficile, surtout si un planisphère accompagnait le sujet (espérons-le ici en format A3, notamment pour représenter à la fois des faits et des idéaux, des combats de terrain et des engagements théoriques). Une fois de plus, les limites du continent font débat, mais au-delà de l'histoire qui a vu la construction européenne naître des guerres (ténèbres nazis et Seconde Guerre mondiale...) et de la paix («États-Unis d'Europe» de W. Churchill), le sujet paraît plutôt s'intéresser aux opérations de paix de l'Union européenne dans le monde, au statut de puissance à part entière de l'Union européenne capable de dépasser la norme pour exprimer la force. Bien sûr, cela n'empêchera pas de cerner les tensions au cœur même des zones impliquées dans la politique de voisinage de l'Union européenne : Caucase, Balkans, Hongrie, Slovaquie sur des problèmes de reconnaissance des minorités ou de gestion des eaux du Danube.

Une question centrale peut éclairer bien des aspects de la carte : **la paix n'a-t-elle pas elle-même été imposée à l'Europe** ?

– **par un long passé de conflits meurtriers** à rappeler pour faire comprendre qu'aujourd'hui on ressent d'autant plus pour les générations actuelles que l'Europe c'est la paix...

– **par son modèle de puissance partagée**. L'Union européenne n'est-elle pas condamnée à rechercher des compromis, une gouvernance par les normes clairement définies et opposables à tous : environnement nucléaire, justice internationale, commerce avec des mécanismes susceptibles d'en assurer le respect, procureur indépendant pour le CPI, marché des permis d'émission de gaz à effets de serre? L'Union européenne n'a-t-elle pas d'ailleurs des difficultés à promouvoir ce système de pouvoir normatif si les États-Unis s'en tiennent à l'écart sauf à considérer qu'un jour (bien lointain) les États-Unis considéreront leur non-adhésion à ces principes comme un coût exorbitant?

– **par une présence américaine omnipotente sur le continent**, soit par des bases militaires, soit par l'Otan et son commandement longtemps non partagé, ou des installations nucléaires, présence prolongée par les missiles que les États-Unis voulaient déployer en Pologne et en République tchèque (aujourd'hui suspendus) au risque de heurter les prétentions russes à la recherche d'influence sur leur étranger proche ;

– **par une histoire qui jette un pont entre l'européanisation du monde au XIX**[e] (ce grand « *steeple-chase* » pour J. Ferry) la colonisation, la participation directe à la mise en place de frontières de papier à la conférence de Berlin en 1884-1885 **et les opérations de maintien de la paix en Afrique** auxquelles participe activement l'Union européenne à 27 (Darfour, Kivu...) Et, quand bien même elle ne le souhaiterait pas, le jeu des grandes puissances en Afrique condamne l'Union européenne à l'action/réaction sur sa nouvelle frontière africaine ;

– **par sa géographie en mouvement** avec les élargissements successifs qui l'obligent à tenter de sécuriser face aux nouvelles menaces ses frontières les plus extrêmes : adhésion de la Turquie ? Intervention dans la reconstitution d'un État démocratique et de paix en Afghanistan ? Sa géographie de proximité lui donne aussi un devoir de garantir que la Méditerranée soit de nouveau une zone de partage, de valeurs (UPM), plus que de partages et fractures (immigration clandestine) ;

– **par la nature même de sa puissance avant tout commerciale** (Union européenne première puissance commerciale du monde) qui la conduit à faire du commerce les armes de la paix et à stabiliser le plus possible des zones devenues aires de chalandise et de vente, par sa puissance partagée condition d'exercice de la puissance, par sa volonté de gouvernance plus que d'hégémonie.

– **par le contexte récent** où dans une Union européenne divisée (vieille et nouvelle Europe), une partie de l'Europe n'a pas adhéré à la doctrine Bush (« *to clear, to hold, to build* ») au slogan très orwellien « la guerre, c'est la paix », aux opérations préventives. L'Europe sait aujourd'hui avancer comme puissance de compromis, de médiation, moins liée à des aventures guerrières dans la négociation sur le nucléaire iranien ou les garanties d'une feuille de route de paix israélo-palestinienne.

## Des faits au croquis

On intégrera donc dans la légende une partie historique pour montrer que l'Europe est passée des guerres intestines à des guerres extérieures, mais demeure fermement attachée désormais à la paix dans ses frontières mais aussi hors de ses frontières dans des interventions extérieures lointaines, surtout sur le continent africain. Le complexe militaro-industriel européen, avec la montée en puissance des ventes d'armes françaises donne une crédibilité à cette démarche.

On n'omettra pas le discours de paix européen qui est partie intégrante de cette Europe communauté de destin plus que d'intérêts, aux valeurs judéo-chrétiennes, attachée aux droits de l'homme et au développement soutenable plus qu'à la croissance matérielle, concentrée sur le bien-être général, la coopération plus que sur l'exercice unilatéral du pouvoir.

On débouchera sur les menaces qui pèsent sur la paix européenne directement ou indirectement, et qui constituent un appel direct à la constitution d'une PESD efficace, et une puissance militaire autonome. C'est la seule, ou du moins une des conditions de la capacité européenne à se projeter dans le monde. La défense des idéaux civils passe par la maîtrise d'un outil militaire, mais pour l'heure l'Union européenne est surclassée... sans être déclassée.

# La France et l'intégration européenne : de l'île connectée à rien... au carrefour valorisé

## 1. L'Union européenne, horizon et partenaire de la France

Les 10 premiers partenaires commerciaux de la France en 2012, en milliards d'euros et en %

| % | Exportations | Pays | Importations | % |
|---|---|---|---|---|
| 16 % | 71 108 | Allemagne | 88 627 | 17 % |
| 7 | 31 887 | Belgique | 41 206 | 8 |
| 7 | 31 676 | Italie | 36 448 | 7 |
| 7 | 29 188 | Espagne | 30 740 | 6 |
| 6 | 26 526 | États-Unis | 32 804 | 6 |
| 3 | 15 076 | Chine | 41 206 | 8 |
| 7 | 29 149 | Roy.- Uni | 22 574 | 4 |
| 4 | 18 317 | Pays-Bas | 22 353 | 4 |
| 3 | 13 695 | Suisse | 11 904 | 2 |
| 2 | 9 119 | Russie | 11 951 | 2 |

Source : http://www.douane.gouv.fr

Les investissements directs à l'étranger de quelques pays européens en France (stock d'IDE, au 31/12/2012)
en milliards d'euros

| | |
|---|---|
| Royaume-Uni | 92,7 |
| Pays-Bas | 87,4 |
| Belgique | 65,1 |
| Allemagne | 63,8 |
| Suisse | 33,3 |

Source : http://www.douane.gouv.fr

- Lieux de l'industrie européenne en France
- Oléoducs : la France, carrefour de flux énergétique
- Exportation d'électricité

**Attraction touristique**

- Littoral touristique + aéroports

## 2. Un ancrage européen tardif mais désormais structuré

**La France, un carrefour ...**

- Arc atlantique
- Arc méditerranéen
- Arc continental

**Un carrefour valorisé**

- Agglomération urbaine d'envergure européenne
- Principaux ports
- Grands axes autoroutiers
- Canaux au gabarit européen
- Grands tunnels transfrontaliers
- Interfaces frontalières
- Arc technologique
- Places boursières interconnectées (*Euronext*)

**Lieu emblématique de l'Union européenne en France**

Marseille
*Strasbourg : Parlement européen*
*Nice : Traité (2000) vers une citoyenneté européenne*
*Lille : Capitale Européenne de la Culture 2004*
*Marseille-Provence : Capitale Européenne de la Culture 2013*

*Canal ...* Quelques aménagements en sursis

## 3. L'espace français, un espace inégalement intégré à l'Europe

- Régions pilotes de l'intégration
- Régions intégrées avec des spécificités
- Nouvelles dynamiques d'ancrage méridionales
- Régions marginalisées par rapport à la médiane européenne
- Isolat
- Fracture encore visible

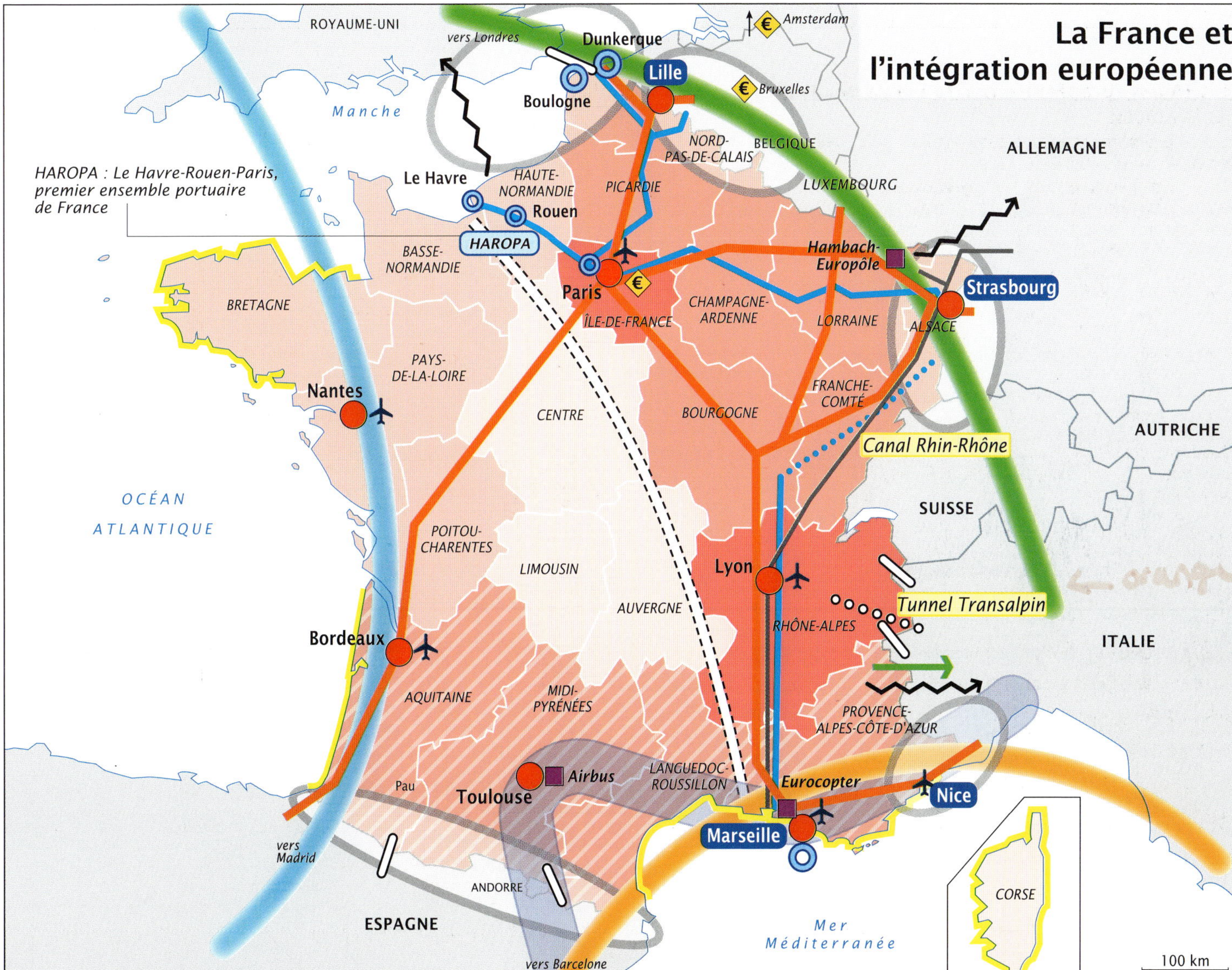
La France et l'intégration européenne
ROYAUME-UNI
vers Londres
Dunkerque
Amsterdam
Lille
Bruxelles
Boulogne
Manche
NORD-PAS-DE-CALAIS
BELGIQUE
ALLEMAGNE
HAROPA : Le Havre-Rouen-Paris, premier ensemble portuaire de France
Le Havre
HAUTE-NORMANDIE
PICARDIE
LUXEMBOURG
Rouen
HAROPA
BASSE-NORMANDIE
Hambach-Europôle
Strasbourg
Paris
BRETAGNE
ÎLE-DE-FRANCE
CHAMPAGNE-ARDENNE
LORRAINE
ALSACE
PAYS-DE-LA-LOIRE
Nantes
CENTRE
BOURGOGNE
FRANCHE-COMTÉ
AUTRICHE
Canal Rhin-Rhône
OCÉAN ATLANTIQUE
POITOU-CHARENTES
SUISSE
LIMOUSIN
Lyon
Tunnel Transalpin
AUVERGNE
RHÔNE-ALPES
ITALIE
Bordeaux
AQUITAINE
MIDI-PYRÉNÉES
PROVENCE-ALPES-CÔTE-D'AZUR
LANGUEDOC-ROUSSILLON
Airbus
Eurocopter
Pau
Toulouse
Nice
Marseille
vers Madrid
ANDORRE
CORSE
ESPAGNE
Mer Méditerranée
vers Barcelone
100 km

"La seule solution d'une certaine grandeur de la France, c'est de faire l'Europe... La France a devant elle des tâches qu'elle devrait considérer avec attention et enthousiasme. Elle est devenue toute petite, non parce que son génie s'est restreint, mais en raison de la vitesse des transports d'aujourd'hui. Dans la mesure où, devenue toute petite, elle cherche à s'étendre, à agripper d'autres régions, elle a un devoir : faire l'Europe."

F. Braudel, *L'identité de la France*, Arthaud, 1986.

"Les destinées de l'une et de l'autre sont étroitement liées. Le choix face auquel la France hésite n'est pas différent de l'alternative entre puissance et déclin qui s'offre à l'Europe dans son ensemble. Les conclusions les plus nettes doivent en être tirées sans attendre car le sort de l'ambition européenne et à travers elle notre avenir se jouent ici et maintenant".

L. Cohen Tanugi, *Obstinate or obsolete ? France european integration and the fate of the Nation state*, Stanley Hoffman, 1995.

➤ Lexique

G20
axe de développement
aménagement du territoire

## De l'énoncé à l'idée directrice

*A priori*, sujet classique, tant la France en Europe et l'Europe en France sont des réalités au quotidien : réglementations européennes (3/4 des réglementations appliquées en France), subventions agricoles (France première bénéficiaire du budget européen), dynamiques de partenariats industriels (programmes Euréka ou EADS) d'un côté mais aussi droit d'aînesse de la France dans la construction européenne, la Pac et ses réformes rythmées par les intérêts français, et cadre européen remobilisé pour donner du poids aux initiatives mondiales de la France, de Copenhague (révision du protocole de Kyoto en décembre 2009) à Pittsburgh (octobre 2009 et G20 mobilisé pour réformer la sphère financière).

Pourtant **la représentation de cette interdépendance se heurte à cinq difficultés majeures** :

– **la sélection des faits représentables** car l'Europe est avant tout un projet, une espérance (Malraux), un devoir (Braudel), un levier d'Archimède (de Gaulle), un moyen de renouer avec sa grandeur passée (Brezinski) pour la France...

– **la difficulté de représentation des trois effets de l'Europe sur la France** : effet de protection, ne serait-ce que parce que c'est ce que les citoyens attendent face à la mondialisation libérale ; effet de stimulation car il n'est de politique industrielle, budgétaire ou même sociale qui ne soit marquée de près ou de loin du sceau européen ; effet de modernisation sectorielle. En ayant toujours à l'esprit que parallélisme ou synchronisme ne veut pas nécessairement dire lien de causalité...

– **le choix d'une perspective historique**, qui a vu la France souvent être cyclothymique (en 2008, l'Europe est une bonne chose pour la

France pour 48 % seulement des Français soit un reflux de 12 % par rapport à... 2007) tantôt « fille ingrate » de l'Europe, tantôt « pulsatrice de l'Europe » ; **ou le choix d'une perspective géographique**, la France étant avant tout un carrefour naturel européen à valoriser entre Europe du Nord et Europe méridionale ;

– **le tri entre l'utile et le futile**, car l'axe potentiel Rhin-Rhône en suspens, ou la ligne de ferroutage Lyon-Milan ont plus de poids dans l'européanisation de la France de demain que la plateforme européenne aéronautique de Montpellier ou le transfert de l'ENA à Strasbourg ;

– **l'élaboration d'une typologie** capable d'appréhender les modalités différentes d'insertion des régions françaises en Europe car là, plus que sur un planisphère, il faudra bien se garder de laisser des espaces en blanc...

## Des faits au croquis

Aussi la légende proposée pourra s'articuler autour d'un plan dont le but ultime est de déboucher sur les gradients d'intégration des régions françaises à l'Europe.

C'est dire que :

– la première partie pourra bâtir un tableau des interdépendances irréversibles structurant le rapport France/Europe en termes d'IDE, de flux commerciaux, de migrations, de mémoire collective ;

– la deuxième partie pourra évaluer les moyens à ce jour et les moyens futurs qui permettront de valoriser dans une perspective européenne le carrefour européen français, de quoi démontrer la justesse de la phrase de J. Chirac : « l'Europe n'est plus une problématique, elle est une dimension » ;

– la troisième partie ne pourra que voir les effets spatiaux de cette dynamique d'intégration en balayant de l'Île-de-France (qui n'est plus une île en France mais un vecteur d'intégration) jusqu'aux isolats enclavés (môle du Massif Central même si une capitale régionale comme Clermont-Ferrand tente de sortir de l'étau). Bel exemple de carte qui adopte un plan souvent immédiatement mobilisable au concours : analyse factorielle/développement de moyens/typologie des impacts spatiaux des facteurs et des moyens...

Façon de plus pour le candidat de ne pas démentir Madeleine Albright, secrétaire d'État américain aux Affaires étrangères de Bill Clinton : « Pour comprendre l'Europe, il faut être génial ou Français. ».

# Dynamiques territoriales et aménagement du territoire dans la France du début du XXIe siècle



## 1. Une organisation territoriale sous la forte emprise urbaine et industrielle

**Des inégalités héritées**

- Ligne le Havre -Marseille, séparant le Nord-Est industriel et urbanisé et le Sud-Ouest plus rural et moins dynamique
- Diagonale du vide : régions de faible densités de population et de faible attractivité rurale
- Un espace métropolitain dominant et macrocéphale : l'agglomération parisienne **(12 millions d'habitants)**

**Des politiques anciennes de rééquilibrage**

- Aire de déconcentration industrielle opérée dans les années 1950/1970 par l'Etat
- Métropoles régionales, bénéficiaires des opérations d'aménagement dans les années 1960-1970 puis de la politique de décentralisation (depuis années 1980)
- Métropoles moyennes au rayonnement sub-régional

## 2. La dynamique des infrastructures de communication et des réseaux d'échange ouverts sur l'Europe et le monde.

**Les transports, outil majeur de réduction des inégalités territoriales**...

- Principaux axes de communication autoroutiers
- Grandes voies navigables
- Ligne à grande vitesse existante
- En construction ou en projet
- Grandes interfaces industrialo-portuaires, ZIP
- Vallées fortement industrialisées

... **et de l'ouverture du territoire national sur le monde**

- Dorsale européenne : axe majeur entre Europe du Nord et Europe du Sud
- Grands corridors de circulation insérés dans les réseaux européens et axes structurants majeurs du territoire
- Aéroports avec liaison internationales quotidiennes
- Ports de rang mondial, plus de 50 mt de trafic
- Ports de rang national
- Relations transfrontalières dans le cadre de l'intégration européenne
- *Eurotunnel* Ponts et tunnels ouverts sur l'espace européen

## 3. Des politiques territoriales et d'aménagement tenant de plus en plus compte de l'adaptation du territoire à la mondialisation.

**Aménager et protéger les territoires**

- Régions d'agriculture et d'élevage intensifs et productivistes
- Zone de revitalisation rurale : des aides pour l'attractivité et la reconversion
- Forêt des Landes
- Parcs nationaux (6 en France métropolitaine)
- Littoraux fortement aménagés dans les années 1960-1970 au profit du tourisme balnéaire
- Littoraux ponctuellement aménagés
- Forte concentration de stations intégrées de sports d'hiver

**Et tenir son rang dans l'économie européenne et mondiale**

- Centrales nucléaires : volonté d'indépendance énergétique
- **Paris** Prééminence parisienne renforcée pour le tertiaire supérieur
- Pôles de compétitivité mondiaux ou à vocation mondiale
- *CORSE* Territoire insulaire sous le régime de la zone franche
- Principaux parcs de loisirs et d'attraction

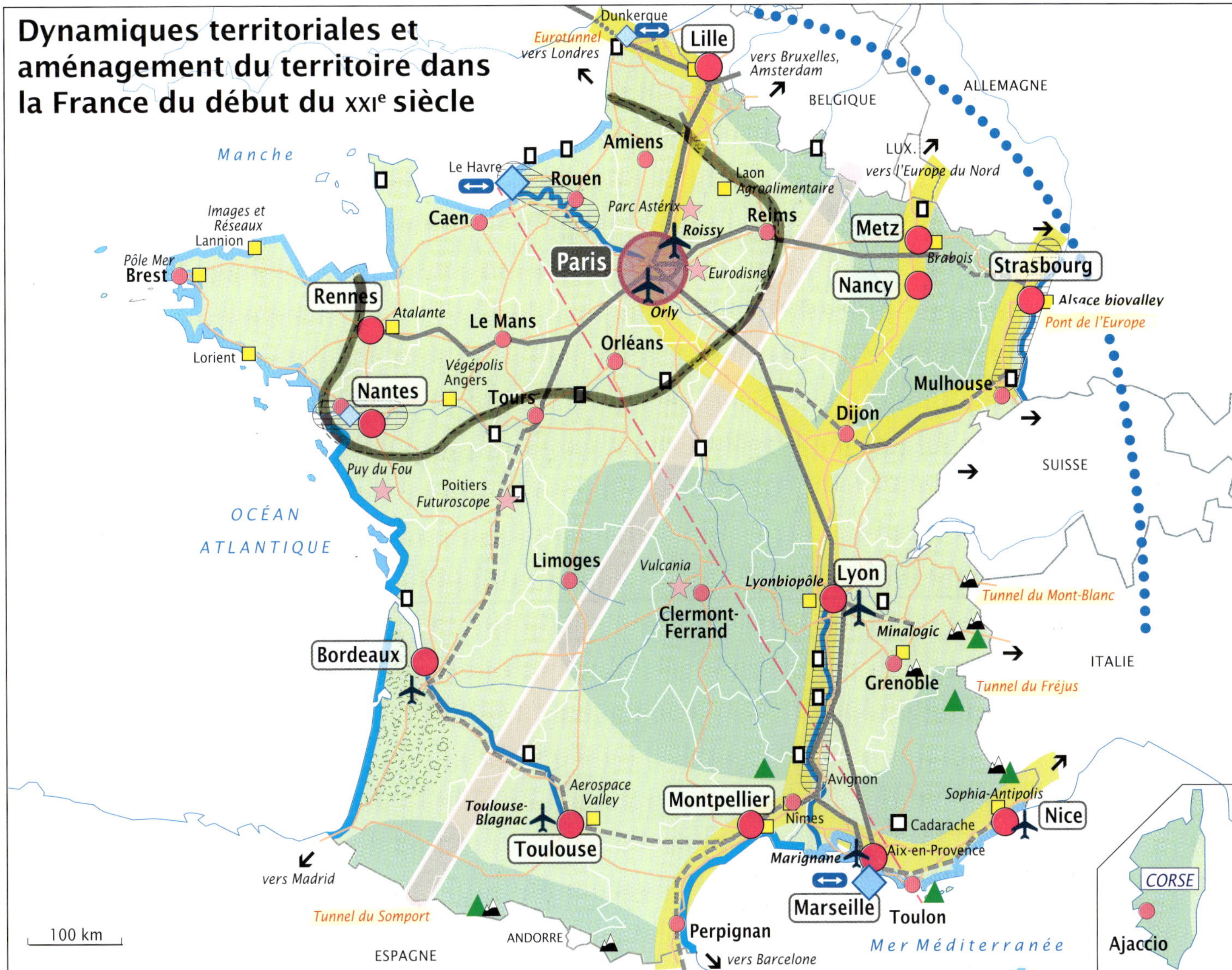
Dynamiques territoriales et aménagement du territoire dans la France du début du XXIe siècle
Dunkerque
Eurotunnel
vers Londres
Lille
vers Bruxelles, Amsterdam
BELGIQUE
ALLEMAGNE
Manche
Amiens
Le Havre
Rouen
Laon
Agroalimentaire
LUX.
vers l'Europe du Nord
Parc Astérix
Caen
Reims
Roissy
Metz
Images et Réseaux
Lannion
Pôle Mer
Brest
Paris
Eurodisney
Brabois
Strasbourg
Nancy
Alsace biovalley
Rennes
Atalante
Le Mans
Orly
Pont de l'Europe
Orléans
Lorient
Végépolis
Angers
Nantes
Tours
Mulhouse
Dijon
Puy du Fou
Poitiers
Futuroscope
SUISSE
OCÉAN ATLANTIQUE
Limoges
Vulcania
Lyonbiopôle
Lyon
Clermont-Ferrand
Tunnel du Mont-Blanc
Minalogic
Bordeaux
ITALIE
Grenoble
Tunnel du Fréjus
Avignon
Aerospace Valley
Sophia-Antipolis
Toulouse-Blagnac
Montpellier
Nîmes
Cadarache
Nice
Toulouse
Marignane
Aix-en-Provence
vers Madrid
CORSE
Marseille
Toulon
Tunnel du Somport
Perpignan
100 km
ANDORRE
Ajaccio
ESPAGNE
vers Barcelone
Mer Méditerranée

## De l'énoncé à l'idée directrice

Depuis l'ouvrage de Jean-François Gravier en 1947, *Paris et le désert français*, l'étude de l'organisation du territoire français met en évidence les profonds déséquilibres existants dans la répartition des hommes et des activités. La prise de conscience des disparités croissantes entre Paris et la province d'une part, et d'autre part entre la France industrielle au nord d'une ligne Le Havre/Marseille et la France plus agricole et plus pauvre au sud de cette ligne conduisit dans les années 1960 au développement des politiques d'aménagement du territoire (1963 : création de la DATAR, délégation à l'aménagement du territoire et à l'action régionale). **L'aménagement du territoire vise à améliorer la répartition des hommes et de leurs activités, donc la cohésion sociale et territoriale du pays** par une politique volontariste en jouant sur les infrastructures, les équipements, les aides apportées etc. « Il conteste l'état des lieux et cherche à le modifier » (R. Brunet).

Au début du XXIe siècle, l'analyse de l'organisation de l'espace français révèle toujours des disparités. Surtout, le contexte économique et politique a évolué au point que ces inégalités territoriales ne sont pas appréhendées de la même manière.

• **L'intégration en Europe a d'abord changé la donne**. « L'Europe est à la fois méditerranéenne, continentale et atlantique et la France par son territoire et sa géographie est partie prenante des trois, la seule dans ce cas en Europe » (F. Braudel). L'Europe est devenue un acteur à part entière de l'organisation de l'espace français : développement des échanges avec nos partenaires, intégration dans l'espace Schengen, financements européens des fonds structurels pour réduire les disparités régionales. Les interfaces de contact deviennent des espaces porteurs et l'éclatement administratif, un handicap (22 régions et un tiers des collectivités territoriales de l'UE !).

• **Les lois de décentralisation** inaugurées par la Loi Defferre de 1982 ont donné des compétences précises aux collectivités territoriales (communes, départements, régions) avec des capacités d'investissements notamment en matière d'infrastructures, de transport et désormais d'emplois.

• **Le libéralisme** a progressé dans les années 1980 puis 1990 : les temps ne sont plus à une action volontariste d'un « État brancardier » (E.

> **“L'effort multiséculaire de centralisation ne s'imposant plus désormais..., les activités régionales apparaissent comme les ressorts de la puissance économique de demain..., la régionalisation est la base de l'existence physique de la France de demain.”**
>
> **De Gaulle, avant le référendum de 1969.**

➤ Lexique

aménagement du territoire
axes de développement
dynamiques
métropole
réseau urbain
territoire

**Listes des 20 premières unités urbaines françaises**
(agglomérations dans leur délimitation 2010, données du recensement 2007).

| | |
|---|---|
| 1. Paris : 10 303 000 | 11. Grenoble : 495 000 |
| 2. Marseille-Aix-en-Provence : 1 558 000 | 12. Rouen : 464 000 |
| 3. Lyon : 1 510 000 | 13. Strasbourg (partie française) : 450 000 |
| 4. Lille (partie française) : 1 014 000 | 14. Avignon : 441 000 |
| 5. Nice : 947 000 | 15. Montpellier : 384 000 |
| 6. Toulouse : 859 000 | 16. Saint-Étienne : 372 000 |
| 7. Bordeaux : 832 000 | 17. Béthune : 350 000 |
| 8. Nantes : 584 000 | 18. Tours : 345 000 |
| 9. Toulon : 557 000 | 19. Valenciennes : (partie française) 334 000 |
| 10. Douai-Lens : 511 000 | 20. Rennes : 305 000 |

*Source* : INSEE

Cohen), qui en a de moins en moins les moyens. Les forces du marché s'imposent et la persistance d'un chômage élevé fait de la préservation de l'emploi, où qu'il soit, l'objectif majeur.

• La révolution des **télécommunications** redistribue les cartes : l'ADSL innerve l'Aveyron !

• Enfin, **l'insertion de la France dans la mondialisation** devient le facteur majeur de compréhension des disparités du territoire national. Les territoires sont en compétition, en France et avec des territoires hors de France. Faut-il chercher à limiter la croissance et le poids économique de la région parisienne, alors que la France a besoin d'une ville mondiale capable de servir le rayonnement du pays ?

**En ce début du XXI^e^ siècle, la priorité devient la compétitivité des territoires** plus que l'équilibre au sein du territoire national. À ce jeu, et dans ce contexte, deux facteurs deviennent structurants :

• **les transports**, outil de l'insertion dans l'économie européenne et mondiale et instrument indispensable dans les nouvelles chaînes de production et de distribution ; les points nodaux, les *hubs* sont favorisés, alors que les territoires, traversés mais non desservis souffrent d'une mise à l'écart.

• **l'urbanisation** qui donne naissance à des métropoles, capables par leurs infrastructures et le tertiaire supérieur qu'elles abritent d'attirer toujours un peu plus hommes et activités.

Ainsi la concentration de la population s'accentue. Si la densité moyenne est de 117 habitants au km², sur les trois quarts du territoire, elles n'atteignent pas 50 habitants au km² et les contrastes sont importants entre des espaces pleins (vallées, littoraux...) et des espaces vides (la diagonale du vide au sein de laquelle on trouve les départements qui perdent des habitants : Ardennes, Cantal, Marne, Haute Marne, Nièvre...).

Dans ce contexte, l'État n'a pas perdu toute ambition en matière d'**aménagement du territoire.** Mais il s'agit désormais de rechercher l'équilibre du territoire national et le maintien d'une continuité territoriale tout en valorisant certains pôles du territoire face à la concurrence européenne et mondiale.

De ces constats découlent les dynamiques territoriales contemporaines. Elles sont marquées à la fois par une compétition accrue entre les grandes villes françaises pour tenir leur rang dans la compétition internationale, par des mobilités croissantes en phase avec l'Europe et le monde mais aussi, autant que l'État peut le promouvoir, par le souci d'un développement harmonieux, durable des territoires prenant en compte les impératifs de protection de l'environnement.

## Des faits au croquis

Ce sont ces éléments que le croquis cherche à dégager. L'accent est mis délibérément sur les dynamiques territoriales de la France contemporaine, sans chercher à retracer le fruit de 60 ans d'actions d'aménagement du territoire. Le plan retenu met en évidence les facteurs structurants de l'espace.

**Le réseau urbain** — cf. document ci-contre — montre toujours le poids de l'agglomération parisienne qui demeure attractive sur un large bassin parisien, par contre émergent des métropoles régionales qui sont plus dynamiques que la région parisienne. Les seules agglomérations moins dynamiques que Paris ces dernières années (comme Douai-Lens ou Valenciennes) sont en effet situées dans des bassins d'emplois difficiles ou souffrent de leur faible urbanité apparente.

> **“L'Europe n'est plus une problématique mais une dimension.”**
>
> **JACQUES CHIRAC.**

Le croquis laisse une large place aux **infrastructures de transport** qui permettent l'insertion dans l'économie mondiale comme la compétitivité. L'héritage historique est toujours visible dans le modèle radial, dans la meilleure desserte de la France de l'est, plus urbaine, où l'on trouve les meilleures densités d'autoroutes, de voies navigables... De plus en plus, ces réseaux mettent en évidence les lignes de force de l'espace national, marqué par une forte métropolisation — toutes ces grandes villes sont bien reliées entre elles — et laissant en marge des réseaux des régions seulement traversées.

Les couleurs en à-plat ne proposent pas une typologie régionale mais soulignent les contrastes au sein des **territoires ruraux**. Les *zones de revitalisation rurale*, qui furent créées en 1995 pour des espaces marqués par de faibles densités et des handicaps socio-économiques, sont soutenues par des politiques fiscales, preuve que l'État entend toujours ménager certains territoires... à défaut de les aménager véritablement.

# L'Union européenne, un territoire en voie d'éclatement ?



**1. Les processus d'intégration européenne sont vigoureux et unifient les territoires**

· De 6 à 27 : les élargissements

**1973** Date d'entrée dans l'Union européenne

Principaux axes de transports

Espace **Schengen**

Siège des institutions européennes, agissant pour l'intégration de la communauté
*Bruxelles, Luxembourg, Strasbourg*

Lieu de signature des traités pour adapter le fonctionnement institutionnel de la communauté

IRLANDE Pays ayant particulèrement bénéficié des fonds structurels de la communauté européenne

Flux d'IDE depuis le début des années 1990

**2. mais les fragmentations s'additionnent au fil des élargissements : l'Union confrontée au « retour des nations »**

· Des **disparités démographiques**

Pays de plus de 30 millions d'habitants

Ensemble urbain supérieur à 10 millions d'habitants

· Des **disparités économiques et sociales** croissantes

Pays ayant adapté l'**Euro**

Les PIB par habitant en SPA en 2011 (moyenne UE = 100)

- plus de 125 (max. Luxembourg 271)
- de 100 à 124
- de 75 à 99
- moins de 75 (min. Bulgarie 42)

· Un **euroscepticisme** qui progresse

Absention aux élections européennes de 2009 supérieure à 60 %

Pays ayant accepté le traité de Lisbonne mais sans la Charte des droits fondamentaux

**3. s'ajoutant à des disparités territoriales exprimées dans l'opposition centre et périphérie**

Espace central de l'Union européenne

Régions centrales, cœur de l'espace central

1. Région londonienne
2. Espace rhénan
3. Île-de-France
4. Italie du Nord

Grandes métropoles structurant les autres espaces

**L'espace européen, une marquetterie de territoires**

Régions développées bien intégrées au ***centre***

***Périphéries anciennes***, toujours marginalisées mais ayant bénéficié d'efforts réguliers de Bruxelles

***Périphéries nouvelles*** issues de l'élargissement, en développement

Espaces vides du ***Grand Nord***

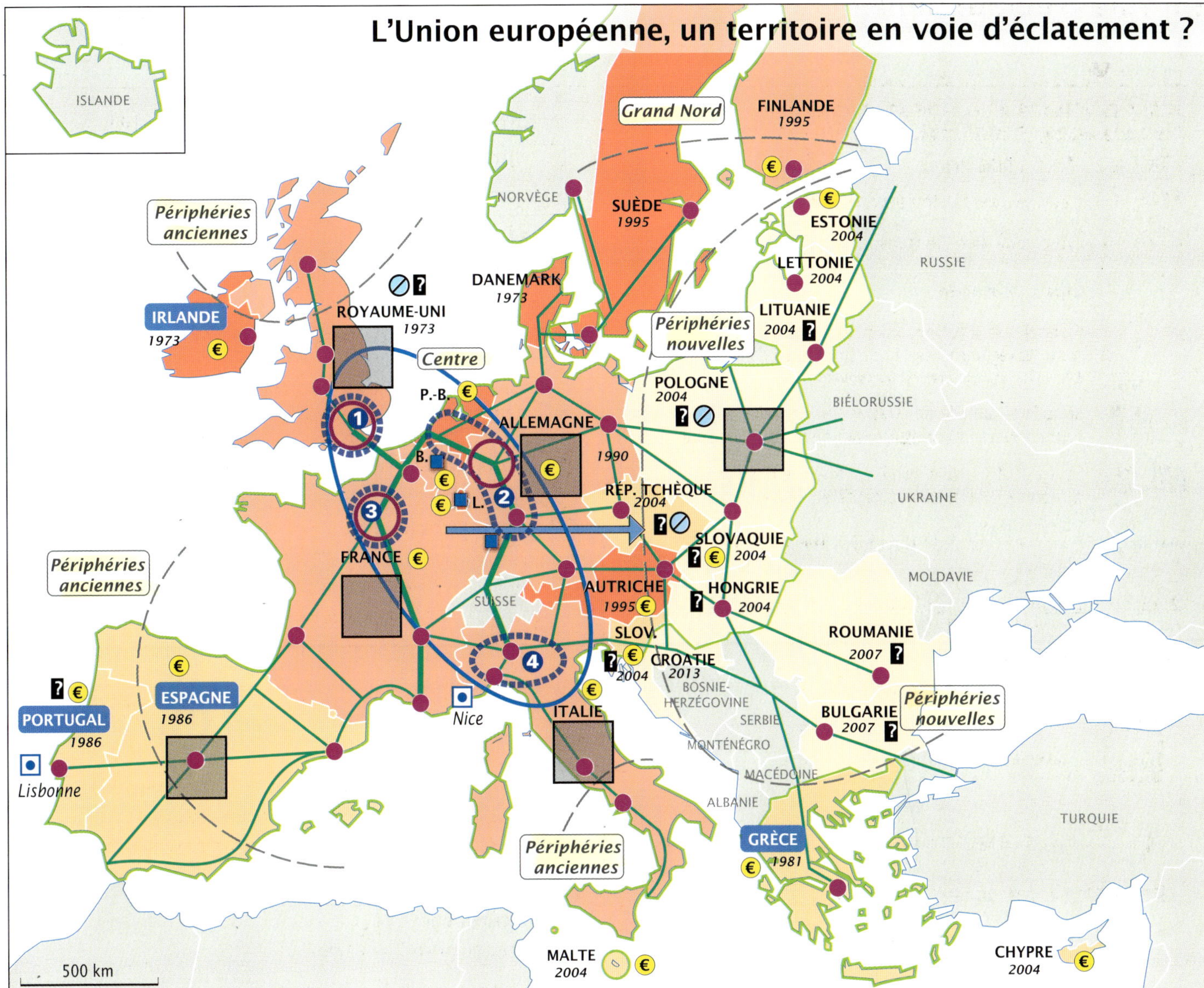
L'Union européenne, un territoire en voie d'éclatement ?
ISLANDE
Grand Nord
FINLANDE
1995
NORVÈGE
SUÈDE
1995
ESTONIE
2004
RUSSIE
LETTONIE
2004
Périphéries anciennes
DANEMARK
1973
LITUANIE
2004
ROYAUME-UNI
1973
IRLANDE
1973
Périphéries nouvelles
Centre
P.-B.
POLOGNE
2004
BIÉLORUSSIE
ALLEMAGNE
1990
B.
L.
RÉP. TCHÈQUE
2004
UKRAINE
SLOVAQUIE
2004
FRANCE
Périphéries anciennes
MOLDAVIE
AUTRICHE
1995
HONGRIE
2004
SUISSE
SLOV.
2004
ROUMANIE
2007
CROATIE
2013
BOSNIE-HERZÉGOVINE
SERBIE
ESPAGNE
1986
PORTUGAL
1986
Nice
ITALIE
BULGARIE
2007
Périphéries nouvelles
MONTÉNÉGRO
Lisbonne
MACÉDOINE
ALBANIE
GRÈCE
1981
TURQUIE
Périphéries anciennes
500 km
MALTE
2004
CHYPRE
2004

> **“Tel est l'unique problème à examiner : l'essence universaliste de l'Europe et son existence comme puissance peuvent-elles se concilier, c'est-à-dire, l'idée d'une unité politique réelle de l'Europe est-elle une idée viable ?”**
>
> **B. Bourgeois, « Penser et faire l'Europe », *Géopolitique*, n° 104, janvier 2009.**

➤ Lexique

construction européenne
dynamiques
fragmentation
intégration
territoire

## De l'énoncé à l'idée directrice

Comme le rappelle le philosophe B. Bourgeois par cette citation, la grande question géopolitique de l'Union européenne est celle de son fonctionnement avec ses États-nations. Peut-on s'affirmer et prétendre à la puissance quand la diversité et le nombre de membres ne cessent de croître ? C'est l'éternel dilemme de la construction européenne : **entre élargissement et approfondissement, peut-il être toujours possible d'avancer dans les deux directions ?**

Autour de ce thème peuvent être proposés de multiples sujets de réflexion, donc de dissertation. Par exemple, avec l'intitulé suivant : « La dynamique de la construction européenne débouche-t-elle obligatoirement sur une Europe à plusieurs vitesses ? », le travail cartographique gagnera à adopter une problématique plus précise, mettant l'accent sur la dimension territoriale du sujet, d'où le titre différent pour le croquis réalisé : « L'Union européenne, un territoire en voie d'éclatement ? ».

**Alors que l'effort d'intégration est au cœur du processus de construction européenne, la fragmentation de l'Union semble croissante.** Dès les années 1980, la présence de la Grande-Bretagne au sein de l'Union avec son fort particularisme, comme l'entrée de pays méditerranéens ayant des mécanismes dérogatoires pendant de nombreuses années, expliquent l'apparition du concept d'Europe à plusieurs vitesses, à géométrie variable en quelque sorte, avec un noyau dur, constitué surtout autour des pays fondateurs de la CEE, en théorie prêts à aller plus vite et plus loin que l'ensemble des membres de la communauté. Le concept d'Europe à plusieurs vitesses se décline à la fois en termes institutionnels, par rapport aux positions adoptées face aux accords type Schengen ; économiques, par rapport à l'intégration dans l'Euroland ; sociaux, par rapport à la charte des droits fondamentaux ; politiques, par rapport à une adhésion de conviction ou de confort. L'élargissement a accru les disparités entre les États et a conduit *de facto* à des sous-ensembles fonctionnels (zone Euro, espace Schengen). En 1992, le traité de Maastricht avait déjà imposé la création d'un fonds de cohésion pour corriger les écarts de développement entre les États ; depuis l'entrée en 2004 de 8 premiers pays d'Europe centrale et orientale, ceux-ci n'ont cessé de croître. Les divergences politiques remarquables en 2003 à propos du soutien à l'intervention américaine en Irak, en 2005 sur le projet de Constitution laissent à penser que la fragmentation progresse plus vite que l'intégration, et ce n'est pas la laborieuse ratification du traité de Lisbonne qui permet de penser le contraire. La crise débutée en 2009 a accentué ce sentiment avec le clivage accentué entre Europe du Nord et Europe du Sud, le primat des intérêts nationaux sur les ambitions collectives (budget européen en baisse) ou les velléités de départ de la Grande-Bretagne.

**Comment ces fragmentations se traduisent-elles spatialement ?** Eurostat, l'office statistique des Communautés européennes, en fournissant des statistiques sur les 271 régions d'Europe, donne déjà quelques éléments de réponse : entre la région la plus riche (le centre de Londres) et la plus pauvre (la région de Severozapaden en Bulgarie), l'écart de revenu est presque de 40 à 1 en données brutes et de 14 à 1 en standard de pouvoir d'achat (SPA) tenant compte des différences de niveau de vie. L'organisation territoriale de l'Union européenne montre clairement un centre dominant assimilable à une dorsale courant de Londres à Milan et élargie de la Rhénanie au Bassin parisien, et des périphéries bien différenciées qui ne sont pas condamnées forcément à jouer un rôle marginal (cf. Dublin, Stockholm...). L'inégale répartition des hommes, des activités, des infrastructures aboutit à de forts contrastes territoriaux. Les effets cumulatifs créés par les transports, l'urbanisation (arc dorsal), la maritimisation (*Northern Range*), les interfaces (frontière bavaro-tchèque) accentuent encore plus les polarités. La politique d'aménagement du territoire à l'échelle européenne, en l'état, peut difficilement les infléchir. Cette fragmentation se lit également politiquement, par des regroupements entre eurosceptiques, par des axes au contraire moteurs, voire par l'atlantisme plus marqué de certains.

## Des faits au croquis

Ce croquis de synthèse est une très bonne illustration des écueils et de l'intérêt de l'exercice proposé. La difficulté est de faire un croquis qui soit autre chose que la classique représentation des centres et périphéries dans l'Union européenne que l'on trouve dès les manuels de première. Une représentation des différents élargissements, et de la domination d'une prétendue « banane bleue » — terme définitivement à proscrire et à remplacer par arc dorsal européen — serait une carte minimaliste décevante. Particulièrement ici, le croquis est complémentaire de la dissertation en adoptant une démarche différente. Il montre les territoires européens, leur variété et doit démontrer la fragmentation croissante observable au fil des élargissements, au fil d'une construction européenne dictée par la conjoncture, qui s'est faite sans prendre le temps de penser l'Europe à construire ensemble. Cette démonstration passe par un inventaire assez riche montrant à la fois les actions d'intégration territoriale menées par la communauté, et les disparités de toutes natures auquel elle est confrontée (première et seconde partie de la légende). Obligatoirement, une typologie clôt la démonstration en reprenant, aussi finement que le permettent les contraintes de l'exercice, le modèle centre-périphérie toujours opérant.

## 1. La première puissance européenne

Exportations (1 rang des partenaires)

Importations (1 rang des partenaires)

Volumes des échanges en 2011 (en Md d'euros)

100

75

50

33

IDE entrants et sortants de l'Allemagne en 2010

Firmes multi-nationales dans le top 1000 mondial des entreprises manufacturières par leur CA (2010)

plus de 30

de 20 à 30

de 10 à 20

## 2. Un activisme nouveau dans les institutions de régulation européenne et mondiale

Pays de l'Union européenne

Siège de la Banque centrale européenne

État de la zone euro

Bourse de Francfort (*Deutsche Börse*) : 35% des échanges européens en actions

Allemagne pilote de la stratégie de l'UE pour la région de la mer Baltique (EUSBSR)

Institut Goethe

Mission allemande de maintien de la paix

Siège de l'*United States Africa Command*

## 3. Les défis de la puissance

Dépendance pétrolière et gazière

Nord stream : gazoduc Russie -Allemagne (2012), la Russie fournit 32 % des importations allemandes de gaz

Une Allemagne à deux vitesses :

4 länders concentrent 2/3 du PIB allemand
(1. Bavière 2. Bade -Wurtemberg
3. Rhénanie du Nord-Westphalie 4.Hesse)

Principaux flux migratoires vers l'Allemagne

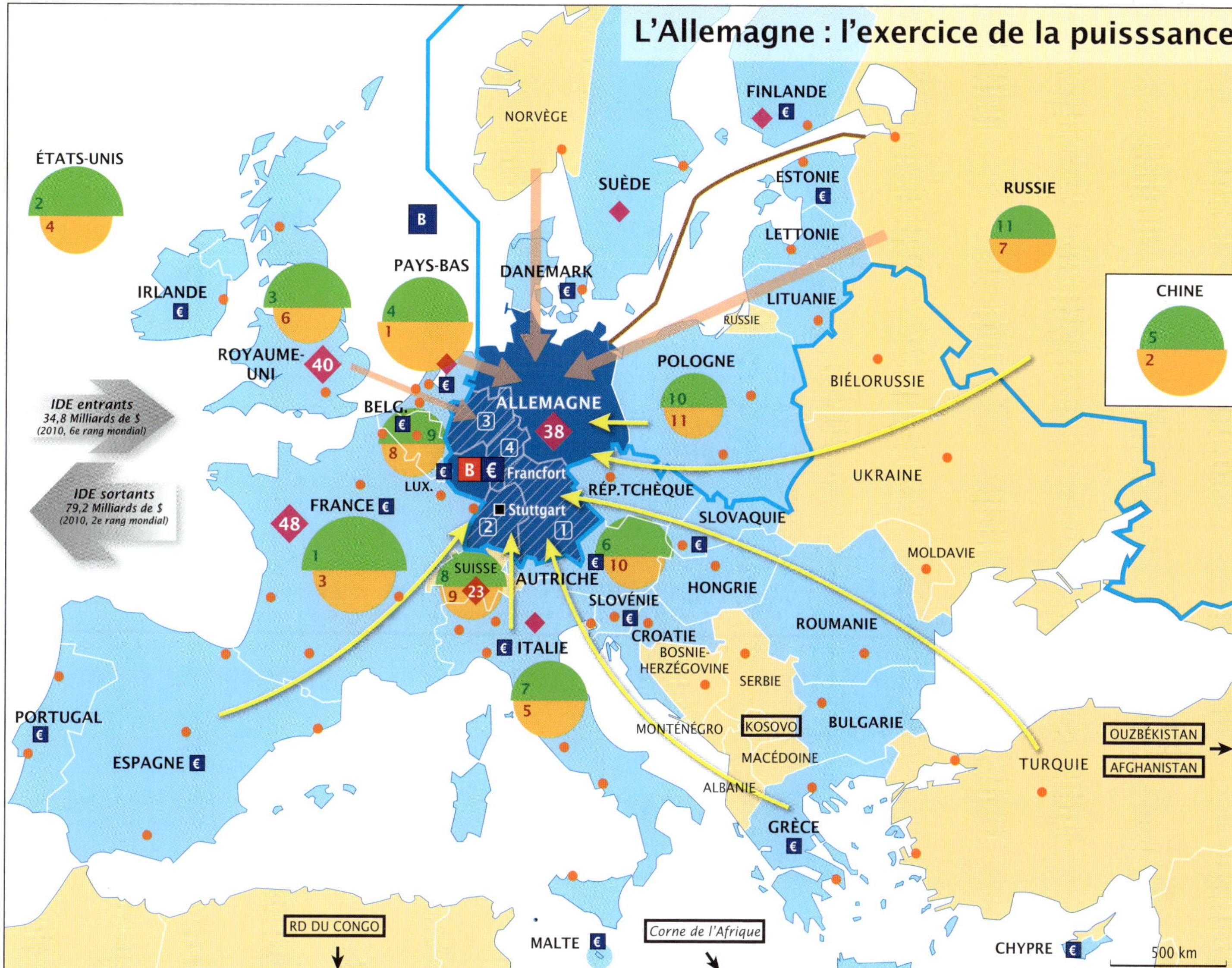

L'Allemagne : l'exercice de la puisssance
ÉTATS-UNIS
IRLANDE
ROYAUME-UNI
PAYS-BAS
BELG.
LUX.
FRANCE
PORTUGAL
ESPAGNE
SUISSE
ITALIE
AUTRICHE
ALLEMAGNE
Francfort
Stuttgart
DANEMARK
NORVÈGE
SUÈDE
FINLANDE
ESTONIE
LETTONIE
LITUANIE
RUSSIE
POLOGNE
BIÉLORUSSIE
UKRAINE
RÉP.TCHÈQUE
SLOVAQUIE
HONGRIE
SLOVÉNIE
CROATIE
BOSNIE-HERZÉGOVINE
SERBIE
MONTÉNÉGRO
KOSOVO
MACÉDOINE
ALBANIE
GRÈCE
BULGARIE
ROUMANIE
MOLDAVIE
TURQUIE
OUZBÉKISTAN
AFGHANISTAN
CHINE
MALTE
CHYPRE
RD DU CONGO
Corne de l'Afrique
IDE entrants
34,8 Milliards de $
(2010, 6e rang mondial)
IDE sortants
79,2 Milliards de $
(2010, 2e rang mondial)
500 km

"Notre véritable champ d'intervention c'est l'Europe, pas le Caucase ni le Proche ou Moyen Orient, pas l'Asie, pas l'Afrique... Nous ne devons en aucun cas donner l'impression que l'Allemagne aspire à diriger l'Europe du fait de sa puissance économique."

Helmut Schmidt, *Ausser Dienst Eine Bilan Munchen*, Siedler, 2008

"L'Allemagne jouit d'une grande réputation dans le monde. Nous sommes une puissance économique, une nation de culture, une république de l'éducation et nous sommes appréciés comme un pays où il fait bon vivre. Notre patriotisme joyeux et éclairé nous apporte des sympathies parce qu'il ne cherche pas à s'élever au-dessus des autres"

Guido Wersterwelle, *ministre fédéral des Affaires étrangères*, discours du 9 février 2011

➤ Lexique

puissance
démographie
territoire
mondialisation

## De l'énoncé à l'idée directrice

S'interroger aujourd'hui sur l'exercice de la puissance par l'Allemagne, c'est d'abord tourner une page de l'histoire de l'Allemagne pour célébrer son retour dans l'Histoire.

Même si la Première Guerre mondiale n'a pas fondamentalement remis en cause l'œuvre de Bismarck, elle prive l'Allemagne de son empire colonial, l'ampute de territoires (franco-polonais), bride ses activités (interdiction d'une réunion avec l'Autriche), et borne ses capacités économiques (cf. *Les conséquences du traité de Versailles*, J.-M. Keynes). **La première guerre ouvre la voie aux rebonds des frustrations collectives** au travers d'un pangermanisme militant, d'un rêve d'une *Mitteleuropa* dirigée par Berlin. Le III^e^ Reich n'a eu de cesse d'organiser cette vision d'une Europe autour du Reich... par la guerre (Dr. Goebbels, « Le sens de cette guerre, c'est l'Europe »).

La Deuxième Guerre mondiale a, non pas à Postdam mais ultérieurement, débouché sur **une Allemagne divisée** (1949), muselée (Allemagne sous contrôle dans l'Otan en 1952), et marginalisée (membre de l'ONU en 1973, date où les deux Allemagne y adhèrent et jamais au conseil de sécurité comme membre permanent).

Pourtant depuis la chute du mur de Berlin, grâce à la réunification difficile (financièrement) mais aboutie aux yeux de ses partenaires, **l'Allemagne parvient à s'inscrire au cœur de l'Europe**, à consolider son rôle de moteur, avec la France, du projet européen, et à se donner les moyens de retrouver les voies de la puissance.

Dès 1991, elle recouvre une souveraineté légitimant sa puissance.

- En 1991, elle reconnaît unilatéralement la Slovénie et la Croatie à la barbe de ses partenaires européens,
- En 1992, elle inspire les grands axes du traité de Maastricht,
- En 1995, elle participe directement à l'IFOR et à la paix dans l'ex-Yougoslavie et aux bombardements de Belgrade par l'Otan,
- **En 2003**, elle fait avec la France **la démonstration de son autonomie de décision** en refusant l'invasion de l'Irak, ce qui tranche avec l'atlantisme passif et obligé des décennies précédentes.

### La légitimité de la puissance allemande est bel et bien d'abord économique

Sa réactivité face à des problèmes fondamentaux a donné à l'Allemagne le **statut de première puissance européenne du XXI^e^ siècle**. Les excédents commerciaux allemands (les exportations ont franchi la barre symbolique de 1 000 milliards d'euros en 2011) plébiscitent le modèle allemand axé sur des PME plus moyennes que petites (le *Mittelstand* de 277 000 entreprises de 10 à 249 salariés contre 177 000 en France) et les capacités de l'Allemagne d'optimiser la mondialisation en animant des chaînes de production qui ne nuisent pas au socle de production national (encore 28 % du

PIB et 40 % de l'emploi masculin).

Berlin peut et veut redevenir une capitale mondiale malgré son endettement de 60 milliards d'euros en 2011, son chômage élevé (13,6 %), une désindustrialisation en cours, mais le tourisme (20 millions de visiteurs), des universités de qualité spécialisées, une architecture avant-gardiste sont les rampes de lancement d'une ville mondiale du XXIe siècle.

De plus en plus, la légitimité allemande est dans le poids contesté mais écrasant de cette puissance, dans la logique de sortie de crise de l'Europe. Même stigmatisée sur le terrain, l'Allemagne impose le rythme des réformes dans la gouvernance monétaire, le cadre du possible (refus de la mutualisation des dettes et des eurobonds), le catalogue des mesures de rigueur nécessaires (règles d'équilibre imposées par la Troïka), les buts à atteindre (« règle d'or » dans le mécanisme européen de stabilité).

Enfin, face à l'extérieur, l'Allemagne retrouve son statut **de diplomatie active plus que réactive**. La Bundeswehr transformée en armée de métier, aux effectifs réduits certes (185 000 hommes en 2015), doit pouvoir se déployer (10 000 hommes déjà opérationnels).

Mais, **« puissance civile »,** l'Allemagne ne néglige aucun des canaux diplomatiques et institutionnels pour s'exprimer. Sa posture en Yougoslavie, dans le processus de paix afghan, lui permet de dépasser une simple « diplomatie du chéquier » comme dans la guerre du Golfe (avec le Japon), et d'affirmer sa maturation comme 3e puissance contributrice de l'ONU et légitime dans sa revendication d'un siège permanent au conseil de sécurité (elle n'est en 2011/2012 que « membre renouvelable »).

Le retour de la *leitkultur*, culture dominante fondée sur les racines chrétiennes de l'Allemagne est paradoxalement à l'aval de ces mutations.

### Il reste cependant une somme de fragilités qui diffèrent certaines ambitions

**Le défi démographique** place l'Allemagne à un rang qui n'a jamais été le sien (15e rang mondial pour le peuplement (82 300 000 hab) mais 205e pour l'accroissement naturel (−0, 2 %) et 197 pour la fécondité (1,42) en 2011).

**La dépendance énergétique** pénalise désormais l'Allemagne surtout après **le nouveau mix énergétique très coûteux** (un renoncement à l'atome qui est évalué en coûts directs et indirects à plus de 200 milliards d'euros) et écologiquement contestable (l'Allemagne rejette 5 fois plus de gaz à effet de serre que la France).

La volonté réaffirmée de refuser le smic d'Angela Merkel contrairement à d'autres pays européens est plus qu'une décision politique partisane : c'est clairement le prix payé à la compétitivité allemande, c'est-à-dire 7,4 millions d'emplois **salariés titulaires d'un « minijob » précarisé**.

L'économie allemande n'a plus un brevet d'efficacité des politiques de rigueur, quand elle-même en 2013 est aux marges d'une possible récession et qu'elle peut, comme d'autres partenaires européens, mourir guérie de l'inflation et d'un déficit budgétaire ramené à moins de 3 % du PIB...

**« Ni homme malade de l'Europe »**, comme à l'orée des années 2000, **ni « modèle à suivre »,** l'Allemagne est une puissance à part entière capable de rebondir mais pas encore pleinement installée.

## Des faits au croquis

La carte doit donc respecter ce tempo :

- La reconquête d'un statut de première puissance européenne avec une place de choix pour les performances économiques globales ou des firmes allemande face à l'extérieur.
- L'activisme de l'Allemagne dans les instances de régulation même si un déficit de puissance brute militaire freine les ambitions.
- Des défis, des tensions économiques et sociales que l'on n'assimilera pas à des revers, car l'Allemagne est capable de les appréhender et de les dépasser (2009 : effondrement de l'économie de 4,7 % de PIB et dès l'année suivante une croissance de 3,1 %).

Mais faut-il rappeler aux candidats que face à la puissance se posent deux questions : à quoi sert cette puissance ? et surtout : quels types d'espaces économiques la relaient ? De là la nécessité de mettre en valeur le rôle moteur de quatre länder, qui à eux seuls captent les 2/3 du PIB allemand, et leurs périphéries.

# La Russie : territoire et puissance

## 1. Une géopolitique de l'immensité

Peu de monde : 140 millions d'habitants...

- Moscou : capitale politique et économique (11 M d'hab.)
- Saint-Pétersbourg, 4 M d'hab.
- Métropoles régionales (entre 1 et 2 M d'hab.)
- Autres métropoles régionales (moins de 1 M d'hab.)
- Densité supérieure à la moyenne nationale (8 hab./km²)

Dans trop d'espace ? 17 millions de km².

- Transsibérien et BAM (Baïkal-Amour-Magistrale), vecteur de la conquête russe.
- Limite conventionnelle entre l'Europe et l'Asie
- GMT+6 — 9 fuseaux horaires, le plus grand pays du monde
- Principales Républiques autonomes de la Fédération de Russie
- Menaces sécessionnistes

Un territoire, source de puissance

Principaux gisements d'hydrocarbures

- exploités
- non encore exploités
- Autres ressources : charbon, diamants, nickel, argent, cuivre, fer

## 2. Contrôler son étranger proche

Une nouvelle configuration géopolitique depuis 1991

- L'enclave de Kaliningrad, territoire russe

Les anciennes Républiques socialistes soviétiques (RSS)

- membres ou participants à la CEI, Communauté des États indépendants
- ayant pris leurs distances avec Moscou
- Pays membre de l'organisation du traité de sécurité collective (OTSC)

Le contrôle de cet étranger proche une question de sécurité intérieure

- Troupes et/ou bases russes dans l'étranger proche
- Gisements d'hydrocarbures dans les RSS, un enjeu pour la Russie
- Baïkonour, base spatiale russe située au Kazakhstan
- Conflit gazier ayant opposé la Russie et une ancienne RSS
- Interventions militaires de l'armée russe pour la défense des intérêts de Moscou (Tchétchénie 1994-1996 et 1999-2000, Géorgie 2008)
- Minorités russes dans l'étranger proche
- Migrations d'ex-Républiques soviétiques vers la Russie
- Pays offrant des bases ou facilités aux troupes américaines

## 3. et jouer des ses interfaces pour affirmer sa puissance

Une puissance européenne

- Saint-Pétersbourg, fondée en 1703, fenêtre sur l'Europe
- LETTONIE — Membre de l'Union européenne
- TURQUIE — Membre de l'OTAN
- Frontière directe entre l'Union européenne et la Russie
- Principaux oléoducs et gazoducs reliant la Russie à l'UE
- ARMÉNIE — Ex-Républiques soviétiques participant au Partenariat oriental de l'UE

Attirée par l'Asie

- CHINE — Membre de l'OCS : Organisation de Coopération de Shanghai
- Investissements japonais, chinois et sud-coréens
- Migrants chinois
- Projets de conduites vers les pays asiatiques
- Contentieux territorial non réglé

Qui entend sortir de son isolement

- Verrous bloquant l'accès aux mers chaudes
- Littoral ouvert sur l'Arctique : des perspectives nouvelles avec le réchauffement climatique
- Premier sommet des BRIC tenu en 2009 sur proposition russe

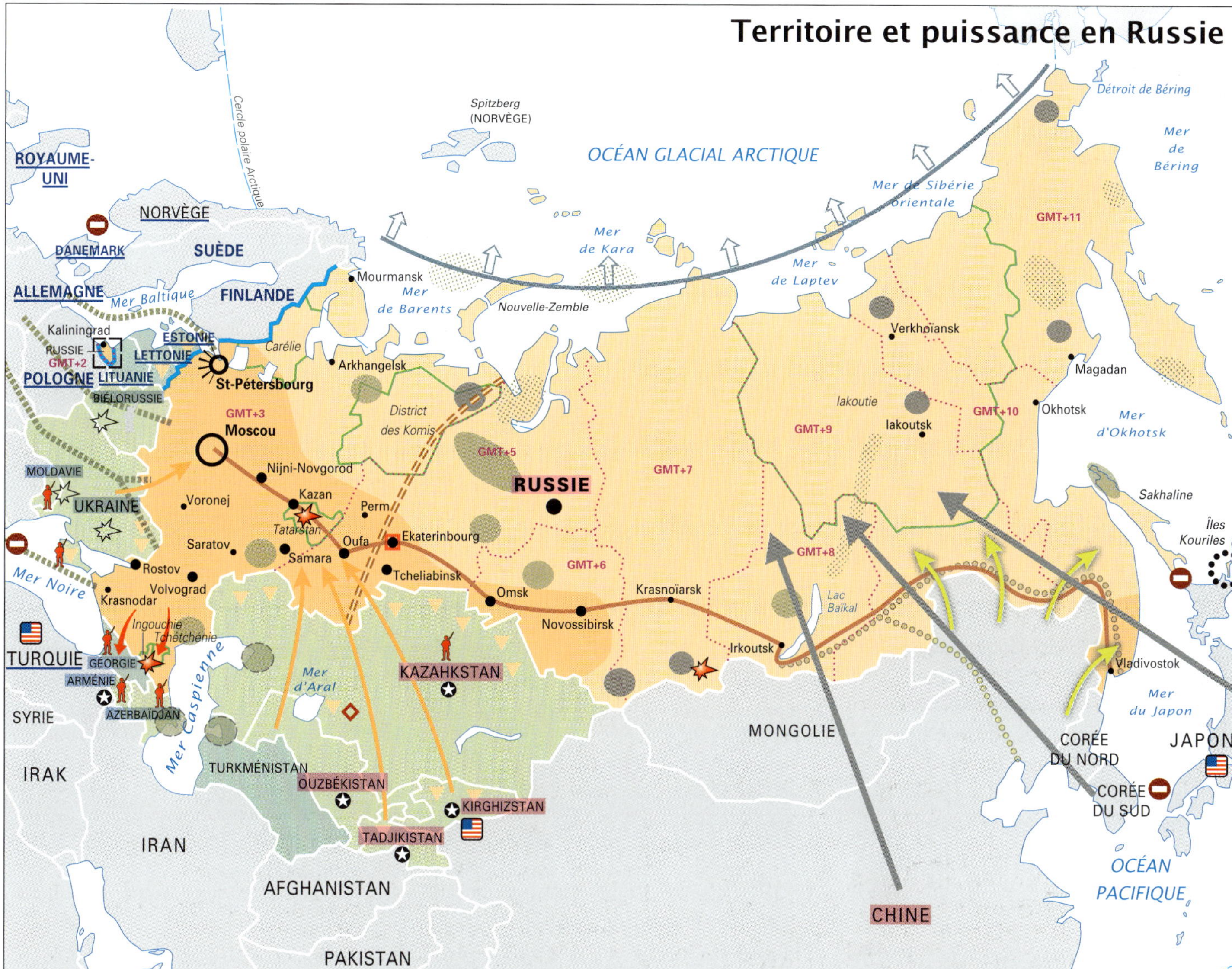

Territoire et puissance en Russie
OCÉAN GLACIAL ARCTIQUE
Spitzberg (NORVÈGE)
Cercle polaire Arctique
Détroit de Béring
Mer de Béring
Mer de Sibérie orientale
Mer de Kara
Mer de Laptev
Mer de Barents
Nouvelle-Zemble
ROYAUME-UNI
NORVÈGE
DANEMARK
SUÈDE
ALLEMAGNE
Mer Baltique
FINLANDE
Mourmansk
Kaliningrad
RUSSIE
GMT+2
ESTONIE
LETTONIE
LITUANIE
POLOGNE
BIÉLORUSSIE
Carélie
Arkhangelsk
St-Pétersbourg
GMT+3
Moscou
District des Komis
GMT+5
RUSSIE
GMT+7
GMT+9
GMT+11
GMT+10
GMT+8
GMT+6
Verkhoïansk
Iakoutie
Iakoutsk
Magadan
Okhotsk
Mer d'Okhotsk
Sakhaline
Îles Kouriles
MOLDAVIE
UKRAINE
Nijni-Novgorod
Voronej
Kazan
Perm
Tatarstan
Saratov
Oufa
Ekaterinbourg
Samara
Tcheliabinsk
Rostov
Volvograd
Krasnodar
Omsk
Novossibirsk
Krasnoïarsk
Irkoutsk
Lac Baïkal
Vladivostok
Mer Noire
Ingouchie
Tchétchénie
TURQUIE
GÉORGIE
ARMÉNIE
AZERBAÏDJAN
Mer Caspienne
Mer d'Aral
KAZAHKSTAN
SYRIE
IRAK
TURKMÉNISTAN
OUZBÉKISTAN
KIRGHIZSTAN
TADJIKISTAN
IRAN
AFGHANISTAN
PAKISTAN
MONGOLIE
CHINE
CORÉE DU NORD
CORÉE DU SUD
JAPON
Mer du Japon
OCÉAN PACIFIQUE

**"La Russie est, il faut le rappeler, le plus grand État du monde, avec un territoire ouvert sur l'espace asiatique, sur le monde musulman, sur l'Europe sans oublier l'océan Arctique avec toutes ses potentialités. Dans la nouvelle équation mondiale qui se met en place, la Russie peut compter sur un atout majeur: sa disposition territoriale à cheval entre l'Europe et l'Asie. Sa faiblesse, c'est sa population qui reste hétérogène — même si elle l'est beaucoup moins qu'elle ne l'était du temps de l'Union Soviétique — et surtout décline. Avec des ressources naturelles abondantes, un territoire gigantesque mais un recul démographique préoccupant, la Russie actuelle peut être qualifiée de puissance entre guillemets."**

**Hélène Carrère d'Encausse, *Questions internationales*, N° 57, oct. 2012.**

**"En Europe nous sommes des Tatars, en Asie nous serons à notre tour des Européens."**

**Dostoïevski**

➤ Lexique

échelle
État-nation
frontières
puissance
ressources
territoires

## De l'énoncé à l'idée directrice

En 1991, l'URSS rassemblait 285 millions d'habitants sur 22,4 millions de km²; aujourd'hui la Russie compte 142 millions d'habitants sur 17 millions de km². Si l'on ajoute à cela que le PIB de la Russie a chuté de moitié au cours de la décennie 1990 et qu'il n'a retrouvé son niveau de 1990 qu'en 2007, on mesure assez combien, pour reprendre l'expression de Vladimir Poutine, **la chute de l'URSS fut « la plus grande catastrophe géopolitique du XXᵉ siècle »** (Discours à la nation, 25 avril 2006), et un drame particulier pour la Russie. Lorsque V. Poutine accède au pouvoir comme Premier ministre en 1999 puis comme président à partir de 2000, le déclin du pays est patent, son impuissance évidente alors que son allié serbe est bombardé par l'OTAN dans le contexte du conflit du Kosovo. **Comment rebâtir la puissance russe ?**

**Le territoire est le premier fondement**. Certes, l'immensité de l'espace russe est une contrainte au regard de la faiblesse des moyens matériels et humains pour le mettre en valeur. La densité moyenne légèrement supérieure à 8 hab/km² cache de grandes disparités et plus de la moitié du territoire a moins de 3 hab/km². La population diminue chaque année et les projections pessimistes avancent le chiffre de 100 millions d'habitants en Russie en 2050. Mais ce territoire est richement doté en énergie et la Russie est le second producteur mondial de gaz et de pétrole (2011). L'État, *via* les sociétés Gazprom et Rosneft, a repris le contrôle de ce secteur qui lui procure à la fois ressources budgétaires et outils d'affirmation géopolitique. Il fait néanmoins de la Russie un pays dépendant de l'évolution des cours mondiaux et d'investissements étrangers, indispensables pour mettre en valeur un potentiel certes considérable mais dont les conditions d'exploitation sont particulièrement difficiles donc coûteuses.

Encore faut-il pour tirer profit de ces ressources que **l'autorité de Moscou soit indiscutable sur l'ensemble de ce territoire**. Or, à la fin des années 1990, la fédération de Russie est au bord de l'implosion, secouée par des révoltes sécessionnistes au Caucase et au Tatarstan. Par la guerre sanglante en Tchétchénie, le président russe restaure l'autorité du pouvoir central; dès son premier mandat, il lance une réforme des institutions visant à lutter contre les féodalités qui s'étaient constituées au sein des 89 sujets que compte la Fédération. Les gouverneurs, chefs des exécutifs régionaux, sont devenus strictement dépendants du président russe dans une « **verticale du pouvoir** » qui a mis à mal le fédéralisme russe. Pour autant, la Russie n'est pas un État-nation, même si elle cherche à le devenir. Il lui faut composer avec des minorités périphériques, parfois musulmanes, à la natalité plus soutenue et intégrer des migrants venus des ex-Républiques socialistes.

La Russie conserve de l'URSS de nombreux attributs de puissance : siège permanent au conseil de sécurité, puissance militaire et notamment nucléaire, capacités spatiales… **Quels peuvent être les horizons de la puissance de cette nouvelle Russie ?** Après un tel déclin, sa politique extérieure est d'abord défensive. Ses efforts prioritaires sont tournés vers son « **étranger proche** », c'est-à-dire les anciennes républiques socialistes soviétiques sur lesquelles elle souhaite retrouver une influence politique, économique et militaire. Si la chose est exclue pour les pays Baltes, membres de l'Union européenne et de l'Otan, elle n'entend pas que l'Ukraine ou la Géorgie suivent la même voie. C'est pour elle une question de sécurité intérieure. La CEI lui permet de garder un forum de discussion avec ses anciennes Républiques (sauf Géorgie et Pays Baltes) et la guerre menée en 2008 contre la Géorgie a montré jusqu'où pouvait aller sa reconquête de puissance, quitte à être accusée d'impérialisme.

**« La Russie n'est pas un pays asiatique, mais un pays d'Europe dont la puissance est asiatique »** (H. Carrère d'Encausse). La Russie est culturellement européenne, membre du Conseil de l'Europe, de l'Organisation pour la sécurité et la coopération en Europe (OSCE) mais elle entretient des relations difficiles avec l'Union Européenne dont la nature lui paraît incompréhensible. Elle juge humiliante la politique de voisinage proposée qui la rabaisse au rang d'un voisin parmi d'autres. Quant à l'OTAN, difficile de ne pas penser que le projet américain de bouclier antimissile ne la concerne pas directement. V. Poutine entend reconstruire la puissance russe en se tournant vers l'Asie, s'appuyant sur le constat que le territoire russe est au cœur de l'Eurasie. L'adhésion à l'Organisation de Coopération de Shanghai en 2001 a permis un rapprochement avec la Chine, concrétisé en 2005 par un traité qui régla les différents frontaliers terrestres entre les deux États. L'Extrême-Orient russe est dynamisé par une intégration croissante avec l'Asie orientale ; la Chine est depuis 2010 le premier partenaire commercial de la Russie devant l'Allemagne. L'Organisation du traité de sécurité collective (OTSC) se veut une sorte de contrepoids à l'OTAN en renforçant la coopération militaire avec les pays concernés.

La Russie est un pays toujours isolé en dépit de l'appartenance au groupe des BRICS. Ses positions diplomatiques restent fondamentalement défensives, face à l'OTAN notamment, mais peu à peu, le pays fait entendre sa voix dans la communauté internationale comme l'attestent la défense du régime syrien, le freinage de l'action internationale contre l'Iran ou ses prétentions sur l'Arctique. S'il en était encore besoin, la croissance significative de ses dépenses militaires (4 % du PIB en 2011) démontre aussi que **la Russie de V. Poutine** a soif de reconnaissance et entend ainsi **renouer avec une longue histoire de puissance et de rayonnement**, au-delà de son seul « étranger proche ».

## Des faits au croquis

La représentation cartographique est une approche indispensable dans ces conditions pour appréhender la géopolitique russe. L'intérêt du croquis est d'abord de montrer le changement d'échelle entre la puissance soviétique et le territoire de la Fédération de Russie. C'est bien cette **approche multi-scalaire** qui est retenue dans la légende. La puissance russe se nourrit d'abord d'un territoire aujourd'hui bien contrôlé par Moscou mais qui demeure un défi en terme d'aménagement, puis d'un étranger proche qui, plus ou moins, est demeuré sous son influence, enfin de deux interfaces majeures à l'ouest et à l'est avant que le pays ne puisse exploiter davantage son ouverture vers l'Arctique. Ainsi la carte dessine en creux le projet géopolitique de la Russie qui est de retrouver la centralité qui fut celle de Moscou à l'époque soviétique et montre que « son avenir est moins de redevenir une puissance mondiale que de trouver sa place comme puissance à la fois européenne et eurasiatique » (M. Foucher).

## Le gaz russe : une ressource, une arme, une faiblesse



**“Pour ce qui est tout particulièrement de Gazprom, la stratégie du Kremlin a au moins le mérite d’être claire. Elle a été définie par le président Poutine lui-même quand il a déclaré, en février 2003, à l’occasion du dixième anniversaire du géant russe, que Gazprom doit continuer à se développer pour être « un instrument contribuant à rétablir l’influence économique et politique de la Russie dans le monde. » [...] Depuis plusieurs années, l’expérience ne cesse de démontrer que certains axes majeurs de la politique étrangère russe sont calqués sur le tracé des gazoducs qui évacuent le gaz russe ainsi que celui de l’Asie centrale.”**

**Nicolas Sarkis, « L’ombre de la Russie sur le marché gazier européen », *Géopolitique*, n° 101, 2008.**

➤ Lexique

ressources
armes
énergie
puissance

### Présentation du document

1991 fut pour la Russie une rupture dramatique. Le PNB russe ne retrouva qu’en 2007 le niveau de 1990 et la politique étrangère de la Russie vise depuis à retrouver la puissance perdue. La stratégie pour y parvenir n’est pas toujours linéaire (avec ou contre l’Occident ?), mais le pays dispose d’une arme privilégiée : sa dotation exceptionnelle en énergie et particulièrement en gaz. Le pays est deuxième producteur de gaz au monde (18,5 % de la production) et possède 21 % des réserves. Il dépend pour l’instant du gisement central de l’Ob – Région de Tioumen : 2/3 du pétrole et 90 % du gaz russe – mais des gisements considérables sont ou seront en exploitation dans les prochaines années : Sakhaline, mer de Barents, Kovykta en Sibérie... La carte proposée permet de localiser les principaux gisements en hydrocarbures ainsi que les conduites qui exportent ces ressources vers les marchés extérieurs. En étendant la cartographie aux anciennes Républiques de l’URSS, elle permet de comprendre que la Russie n’envisage pas le problème dans le cadre « étroit » de ses frontières de 1991.

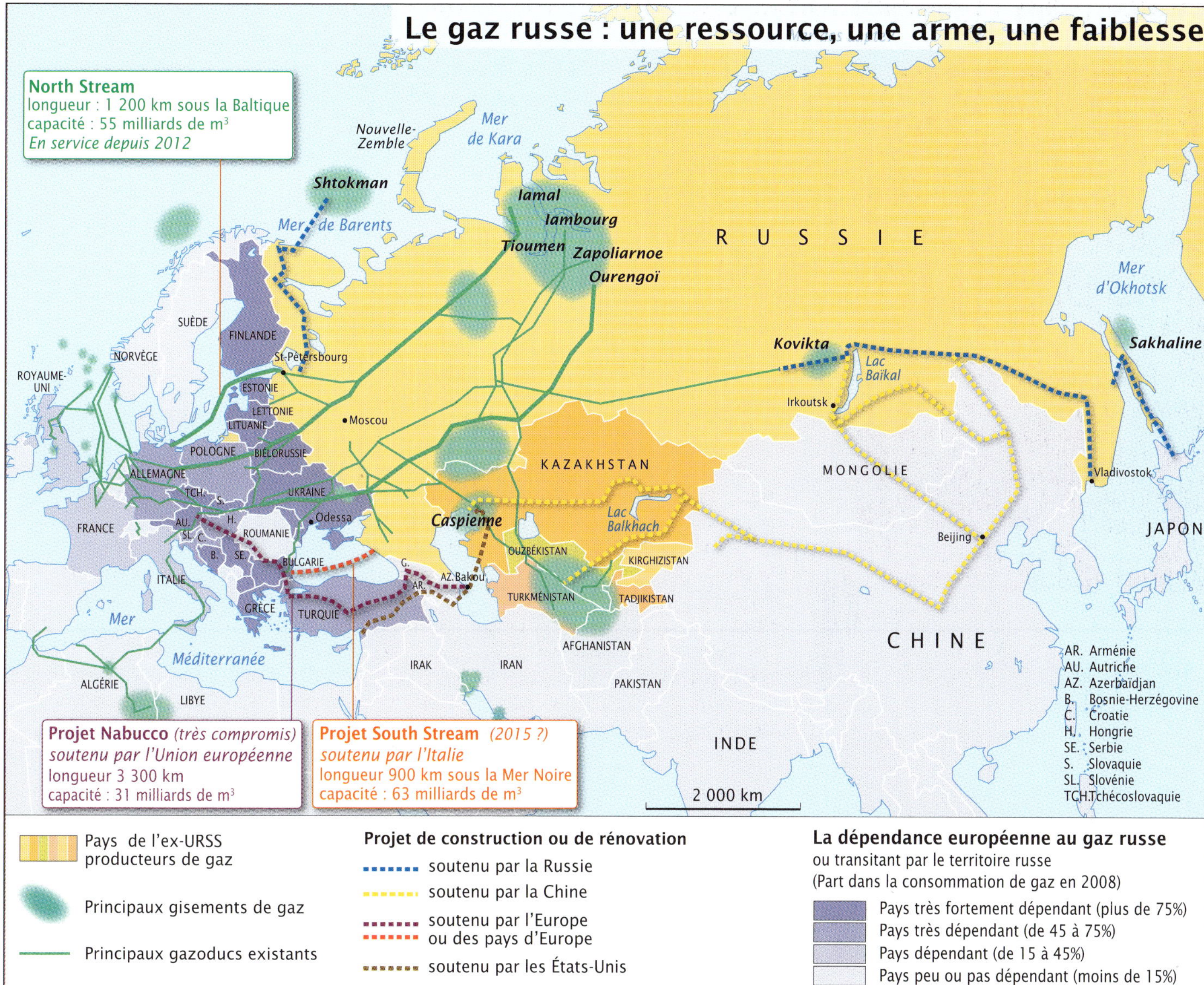
Le gaz russe : une ressource, une arme, une faiblesse
North Stream
longueur : 1 200 km sous la Baltique
capacité : 55 milliards de m³
En service depuis 2012
Nouvelle-Zemble
Mer de Kara
Shtokman
Mer de Barents
Iamal
Iambourg
Tioumen
Zapoliarnoe
Ourengoï
RUSSIE
Mer d'Okhotsk
Sakhaline
Kovikta
Lac Baïkal
Irkoutsk
SUÈDE
FINLANDE
NORVÈGE
St-Pétersbourg
ROYAUME-UNI
ESTONIE
LETTONIE
LITUANIE
Moscou
POLOGNE
BIÉLORUSSIE
ALLEMAGNE
TCH.
S.
UKRAINE
KAZAKHSTAN
MONGOLIE
Vladivostok
FRANCE
AU.
H.
Odessa
SL.
C.
ROUMANIE
Caspienne
Lac Balkhach
Beijing
JAPON
B.
SE.
BULGARIE
OUZBÉKISTAN
KIRGHIZISTAN
ITALIE
G.
AR.
AZ. Bakou
TURKMÉNISTAN
TADJIKISTAN
GRÈCE
TURQUIE
Mer Méditerranée
AFGHANISTAN
CHINE
IRAK
IRAN
ALGÉRIE
PAKISTAN
LIBYE
INDE
AR. Arménie
AU. Autriche
AZ. Azerbaïdjan
B. Bosnie-Herzégovine
C. Croatie
H. Hongrie
SE. Serbie
S. Slovaquie
SL. Slovénie
TCH. Tchécoslovaquie
Projet Nabucco (très compromis)
soutenu par l'Union européenne
longueur 3 300 km
capacité : 31 milliards de m³
Projet South Stream (2015 ?)
soutenu par l'Italie
longueur 900 km sous la Mer Noire
capacité : 63 milliards de m³
2 000 km
Pays de l'ex-URSS producteurs de gaz
Principaux gisements de gaz
Principaux gazoducs existants
Projet de construction ou de rénovation
soutenu par la Russie
soutenu par la Chine
soutenu par l'Europe ou des pays d'Europe
soutenu par les États-Unis
La dépendance européenne au gaz russe
ou transitant par le territoire russe
(Part dans la consommation de gaz en 2008)
Pays très fortement dépendant (plus de 75%)
Pays très dépendant (de 45 à 75%)
Pays dépendant (de 15 à 45%)
Pays peu ou pas dépendant (moins de 15%)

## Intérêt

La carte proposée est centrée sur l'Europe et la Russie. Le titre accompagnant la carte donne la problématique retenue : l'intérêt est précisément d'insister sur une vision russo-centrée, au lieu d'envisager de manière classique « la guerre des Tubes » sous l'angle de l'approvisionnement européen en gaz russe. Tel qu'il vous est proposé ici — avec le détail des gazoducs européens —, ce document vous permet néanmoins de réfléchir à un commentaire axé sur la problématique des enjeux du gaz russe pour l'approvisionnement de l'Europe. C'est un autre exercice possible, mais ce n'est pas celui attendu avec le libellé retenu.

La carte, avec sa problématique, invite ici à réfléchir à la place et au rôle de l'énergie dans la stratégie économique et politique de la Russie. Encore faut-il s'intéresser précisément à ce qu'elle montre : c'est-à-dire la localisation de ces ressources et le tracé des gazoducs existants et prévus. C'est de la qualité de cette observation que dépendra la qualité du commentaire qui doit éviter de devenir un exposé sur l'énergie en Russie. En effet, l'examen des réseaux d'oléoducs et de gazoducs permet de mettre en évidence que tous ceux existants sont dirigés vers l'ouest. Légués par l'URSS, ils posent problème à la Russie car ils parcourent ensuite les territoires de Républiques devenues États souverains : pays Baltes, Biélorussie, Ukraine. De plus, le pays a perdu en 1991 le contrôle de ses principaux ports pétroliers comme Odessa. Vladimir Poutine, constatait déjà lors de ses deux premiers mandats (2000/2008) que la ressource énergétique russe, arme d'une géopolitique de puissance, avait bien quelques faiblesses.

## Analyse

### L'énergie, affaire d'État

Afin que Gazprom devienne « un instrument contribuant à rétablir l'influence économique et politique de la Russie dans le monde » (Poutine), **l'État russe a défini l'énergie (30 % du PIB) comme un secteur prioritaire dont il s'est assuré le contrôle**. Cette reprise en main s'est faite progressivement : affaire Ioukos et emprisonnement de son dirigeant M. Khodorkovski en 2003, montée en puissance des groupes Gazprom et Rosneft dirigés par des hommes du pouvoir — le président russe Medvedev était de 2000 à 2008 président du Conseil des directeurs de Gazprom —, remise en cause des accords avec certaines multinationales — Shell obligée de travailler avec Gazprom pour le gisement de Sakhaline en 2006. La stratégie de l'État est ici très claire : il entend contrôler le secteur des matières premières et conserver un monopole sur le transport du gaz et du pétrole, donc ne pas dépendre de pays tiers, qui prélèvent en outre des taxes de transit, pour l'exportation de son énergie. On se souvient particulièrement du bras de fer de la Russie avec l'Ukraine en 2006, ou avec la Biélorussie en 2007 (coupure de livraison de gaz pour exiger une réévaluation du prix ou une prise de participation dans la société biélorusse gérant les oléoducs), et les tensions se réveillent chaque automne.

### Une diplomatie du gazoduc

N. Sarkis le souligne (cf. citation en exergue) : **les axes de la diplomatie russe et le tracé des gazoducs sont liés**. La Russie veut contrôler ses ventes, et si possible celles des Républiques d'Asie centrale. Elle doit d'abord combler le vide d'infrastructures vers l'est, au-delà du lac Baïkal, et construire des conduites pour répondre aux besoins considérables de l'Asie de l'Est. Vladimir Poutine, voulant éviter un tracé qui passerait par la Chine a opté pour une route russe jusqu'aux ports du Pacifique. La densité des infrastructures en projet vers l'Europe est encore plus spectaculaire. L'enjeu est important : l'Union européenne représente un tiers des ventes de Gazprom mais 60 % de ses revenus. Dans ce grand jeu énergétique, les acteurs sont multiples : la Russie qui entend contrôler ses exportations et construit des infrastructures qui éviteraient autant que possible les intermédiaires, l'Europe qui défendait le projet Nabucco permettant d'accéder au pétrole de la Caspienne et d'Asie centrale sans passer par la Russie, les Républiques d'Asie centrale qui ne veulent se fâcher avec personne, et tout cela sous l'œil attentif des États-Unis, qui surveillent notamment le voisin iranien (2e réserve mondiale de gaz...).

Pour l'heure, la Russie marque des points. Le gazoduc Nord Stream, *via* la Baltique, est désormais achevé et permet à la Russie depuis fin 2012 de doubler ses capacités d'exportation vers l'Union européenne (55 milliards de $m^3$ par an). Par contre le projet Nabucco est en train de sombrer avec le retrait de certains investisseurs comme l'Allemand RWE.

Outre le contrôle de ses ventes, la Russie entend également rester la route d'exportation principale des hydrocarbures de ses anciennes Républiques en Asie centrale. Comme on le voit sur la carte, ce dernier point est pour elle problématique si l'on en juge par l'importance des projets visant notamment les ressources de la Caspienne. Le voisin chinois a des besoins énergétiques considérables, un accord signé avec le Kazakstan en 2004 a permis la construction d'un oléoduc direct entre les deux pays, mettant de fait fin au monopole russe pour l'exportation du pétrole de la région. En 2009, l'oléoduc vers le Turkménistan devient à son tour opérationnel. La Russie doit composer désormais avec l'influence de la Chine en Asie centrale, notamment par l'intermédiaire de l'OCS (Organisation de Coopération de Shanghai) dont les pays membres produisent environ 38 % de la production mondiale de gaz.

## Portée du document

Enfin ce que la carte sous-entend, ce sont des investissements très lourds à la fois pour l'exploitation des nouveaux gisements, et pour la construction de ces oléoducs. Là réside l'une des contradictions de la Russie : **comment conjuguer une politique nationaliste de contrôle des ressources avec la nécessité d'attirer les investisseurs étrangers** pour renouveler les infrastructures et les capacités de production ? Les étrangers sont les bienvenus à condition d'être minoritaires, comme l'est Total dans le consortium pour l'exploitation du gaz en mer de Barents.

La question est d'autant plus complexe que **le marché mondial est bouleversé actuellement par la percée du gaz de schiste**. Les États-Unis, qui ont dépassé la Russie comme premier producteur mondial, sont en passe de devenir exportateur net de gaz. Or les coûts d'exploitation du gisement de la mer de Barents, en plein Océan glacial arctique, sont tels que le projet n'est pas viable actuellement au cours du marché. **La notion de ressource relève donc d'un rapport mouvant entre contraintes d'extraction, technologie, demande et évolution du marché**. Seule certitude, la Russie demeure très dépendante de ses ressources énergétiques et elle a besoin de capitaux pour les valoriser et programmer des investissements qui, en matière d'énergie, se font à 15 ou 20 ans. Un rapport de l'AIEA en 2012 estimait que la Russie devrait investir 700 milliards de dollars dans son exploitation pétrolière d'ici 2035 pour maintenir ses volumes de production. Pétrole ou gaz, la rente énergétique se mérite.

# AFRIQUE ET MOYEN-ORIENT



L'étymologie fait de « **Afrique** » un mot provenant de la racine sémitique « faraga », continent séparé… Il y a déjà là tout un programme pour ce territoire qualifié de « continent au bord du monde » et évalué comme « désastre du Tiers-Monde » par Y. Lacoste, ou comme « un continent dont l'Afrique du Sud serait le rêve et le Rwanda le cauchemar » (Wole Soyinka, essayiste nigérian, prix Nobel de littérature 1986). Les contours du continent sont délimités au nord par la Méditerranée, à l'ouest par l'océan Atlantique, à l'est par l'océan Indien ; ces deux océans convergeant vers le cap de Bonne Espérance, hier nommé « cap des tempêtes ». Il inclut des petites îles comme Cap vert, Comores, Sao Tomé, Maurice, Seychelles… Continent séparé peut-être mais non isolé, il est au contact rapproché de l'Europe avec les colonnes d'Hercule des Anciens – Gibraltar – et de l'Asie par l'isthme étroit de Port Saïd à Suez.

**L'Afrique subsaharienne** désigne les **Afriques noires** donc l'Afrique sans l'Afrique du Nord, elle est située dans la zone tropicale sauf l'extrême pointe méridionale.

**L'Afrique du Nord** comprend le Maghreb (Maroc, Algérie, Tunisie, Libye, et la Mauritanie qui y est souvent rattachée) et une partie du Machrek, ou pays du Levant, à savoir l'Égypte. Dans la tradition française, le Maghreb désigne les pays jadis sous autorité française. Le terme Maghreb signifie le couchant par opposition au levant (Machrek), et Maghrébin désigne tout habitant de l'Afrique du Nord, c'est-à-dire de l'Occident en arabe.

**L'Afrique des Grands Lacs**, creuset des rivalités anglo-germano-belges et aire du bassin du Congo et des plus grands lacs tropicaux de l'Afrique (le Victoria et le Tanganyka) est dans sa déréliction (guerres civiles) une zone emblématique des conflits intestins de l'Afrique.

**L'Afrique du Sud** est limitée à la République sud-africaine, cette nation « arc-en-ciel » voulue par Nelson Mandela, soit l'État né des deux provinces Boers (Orange, Transvaal) et de deux colonies anglaises (Le Cap et Natal). Mais l'Afrique du Sud au sens large comporte l'Afrique du Sud, le Botswana, le Lesotho, la Namibie, le Swaziland.

➤ Croquis de synthèse


La Méditerranée, jeux d'interfaces économiques et géopolitiques de 1945 à nos jours — page 142
Une ou des Afrique(s) ? — page 146
Afrique et mondialisation — page 150
Géopolitique du Moyen-Orient — page 174


➤ Cartes commentées


Le nouveau « grand jeu » saharien — page 154
L'Afrique du Sud : symbole de l'émergence africaine ? — page 158
Le pétrole au Moyen-Orient : un carrefour énergétique sous tension — page 162
Eau et paix au Moyen-Orient — page 166
Dubaï : la cité cosmopolite… à réinventer — page 170

Le « **Moyen-Orient** » est une expression géostratégique contemporaine, d'origine anglo-saxonne, qui désigne un ensemble incluant les pays de l'Égypte à l'Afghanistan, de la péninsule arabique à l'Iran. L'expression de Proche-Orient, usuelle dans la tradition géographique française, désignait à l'origine l'Égypte et les pays du Croissant fertile : Syrie, Liban, Irak, Jordanie, Palestine. Mais aujourd'hui, l'usage des deux termes tend parfois à se confondre, alors que « au sein de l'ensemble géopolitique du Moyen-Orient, le sous-ensemble Proche-Orient justifie, à nouveau d'être distingué » (Alexandre Defay). Le terme de Moyen-Orient lui-même peut avoir une acception plus ou moins large : les Américains y incluent le Maghreb – cf. le Grand Moyen-Orient de George Bush ; la Turquie, le Soudan, l'Afghanistan voire le Pakistan en constituent des marges plus ou moins prises en compte en fonction des enjeux étudiés.

**L'Afrique sahélienne** est celle du Sud du Sahara, un espace de contact (Sahel signifie en arabe rivage). Sahel continental de transition entre le désert saharien et le pays de savane, et Sahel maritime bordier de l'océan Indien.

**Afrique Caraïbes Pacifique, ou ACP** : groupe de 79 pays liés par un accord de coopération avec l'Union européenne depuis la convention de Lomé renouvelée depuis 1975 jusqu'à la convention de Cotonou (2000) et dépassant les accords préférentiels commerciaux avec des exigences de gouvernance et une conditionnalité de l'aide au travers d'accords nouveaux sans limite de temps (APE : accords de partenariats économiques négociés région par région).

| Le continent Afrique | L'Afrique subsaharienne | Afrique du Nord | Afrique du Nord et Moyen-Orient |
|---|---|---|---|
| 54 États.<br>30,3 millions de km². | 49 États.<br>24 millions de km²<br>34 des 48 pays les moins avancés du monde. | 5 États.<br>6,3 millions de km². | De l'Égypte à Iran, en incluant la Turquie et l'Afrique du Nord : 12 millions de km². |
| 1 095 millions d'habitants (2013) | 875 millions d'habitants (2013) | 220 millions d'habitants (2013) | 465 millions d'habitants (avec la Turquie, 390 millions sans) |
| | IDH moyen 2012 : 0,475 | | IDH moyen 2012 des États arabes (exclut Iran, Turquie, Israël) : 0,652 |
| Fécondité (2013) : 4,34 enf./f. | Fécondité : 5,5 enf./f. | Fécondité (2013) : 2,7 enf./f. | Fécondité : 3,1 enf./f. |
| | PIB/hab PPA : 2 360 $ | | PIB/hab PPA : 11 090 $ |

Données 2011 sauf mention particulière. Sources : cf. p. 77

# La Méditerranée, jeux d'interfaces économiques et géopolitiques de 1945 à nos jours



## 1. La Méditerranée est une zone d'interfaces, un espace d'échanges asymétriques

**Les flux migratoires**

Pays méditerranéen membre de l'**espace Schengen** : des flux humains favorisés au sein de l'Union européenne

Portes d'entrée de l'espace Schengen

**Les flux touristiques**

**Les flux financiers**

**Les échanges commerciaux**

Les exportations d'hydrocarbures

Les exportations de produits manufacturés des PSEM (pays du sud et de l'est de la Méditerranée)

Principaux ports de commerce

UNION EUROPÉENNE — Principal partenaire commercial des pays méditerranéens, échanges de biens et services

## 2. Mais c'est une zone de fractures multiples

• ***Des clivages à la fois politiques et socioéconomiques***

la limite traditionnelle nord-sud

IDH, données du PNUD 2011

- supérieur à 0,79 = haut niveau de développement
- compris entre 0,69 et 0,79
- inférieur à 0,69

**PIB** : les disparités sont très importantes (En 2011, de 2 800 milliards de dollars pour la France à 4 milliards pour le Monténégro ).
Le PIB n'est pas représenté sur la carte,mais le PIB/hab. (PPA) est pris en compte dans l'IDH.

• ***Des clivages démographiques***

Taux de fécondité, nombre d'enfants par femme

- 3 — supérieur à 2,9 = fécondité élevée
- 2 — de 2 à 2,9 = fécondité moyenne
- inférieur à 2 = fécondité faible

• ***Un espace de tensions***

Tensions importantes liées à des questions de nationalités

Tensions liées à la progression de l'islamisme

TUNISIE — Pays en difficile transition politique depuis le printemps arabe

Conflit israélo-palestinien, zone de conflit majeur

Pays en situation de guerre civile

Présence de la VIe Flotte américaine en Méditerranée

## 3. La Méditerranée, trait d'union entre des mondes différents ?

• ***Des associations non méridiennes***

*ITALIE* Pays membres de l'Union européenne

LIBYE **UMA** : Union du Maghreb arabe

SYRIE Pays de la **Ligue arabe**

• ***Mais des coopérations***

Pays participant à une coopération avec l'UE dans le cadre de l'***Union pour la Méditerranée***

Pays ayant signé des Accords de Stabilisation et d'Association : ***ASA***

Grandes agglomérations, interfaces privilégiées, lieux d'échanges culturels

UNION EUROPÉENNE — Premier fournisseur d'aide au développement pour les pays méditerranéens

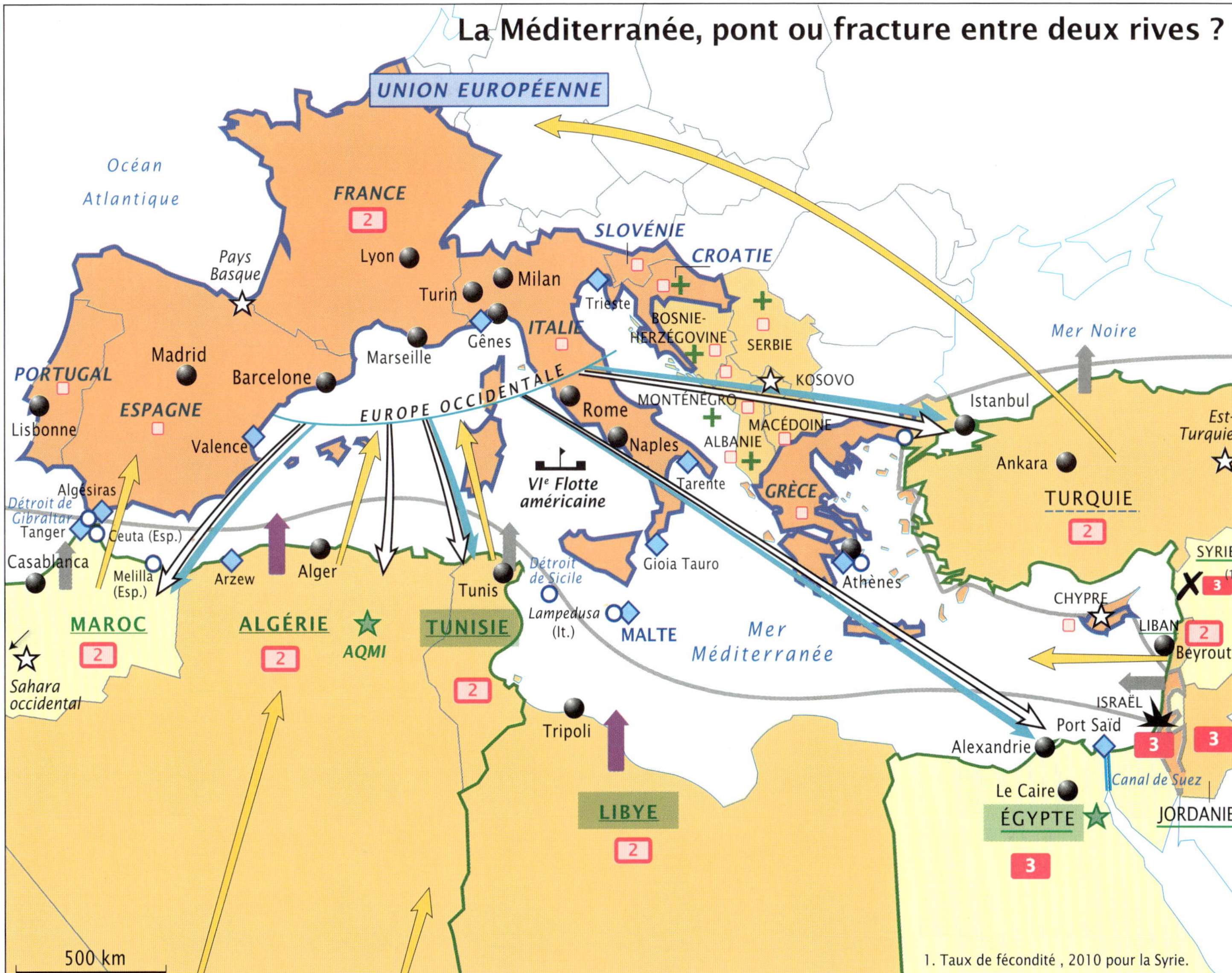

La Méditerranée, pont ou fracture entre deux rives ?
UNION EUROPÉENNE
Océan Atlantique
FRANCE
2
Lyon
Pays Basque
SLOVÉNIE
CROATIE
Milan
Turin
Trieste
Gênes
ITALIE
BOSNIE-HERZÉGOVINE
SERBIE
Mer Noire
PORTUGAL
Madrid
Barcelone
Marseille
KOSOVO
Istanbul
ESPAGNE
Lisbonne
EUROPE OCCIDENTALE
Rome
MONTÉNÉGRO
MACÉDOINE
Valence
Naples
ALBANIE
Ankara
Est-Turquie
VIe Flotte américaine
Tarente
GRÈCE
TURQUIE
Algésiras
Détroit de Gibraltar
Tanger
Ceuta (Esp.)
Casablanca
Melilla (Esp.)
Arzew
Alger
Tunis
Détroit de Sicile
Gioia Tauro
Athènes
SYRIE
(1)
3
CHYPRE
MAROC
ALGÉRIE
AQMI
TUNISIE
Lampedusa (It.)
MALTE
Mer Méditerranée
LIBAN
Beyrouth
Sahara occidental
ISRAËL
Tripoli
Port Saïd
Alexandrie
Canal de Suez
Le Caire
LIBYE
ÉGYPTE
JORDANIE
500 km
1. Taux de fécondité , 2010 pour la Syrie.

**➤ Lexique**

interface
géopolitique

Ce sujet du concours ESCP 2007 était accompagné des indications suivantes pour la cartographie : « En utilisant vos connaissances et les statistiques ci-jointes, mettez en valeur les principaux rapports de forces, les principales dynamiques et les principaux jeux d'interfaces du bassin méditerranéen. » Les statistiques fournies étaient essentiellement des indicateurs économiques et démographiques. En voici par exemple quelques données actualisées qu'il faut pouvoir mobiliser et exploiter rapidement.

## De l'énoncé à l'idée directrice

Loin d'être un angle mort entre Europe, Afrique et Asie, la Méditerranée a été par le passé le lieu de contacts entre civilisations différentes et demeure **le lieu privilégié d'interactions entre les différents continents**. Le terme d'*interface* utilisé dans l'énoncé est classique : il conduisait à étudier le bassin méditerranéen comme zone de contacts entre des espaces géographiques differents, tant du point de vue démographique, économique, culturel, ou politique. Les territoires à étudier devaient être soigneusement définis. La Méditerranée est une mer fermée, les pays riverains n'ont accès à l'océan que par des détroits ou canaux : détroit de Gibraltar, canal de Suez. Elle est elle-même divisée en deux espaces, Méditerranées orientale et occidentale sont séparées par le détroit de Sicile. Le bassin méditerranéen englobait au minimum toutes les régions littorales mais il était possible d'envisager cet ensemble géographique non pas *stricto sensu*, mais de manière un peu plus large, ce qui autorisait de mentionner le Portugal, en raison de sa culture, de ses paysages, de son économie, de prendre en compte la totalité du Maroc ou encore d'évoquer la mer Noire.

Les migrants refoulés à Lampedusa ou sur les rives espagnoles perçoivent la Méditerranée comme un mur difficilement franchissable, la **barrière entre deux mondes** : l'Union européenne développée et le monde nord-africain en développement. Les conflits du Moyen-Orient, la pression islamiste, le repli de l'Union européenne sur elle-même pourraient accentuer cette fracture. Mais cette interface majeure, déjà lieu de contacts, d'échanges, a le potentiel pour devenir un **espace de coopérations multiples**. C'est en tous les cas l'ambition affichée par la coopération Union européenne-Méditerranée dans le cadre du processus de Barcelone inauguré en 1995 et relancé plus récemment dans le cadre de l'Union pour la Méditerranée, à l'initiative

| | Population 2011 (M hab) | Fécondité enf./femme 2011 | IDH 2011 | IDE 2010 Mds $ | PIB 2011 Mds $ |
|---|---|---|---|---|---|
| Algérie | 36 | 2,3 | 0,70 | 2,3 | 189 |
| Égypte | 83 | 3 | 0,64 | 6,4 | 230 |
| Israël | 8 | 3 | 0,89 | 5,1 | 243 |
| Jordanie | 6,6 | 3,8 | 0,7 | 1,7 | 29 |
| Liban | 4,3 | 2,1 | 0,74 | 4,3 | 39 |
| Libye | 6 | 2,7 | 0,76 | 1,7 | 62 |
| Maroc | 32 | 2,4 | 0,59 | 1,2 | 100 |
| Tunisie | 11 | 2,1 | 0,7 | 1,4 | 46 |
| Turquie | 74 | 2,1 | 0,7 | 9 | 775 |
| Syrie (2010) | 21 | 3,3 | 0,63 | 0,6 | 59 |
| Albanie | 3,2 | 1,4 | 0,74 | 1,1 | 13 |
| Bosnie-H. | 3,8 | 1,3 | 0,73 | 0,2 | 18 |

**n.d. :** données non disponibles.
**Source :** *Images économiques du Monde,* 2013.

du président français en 2008. Les liens établis par l'Union européenne avec les pays des Balkans (accords de stabilisation et d'association, ASA) ou les relations bilatérales avec des pays en négociation pour l'intégration comme la Croatie, entrée en juillet 2013, ou la Turquie, sont autant de manières de briser ce mur.

Si la problématique du sujet doit s'articuler autour de la notion de traits d'union, de césures, de fragmentations/segmentations, elle nécessite d'être suffisamment fine pour comprendre que l'expression « jeux d'interfaces » implique non pas une simple zone de contact Nord-Sud, mais en réalité des **interactions multiples entre des ensembles variés**. Les Balkans permettent de nuancer l'idée d'un Nord riche, l'Albanie ou la Bosnie-Herzégovine ayant des IDH proches de ceux de certains pays du Maghreb. La rive sud ne doit pas se limiter à l'Afrique du Nord : il est important de prendre en compte les spécificités des régions orientales, où le développement bute sur les questions géopolitiques qui créent des blocages persistants. Au fond, la Méditerranée est aussi une transition, entre sa rive nord, frange la moins développée de l'Union européenne et sa rive sud, partie la plus développée du continent africain. Le clivage Nord-Sud trouvait donc là toute sa pertinence et aussi toutes ses limites.

| | Population (M hab) | Fécondité enf./femme | IDH | IDE | PIB Mds $ |
|---|---|---|---|---|---|
| Chypre | 1,1 | 1,6 | 0,84 | 1,9 | 24 |
| Croatie | 4,4 | 1,5 | 0,8 | 0,4 | 63 |
| Espagne | 46,2 | 1,4 | 0,88 | 25 | 1493 |
| France | 63,3 | 2 | 0,88 | 34 | 2776 |
| Grèce | 11,4 | 1,5 | 0,86 | 0,4 | 303 |
| Italie | 60,8 | 1,4 | 0,87 | 9,6 | 2198 |
| Kosovo | 2,3 | 2,5 | n. d. | 0,4 | 6 |
| Macédoine | 2,1 | 1,6 | 0,73 | 0,2 | 10 |
| Monténégro | 0,6 | 1,9 | 0,78 | 1,3 | 4 |
| Portugal | 10,6 | 1,4 | 0,897 | 7 | 219 |
| Serbie | 7,3 | 1,4 | 0,77 | 1,3 | 45 |
| Slovénie | 2,1 | 1,6 | 0,88 | 0,4 | 50 |

## Des faits au croquis

Le croquis doit mettre en valeur cette problématique en cherchant à traduire visuellement à la fois l'importance des clivages dans les rapports de force, et d'autre part les vigoureuses dynamiques liées aux flux migratoires et à des échanges économiques demeurés asymétriques.

Les statistiques permettaient ainsi facilement de dégager les clivages en termes de développement, de poids économique ou de mettre en valeur le fossé démographique séparant les deux rives. L'IDH a été retenu pour les couleurs en aplats, étant sans doute l'indicateur le plus significatif de la coupure entre les deux rives.

Les dynamiques, qui donnent à la notion d'interface sa réalité, sont figurées par des flèches, la difficulté technique étant ici d'indiquer la variété des flux tout en conservant une réalisation claire, ce que l'on obtient en jouant sur leur longueur et leur couleur.

Comme le proposaient les indications fournies avec le sujet, la dimension chronologique traitée obligatoirement dans la dissertation peut être occultée dans l'exercice cartographique devant la richesse des données à faire figurer pour comprendre la situation présente.

## 1. Les dynamiques internes aux États : l'Afrique en mouvement

- **Les hommes, premier atout**

Le dynamisme des hommes : migrations économiques (intrarégionales et internationales)

Des métropoles en devenir : les agglomérations millionnaires

plus de 12 millions d'habitants — de 3 à 8 millions — autre ville millionnaire

villes ayant doublé de population depuis 1990

- **Des économies rentières : une base de développement ?**

Principaux gisements pétroliers

Principaux gisements miniers (minerais, or, diamants)

Pays exportateurs de denrées agricoles tropicales

- **À la recherche de l'industrie**

Industries (lourdes ou légères) n'ayant pas entraîné la création d'un tissu industriel diversifié

Puissance industrielle diversifiée, appuyée sur un potentiel technologique

Port permettant l'insertion dans une économie mondialisée

## 2. Les dynamiques d'ouverture régionale et mondiale : l'Afrique toujours en mouvement

- **Des acteurs extérieurs : bienveillants ou prédateurs ?**

NIGER Pays dont l'aide publique au développement représente plus de 10 % de leur PIB en 2008 (moyenne Afrique sub-saharienne : 4,2 % du PIB)

GABON Principaux pays bénéficiaires des investissements directs à l'étranger (IDE)

Le tourisme, une nouvelle rente ?

- **L'Union fait la force ?**

**Union Africaine** : pays membre (tous les pays d'Afrique, sauf le Maroc, à cause du conflit sahraoui)

Siège de l'Union Africaine

N **NEPAD** (Nouveau partenariat pour le développement de l'Afrique) sous la tutelle de l'Union africaine

**SACU** (Marché commun de l'Afrique australe)

**CEDEAO** (Communauté économique et monétaire des États d'Afrique de l'Ouest)

## 3. Mais des obstacles, un bilan mitigé : l'Afrique entravée

- **Un développement hypothéqué**

Transition démographique peu avancée : pays ayant une fécondité supérieure à 4 enfants par femme

Désertification relativement forte

Principaux systèmes de conflits

Pays ayant un taux de prévalence au VIH dans la population adulte supérieure à 10%

- **Des situations encore bien contrastées**

IDH (2011) compris entre :

0,806 et 0,698 = développement humain élevé

0,690 et 0,522 = développement humain moyen

compris entre 0,510 et 0,286 = développement humain faible

**PMA**

*Sahara* le Sahara est une limite entre deux mondes au développement différent

Une ou des Afrique(s) ?
Vers l'Europe
MAROC
Casablanca
Alger
TUNISIE
Mer Méditerranée
ALGÉRIE
LIBYE
Alexandrie
Port-Saïd
Le Caire
ÉGYPTE
Vers les pays du Golfe
Sahara
MAURITANIE
MALI
NIGER
TCHAD
Port-Soudan
Mer Rouge
SOUDAN
Khartoum
ÉRYTHRÉE
CAP-VERT
SÉNÉGAL
Dakar
GAMBIE
GUINÉE-BISSAU
GUINÉE
SIERRA LEONE
LIBERIA
BURKINA FASO
TOGO
GHANA
Kano
Ibadan
NIGERIA
Abidjan
Accra
Lagos
BÉNIN
Douala
CÔTE-D'IVOIRE
SÃO TOMÉ ET PRINCIPE
CAMEROUN
G.-E.
CENTRAFRIQUE
SOUDAN DU SUD
Addis-Abéba
DJIBOUTI
Golfe d'Aden
ÉTHIOPIE
SOMALIE
OUGANDA
KÉNYA
Nairobi
CONGO
GABON
Brazzaville
RÉP. DÉM. DU CONGO
RWANDA
BURUNDI
Kinshasa
Monbasa
TANZANIE
Dar es-Salam
OCÉAN INDIEN
SEYCHELLES
COMORES
OCÉAN ATLANTIQUE
Luanda
ANGOLA
ZAMBIE
MALAWI
MOZAMBIQUE
ZIMBABWE
MADAGASCAR
MAURICE
BOTSWANA
NAMIBIE
Johannesburg
LESOTHO
SWAZILAND
Durban
AFRIQUE DU SUD
Le Cap
1000 km

**“Les pays africains ont été capables de gérer depuis leur indépendance, un triplement de leur population, un quintuplement de leur population urbaine, le maintien de frontières constitutives d'États-nations en voie d'émergence [...]. Les acteurs du bas ont été capables d'inventer, d'innover, de créer des activités répondant à la satisfaction des besoins essentiels. Les économies populaires ou informelles ont constitué des modes d'accommodement, d'ingéniosité, de vie ou de survie du plus grand nombre.”**

**Philippe Hugon, *Géopolitique de l'Afrique*, coll. 128, A. Colin, 2006.**

➤ Lexique

acteurs
développement
État
régionalisation
Tiers-Monde

## De l'énoncé à l'idée directrice

Avec un IDH moyen, en 2011, de 0,64 pour les États arabes et de 0,46 en Afrique Subsaharienne, **le continent se distingue par ses performances médiocres en termes de développement**. L'Afrique noire est ainsi la seule région du monde qui connaît une augmentation du nombre de très pauvres au fil des ans en dépit des objectifs du Millénaire posés par la communauté internationale en 2000 : 300 millions de personnes vivaient alors en Afrique avec moins de 1 dollar par jour, elles pourraient être 345 millions en 2015. Ce froid constat est à juxtaposer avec un sujet qui demande de réfléchir pourtant aux dynamiques de développement propres à ce continent. Quatre pistes de réflexion devront rester présentes à l'esprit.

La « renaissance africaine » appelée de ses vœux par l'ex-président sud-africain Thabo Mbeki a trouvé une première concrétisation dans l'évolution des **taux de croissance**. De 2 % en moyenne dans la décennie 1990, ils ont atteint 5 % sur la période 2000-2008, puis à nouveau à partir de 2010 après 2,8 % en 2009. Mais le développement est bien « la croissance plus la justice » (B. Bret), et le sujet invite à s'interroger sur les bienfaits que la population africaine a été susceptible de tirer de cette croissance retrouvée.

L'étude des **acteurs du développement africain** – hommes, entreprises, États, associations régionales, intervenants extérieurs... – permet d'appréhender les dynamiques à l'œuvre. Le paramètre démographique va peser de plus en plus du fait de l'extrême jeunesse de la population : la part de l'Afrique dans la population mondiale en âge de travailler évoluera de 12 % en 2005 à 22 % en 2050 ! Sans doute, avec P. Hugon, faut-il accorder plus de place aux « acteurs d'en bas », citoyens ordinaires qui, dans le cadre souvent d'une économie informelle, ont permis à l'Afrique de se transformer si profondément depuis les indépendances. Quant aux États, ils ont souvent choisi des politiques économiques rentières, dans la droite ligne de la période coloniale. Les pratiques patrimoniales qui les accompagnent n'ont pas permis à cette rente

— consommée, redistribuée, quand elle n'est pas thésaurisée sur des comptes occidentaux — de se transformer en investissements productifs. La rente introduit une dépendance aux cours mondiaux qui ne donne pas aux États l'autonomie nécessaire à un développement endogène. Ainsi les entreprises africaines restent de taille modeste et rares sont les États qui sont dotés d'un potentiel industriel.

Les **nuances régionales sont indispensables**. La République sud-africaine est le seul État à recevoir le qualificatif de pays émergent. Il est doté d'un outil industriel diversifié, de multinationales et d'un potentiel technologique indéniable. À l'extrémité du continent, ce sont les pays d'Afrique du Nord qui sont très clairement les plus attractifs en termes d'IDE (si l'on excepte les investissements pétroliers), à même de bénéficier comme le Maroc de délocalisations industrielles ou tertiaires en provenance d'Europe.

Les **dynamiques de développement apparaissent autant exogènes** — des rétro-transferts des migrants aux IDE (cf. la carte sur la présence chinoise en Afrique) — **qu'endogènes** — valorisation des rentes, recherches de synergies régionales, politiques publiques d'éducation etc. Mais la comparaison avec les autres ensembles du Tiers-Monde montre que l'Afrique souffre d'une insertion dans la mondialisation trop modeste, en dépit de ses efforts de régionalisation qui devraient permettre la création de marchés intérieurs plus vastes et plus attractifs à la fois.

## Des faits au croquis

Loin d'une image misérabiliste courante, le croquis a donc pour tâche de mettre en valeur cette Afrique qui bouge, ses atouts, ses opportunités qu'elles soient internes ou qu'elles soient liées à une insertion dans la mondialisation contemporaine. Le sujet est classique par rapport au programme, et la problématique vous laisse le choix de plusieurs constructions possibles pour la légende.

Les dynamiques internes et externes sont nombreuses à être cartographiables et des choix ont été nécessaires : dans la représentation des organisations régionales par exemple, ou dans les flux financiers — ainsi les envois de fonds des migrants ne sont pas indiqués ici. Il faut se rappeler ici qu'un bon croquis doit rester lisible et être évocateur au premier coup d'œil. La carte doit mettre en évidence la coupure Afrique du Nord/Afrique subsaharienne, notamment en utilisant les chiffres de l'IDH qui demeurent la meilleure mesure du développement. Cette coupure s'explique non seulement par les facteurs de développement mais également par la prise en compte des obstacles qui fragilisent celui-ci. Or c'est en Afrique subsaharienne que l'on observe la persistance de conflits géopolitiques, la lourdeur de la pression démographique, le coût humain catastrophique du Sida, la dégradation accélérée des milieux naturels (déforestation autant que désertification), le tribut le plus lourd payé au réchauffement climatique. Les dynamiques positives doivent donc être nuancées par l'évocation des crises de l'Afrique Subsaharienne.

# Afrique et mondialisation

## 1. Un continent au bord du monde

### A. La dépendance

- Tropismes migratoires clandestins
- Pays mono-exportateurs
- Les exportateurs de pétrole
- Le tourisme de « vision »
- La terre d'élection et de prédation des FMN
- PMA Les PMA subsahariens (30 pays africains font partie des PMA)
- PPTE Les PPTE (pays pauvres très endettés, faisant tous partie des PMA )

### B. Le bilatéralisme ou le faux multilatéralisme

- La Françafrique d'hier et d'aujourd'hui : la zone franc
- Le clientélisme (F : France, RU : Royaume-Uni, C : Cuba)
- Les influences américaines : signataires de l'AGOA *(African growth oppurtunity act)*
- La mise en coupe chinoise
- Les pays de l'ACP (Afrique, Caraïbes, Pacifique) Tous les pays d'Afrique sub-saharienne

## 2. Un continent acteur d'une mondialisation assumée tardive

### A. Les carrefours

- Villes de métissages *(hier : Alexandrie, Zanzibar, aujourd'hui : Tanger, Durban)*
- Ports aménagés
- Carrefours valorisés et «sécurisés»
- Mégalopoles (plus de 10 millions d'habitants)

### B. Les organisations régionales affirmées

- I Indépendance avant 1957
- N Le Nepad *(New Partnership for Africa's Development)* : le triptyque gagnant : gouvernance, transparence, alternance
- L'UMA (Union du Maghreb arabe) : une intégration sans lendemain
- La ligue arabe
- La Cedeao, la SADC, le modèle ?
- La SACU : marché commun de l'Afrique australe
- ALGÉRIE L'Opep, instrument de libération
- L'UPM : Union pour la Méditerranée, un nouvel élan après Barcelone (six pays africains concernés)

## 3. Un continent déchiré par la mondialisation

### A. Les conflits géopolitiques entravant l'insertion dans la mondialisation

- Les conflits d'aujourd'hui
- Le canal de Suez : de l'affrontement à l'élargissement
- ! Les menaces terroristes
- Le Rio Grande méditerranéen

### B. Un continent écartelé

- Puissance régionale dite émergente, actrice de la mondialisation (membre du G20 et BRICS), IDH moyen.
- Pays engagé dans une mondialosation souvent subie : économie fondée sur une rente pétrolière ou minière ou agricole
- Marge dominée de la mondialisation
- Pays « paria » de la mondialisation
- Pays déstabilisés : les hivers des printemps arabes ?

# L'Afrique dans la mondialisation : paris et périls

> “L’Afrique n’est pas à l’écart des affaires du monde. Elle n’a pas besoin d’hommes forts, mais d’institutions solides.”
>
> Barack Obama, en visite au Ghana, à John Atta Mills (11 juillet 2009).

> “Le drame de l’Afrique c’est que l’homme africain n’est pas assez entré dans l’Histoire... Jamais l’homme ne s’élance vers l’avenir. jamais il ne lui vient à l’idée de sortir de la répétition pour s’inventer un destin. Le problème de l’Afrique c’est qu’elle vit trop le présent dans la nostalgie du paradis perdu de l’enfance.”
>
> Nicolas Sarkozy, *Discours de Dakar*, 21 juillet 2007.

> “Oui l’Afrique nous dit merde et c’est bien fait.”
>
> George Simenon, *Voilà* (1932).

➤ Lexique

conflit
mondialisation
rente
zone franche
G3

## De l’énoncé à l’idée directrice

Qui aurait pu imaginer en septembre 2009 que la Standard Bank puisse conduire une campagne publicitaire (*The Economist*) sur le thème « *Let’s connect Africa to the world and the world to Africa* » !

Souvent considérée comme au « bord du monde », caricaturée en toute bonne foi par ses historiens (« l’Afrique ne produit même pas un stylo pour l’exportation », Ki Zerbo, cité par S. Smith) et identifiée à un creuset de PMA (34 Africains sur 48 PMA répertoriés à ce jour dans le monde) l’Afrique est pourtant impliquée dans la mondialisation (Afrique du Sud dans les pays émergents ou G3, chef de file des intérêts du Tiers-Monde – Inde, Brésil, Afrique du Sud). Bien sûr, la carte ne peut raisonnablement entrer dans le débat sur une « Afrique imperméable aux notions de progrès et d’avenir » (discours de l’université Diop à Dakar de N. Sarkozy) au cœur d’un discours qui a provoqué des réactions violemment négatives des intellectuels Africains, et fut jugé méprisant et néocolonial. La carte ne peut relayer le catalogue exhaustif des ouvertures au monde précoloniales (esclaves exportés par la façade orientale, trafics d’or, de sel, de grumes, cultures fondatrices des métissages latino-américains...) mais du moins les suggérer.

**La carte doit avant tout saisir quatre dimensions** :

– **La multiplicité des angles d’ouverture de l’Afrique en marche**, des matières premières aux cultures (*cash crops*) en passant par le tourisme et les IDE.

– **La désormais classique réévaluation des rentes dont bénéficie l’Afrique** : rente énergétique et minière (l’Afrique fait jeu égal avec le Moyen-Orient dans ses livraisons de pétrole aux États-Unis), rente stratégique (espace convoité, enjeu des rivalités entre grandes puissances – cf. carte sur la Chine en Afrique) et la rente écologique (un autre type de développement moins prédateur ?).

– **L'extrême diversité d'insertion du continent africain dans la mondialisation** qui légitime plus que jamais une typologie finale des insertions des États et des organisations régionales, en isolant de l'imbroglio des associations régionales les plus performantes (plus de 200 !), de la CEDEAO au Nepad (plus démarche de gouvernance qu'intégration régionale) en passant par l'Union africaine (rêve panafricain éveillé).

– **Les dynamiques spatiales de la mondialisation**, excellent exercice pour comprendre que la mondialisation fait émerger de nouveaux territoires comme des ports (Accra, Abidjan, Port Elizabeth) ou des zones franches (O'Cedar). La mondialisation trie et exclut : ventre mou de la diagonale des risques en Afrique.

## Des faits au croquis

La carte devra donc faire des choix pour essentiellement montrer des contrastes :

• multiplicité des potentiels... faiblesse des infrastructures ;

• multiplicité des mécanismes d'intégration régionale mais faible efficacité de nombre d'entre eux ;

• multiplicité des ponts et contacts économiques et culturels mais bilatéralisme souvent au détriment de l'Afrique ;

• multiplicité des registres d'intervention des puissances extérieures en combinant IDE, opérations de paix... mais lecture souvent obligatoire de ces interventions en termes de dépendances (nouvelle colonisation chinoise ?) ;

• multiplicité des démarches au risque d'un éclatement de l'Afrique car le rapport de l'Afrique au monde est plus vecteur d'inégalités et de discriminations que d'unité et de développement harmonieux du continent ;

• multiplicité des futurs possibles (jeunesse, consolidation de l'État régalien comme au Ghana) mais encore trop de rapports bilatéraux (Nigeria/Grande-Bretagne, France/Côte-d'Ivoire) ou d'évolutions pessimistes (réchauffement climatique, déforestation) et rapports de type coloniaux (économie de traite) qui font de la dynamique de mondialisation un avenir incertain, plus qu'une libération des énergies créatrices de l'Afrique.

La typologie finale sera, si elle apparaît bien sur le croquis, un atout valorisant.

# Le nouveau « grand jeu » saharien



> “Le Sahara demeure un enchevêtrement de logiques géopolitiques, avec d'un côté les objectifs internes et externes des États de la région, de l'autre les puissances extérieures intervenant contre le terrorisme et entre les deux des populations ne se reconnaissant pas dans les régimes issus des indépendances.”
>
> ANTONIN TISSERON, *HÉRODOTE*, N° 142.

➤ Lexique

géopolitque
zone grise
routes
enjeux

## Présentation et intérêt de la carte

Cette carte, parue dans un supplément du *Monde diplomatique* n° 127 est à la fois une carte des potentiels du désert saharien et de ses marges, mais surtout des menaces de fragmentation de cette zone grise de l'Afrique sous la pression de revendications identitaires (Touaregs...), religieuses, (vague djihadiste de la Mauritanie au Niger et à la Somalie ), économiques (pétrole du Sud Soudan)sur fond de difficile dépassement des héritages coloniaux (françafrique).

## Analyse

### Mirages sahariens

Quoi de plus rassurant que cette **immensité de couleur** ocre (*Ashar,* d'où vient le toponyme Sahara) sur 8,5 millions de km$^2$, soit presque la Chine, de l'Atlantique à la mer Rouge enchâssée dans la culture de l'arbre de paix, l'olivier au Nord et le cram-cram au Sud vers le rivage du Sahel, zone de transition vers la savane ?

Quoi de plus vivant dès le III$^e$ siècle avant J.-C. que **ce désert ouvert** par ses routes caravanières franchissant les 2 000 km entre les 2 rives, avec ses ksours, ces marchés-entrepôts, têtes de pont des transits comme Tombouctou ou Ghadamès. Les peuples nomades du désert, Bédouins et Touaregs (les « hommes bleus ») y animent des échanges entre les différentes régions bordières. Les commerces d'or du Soudan et de Guinée, de sel, de gomme arabique, de dattes ou d'animaux sauvages, de même que les esclaves de la traite continentale rompent l'isolement prétendu de l'Afrique subsaharienne et profitent aux empires aux portes du désert (Mali, Songhai).

Quoi de plus varié que ces reliefs entrecoupés de plateaux, hamadas, tassilis de massifs volcaniques isolés (Hoggar, Tibesti, Aïr), ces regs de pierres et de graviers (Tanezrouf en Algérie) ou ces champs de dunes, les ergs. D'où vient donc « **cet hiatus isolant infranchissable** pour des techniques importantes » décrit par P. Gourou ? Il est certainement contemporain de la colonisation à partir du Cap vert en 1444 qui va détourner le commerce sur les côtes, et par la traite négrière tourner le dos à l'Afrique comme l'ont fait les nombreux États négriers (confédération Ashanti, royaume d'Oyo ou d'Abomey). Il vient de l'échec du désenclavement, avec des projets de chemin de fer comme le Ouargla Amguid, ou du souvenir de la colonne Flatters exterminée en 1881, qui refroidissent les plus ardents pacificateurs de la zone « si peu peuplée et si rebelle à l'influence européenne, si éloignée d'un commerce rémunérateur » (Colonel Niox, 1890).

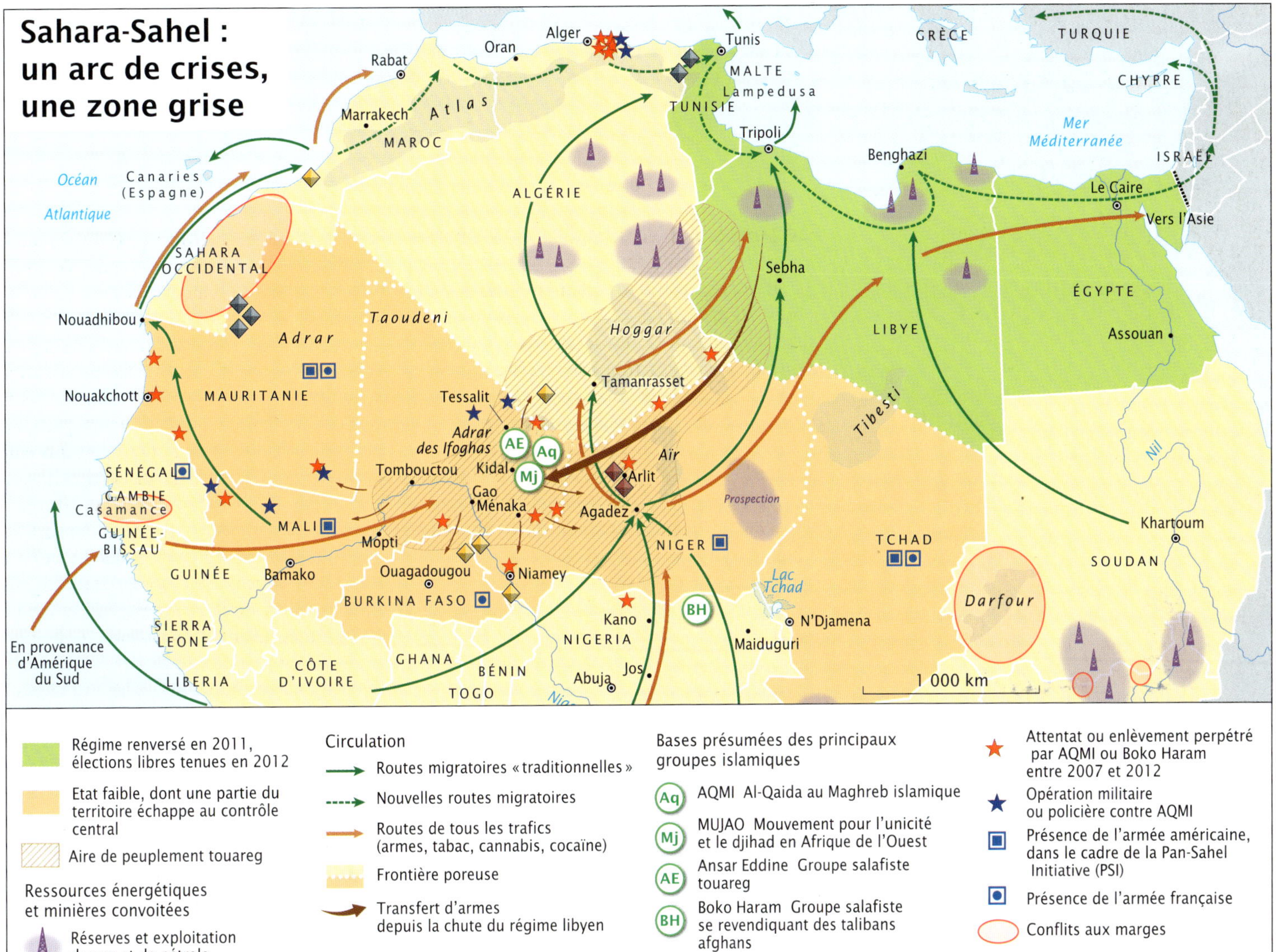


*Carte parue dans Manière de voir N°127, février-mars 2013 : 2012 L'Essentiel du « diplo ». Cartographie Cécile Marin.*

## Nouveaux visages sahariens

**Un carrefour énergétique :** le Sahara a réveillé les ambitions hégémoniques. Les gisements algériens et libyens au nord-est du désert – Hassi Messaoud (pétrole) et Hassi R'Mel (gaz) en Algérie, Edjeleh-In-Amenas à la frontière algéro-libyenne, intérieur du golfe de Syrte en Libye (champs de Zelten, Sarir) – mais aussi le cuivre, l'or, les diamants, le fer (Mauritanien), le phosphate (Maroc, Tunisie), l'uranium au Niger, ont créé des oasis de développement, des villes-champignons, filles de l'exploitation minière : Hassi R'Mel en Algérie, Marsa-El-Brayga en Libye, Zouerate en Mauritanie desservies par des aérodromes privés, des routes asphaltées ou des voies ferrées (Zouerate-Nouadhibou, achevée en 1963).

**L'eau, nouvel atout ?** D'immenses réserves sont piégées dans le gré des profondeurs : bassins de Mourzouk (700 000 km$^2$) en Libye, bassin de Nubie (entre l'Égypte et la Libye). Cet or bleu plus précieux encore que le pétrole permet d'équiper de grands périmètres céréaliers irrigués (Libye, Algérie, Maroc), d'approvisionner des pôles urbains du littoral et donne corps aux rêves agronomiques les plus fous (Libye depuis 1992 avec la GRA : « agriculture minière » de cultures fourragères et de céréales), culture sous serre des « exploitations blanches » surtout dans l'est du Sahara algérien (Biskra), le sud tunisien et le Fezzan. L'action volontariste et prédatrice a pris à contre-pied la fatalité géoclimatique.

**Les tourismes de l'extrême et de vision** sont eux, de plus en plus inventifs : cartes postales à vendre des ergs, des peintures rupestres de Tadrart et Messak en Libye ou du Hoggar en Algérie, courses et circuits sahariens marathon des sables ou *desert cup*, rallye Paris-Dakar (1978-2008). Le 7$^e$ art s'y invite par les studios cinématographiques marocains de Ouarzazate où furent tournés *Gladiator* de Ridley Scott, ou quelques scènes de *Laurence d'Arabie*.

## Orages sahariens

- **Une zone grise de trafics**

La revitalisation du Sahara passe donc par son rôle de carrefour commercial mais plutôt désormais comme plateforme de tous les trafics : 15 % du commerce mondial de la drogue, et convoiement de « harragas » ces « brûleurs de vie » qui partent d'Afrique subsaharienne.

La prise d'otages rançonnés devient la marque de fabrique de groupes salafistes héritiers lointains du GPSC (groupe salafiste pour la prédication et le combat, GSPC), groupe djihadiste dirigé par Abdelmalek Droukdel, adoubé par Oussama Ben Laden en 2006. Des raids en provenance des katibas frappent des villes minières comme Arlit dans le Nord Niger, des trafics de toute nature prolifèrent : pétrole, cigarettes, armements.

- **Une zone de confrontations**

La « grande Libye » a instrumentalisé les Touaregs dans la résistance au Conseil national libyen. La chute de Kadhafi a laissé ces mercenaires libres de repartir au Sud et, recyclés en djihadistes, ils ont défait les milices Peuls, lancé la rébellion touarègue par le Mouvement national pour la libération de l'Azawad (juillet 2011), mis à genoux une armée malienne acéphale, aboulique, privée d'Amadou Toumani Touré après le coup d'État du 21 mars et pris position à Mopti, Ségou et Tombouctou. Au Nord Mali la chicote retrouve du service (50 coups pour consommation d'alcool), la lapidation punit ceux qui ont des relations sexuelles hors mariage.

On revoit les rezzous d'antans, on rêve d'un califat jusqu'à Bamako, mais surtout silence ! On pille comme Mokhtar Belmokhtar, Monsieur Malboro, trafiquant de 4X4, de cigarettes, de drogue, de diamants, de migrants, qui fait du Mali une base de protection de ses trafics. On croise Abou Zeid, ex du FIS puis du GIA, et l'instigateur de l'élimination de Edwin Dyer, britannique, ou Michel Germaneau, français ; on entend les diatribes de Hamada ould Mohamed Kheirou, le fondateur de l'aile radicale du

Mujao, Mouvement pour l'unicité et le djihad en Afrique de l'ouest, qui recrute des membres de Boko Haram. On entend parler du sahraoui Abdel Hakim, celui qui tient Gao, ou Bilal Hicham, nigérien, premier noir chef de katiba. Ce condensé de toutes les revendications identitaires, de tous les extrémismes en action, de tous les trafics possibles, est désormais l'avenir du Sahara et de ses marges sahéliennes.

• **Une zone de convoitises**

Les matières premières restent encore un facteur attractif. De nouveaux acteurs comme la Malaisie, les pays du Golfe, le Canada, se précipitent sur pétrole, nickel, or, uranium, cobalt. La Chine est aux aguets (échanges avec la Mauritanie passés de 61 millions de dollars à 2 milliards de dollars en 10 ans). Le pétrole n'est jamais loin des tensions. Du Soudan au Tchad et à la Mauritanie, l'or noir devient la richesse de toutes les malédictions. Sonatrach anticipant le déclin de ses réserves jette son dévolu sur l'eldorado du bassin de Taoudéni au Mali ; toujours proche de la communauté touarègue des Hoghas, Alger est pris de cours par la radicalisation du MLNA, redoute toute ingérence de la Cedeao, de l'ONU ou de l'UA dans la région. Le dernier « État garnison » non touché directement par les printemps arabes se fait fort de s'imposer comme arbitre au nom de son partenariat crédible avec les États-Unis, qui n'ont pas renoncé à organiser le GMO à partir de ses marges occidentales... contre le terrorisme – TSCTP, partenariat contre le terrorisme avec 4 pays sahéliens.

### Interrogations sahariennes...

La communauté internationale est souvent convoquée par les États de la région (Tchad, Sud Soudan, Mali...) comme gage de légitimité internationale, expertise et assistance contre le terrorisme. Celle-ci a pris position notamment face à un Mali où Bamako (littéralement, « le marigot des crocodiles » en langue Bambara !) était prise entre le marteau putschiste et l'enclume Aqmi, tenaillée par l'insécurité alimentaire (1,7 million de personnes menacées fin 2011 par la crise alimentaire pendant la soudure). Le concept d'« arc de crise » pour cette zone grise sahélienne, espace pivot, entre le monde arabo-berbéro-musulman et l'Afrique noire, est un nouveau front qu'ont ouvert en rang désordonné les démocraties occidentales sous la houlette de la France, initiatrice d'une intervention militaire contre les salafistes du Mujao (opération Serval avec 4000 soldats déployés), mais le moins que l'on puisse dire et que la MINUSMA (mission multidimensionnelle intégrée des Nations unies pour la stabilisation du Mali) en place depuis juillet 2013 n'est pas opérationnelle, que la CEDEAO a du mal à confirmer ses capacités de gestion des crises après son relatif succès de Côté d'Ivoire, que l'Union européenne a encore montré ses divisions et ses difficultés à se projeter sur des champs militaires extérieurs, que les États-Unis sont plus dans l'accompagnement logistique des conflits depuis la Libye que dans une implication de terrain, que l'Algérie, puissance tutélaire de la région, suit ses intérêts propres dans la répression d'un islam radical, que la démocratie enfin est un lent apprentissage, avec des élections certes libres au Mali mais sans réel potentiel de changement immédiat. Ne retiendra-t-on pas de l'épisode malien que 200 000 déplacés jetés sur les routes de l'exil, triste lot de l'Afrique subsaharienne, des otages détenus encore menacés et une déstabilisation régionale qui guette (Somalie, Niger, Sud Soudan) ?

## Portée de la carte

Cette carte nous autorise donc à poser trois questions : désormais le Sahara est-il condamné avec ses marges sahéliennes à n'être qu'un Afghanistan de l'Afrique ? Subira-t-il l'évolution de « l'Afrique des grands lacs » en décomposition étatique ? Sera-t-il une barrière d'obscurantisme après avoir été un bassin d'échanges ?

"L'Afrique du Sud est notre rêve, le Rwanda notre cauchemar."

Wole Soyinka, prix Nobel de littérature

"L'Afrique du Sud ne peut échapper à son destin africain."

Nelson Mandela, *Foreign affairs*, nov.-déc. 1993

➤ Lexique

développement
intégration régionale

## Présentation du document

Cette carte permet de jeter un regard nouveau sur l'Afrique, un continent réhabilité aujourd'hui dans les relations internationales et le jeu des grandes puissances après avoir été au « bord du monde ».

## Intérêt et analyse

### 1. L'Afrique du Sud, une puissance intégratrice régionale en essor

L'Afrique du Sud peut se prévaloir de performances économiques : l'effet « coupe du monde » (3 milliards de dollars de recettes), un statut de pays émergent au sein du groupe Basic (Brésil, Chine, Inde et Afrique du Sud), un taux de croissance annuel depuis 1998 de 5 %, une monnaie stable, un faible endettement, autant de succès globaux de l'ère Thabo Mbeki (1999-2008).

Forte de ces performances (PIB : les trois quarts de celui de l'Afrique australe), l'Afrique du Sud assoit une domination régionale au travers de la SADC (Communauté de développement de l'Afrique australe), avec un projet d'un développement concerté avec d'ambitieux programmes sectoriels, un développement des infrastructures de transport – réhabilitation du corridor de Beira de Mutare (Zimbabwe) jusqu'au canal du Mozambique, ou promotion du couloir de Limpopo du Zimbabwe jusqu'à Maputo – mise en place d'une politique énergétique commune (création en 1995 du consortium énergétique de l'Afrique australe, Sapp : *South African Power Pool*) et élaboration d'une politique de l'eau *via* le lancement du programme des eaux du Lesotho pour satisfaire notamment

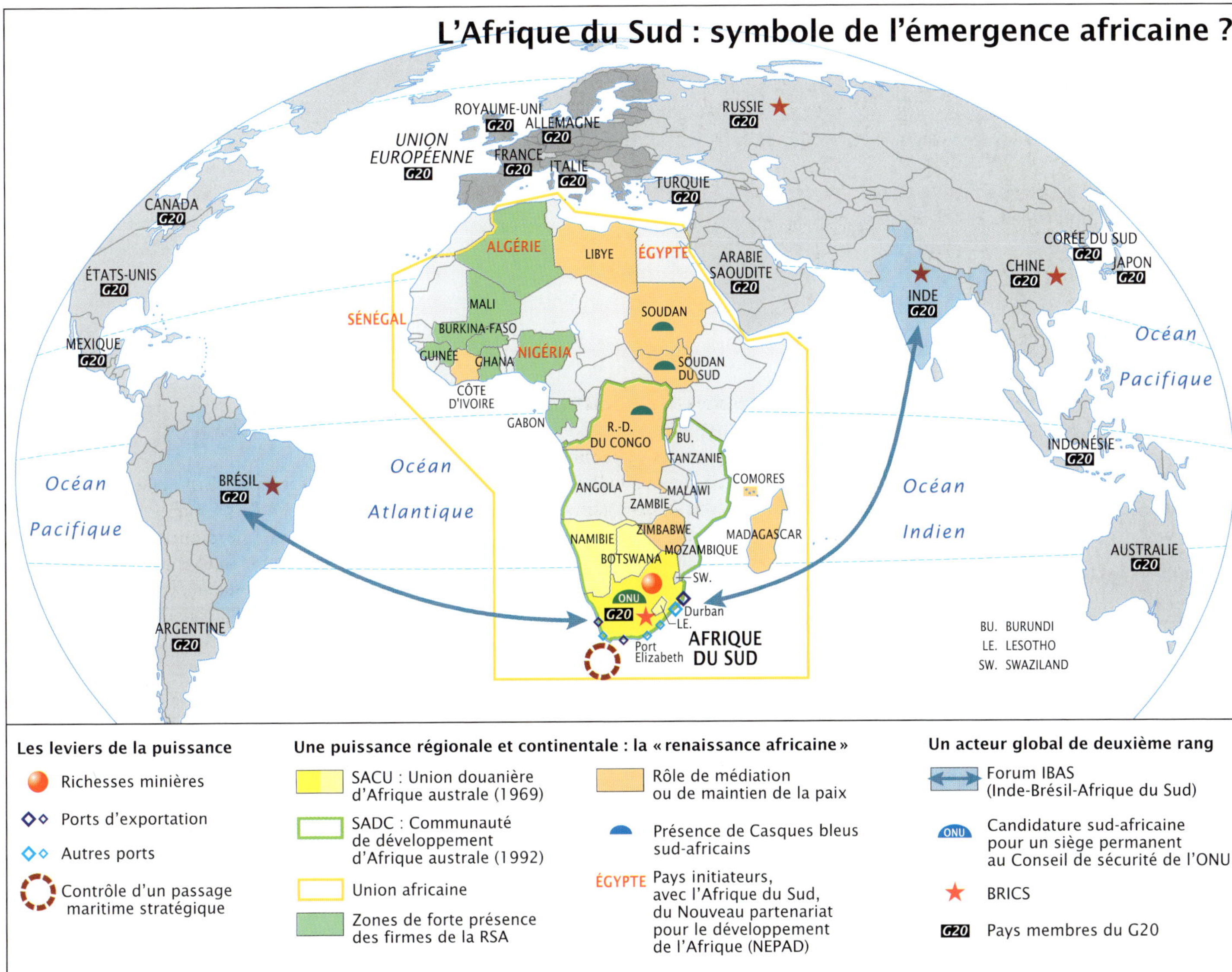
L'Afrique du Sud : symbole de l'émergence africaine ?
ROYAUME-UNI G20
ALLEMAGNE G20
UNION EUROPÉENNE G20
FRANCE G20
ITALIE G20
RUSSIE G20
TURQUIE G20
CANADA G20
ÉTATS-UNIS G20
MEXIQUE G20
ALGÉRIE
LIBYE
ÉGYPTE
ARABIE SAOUDITE G20
CORÉE DU SUD G20
JAPON G20
CHINE G20
INDE G20
MALI
SÉNÉGAL
BURKINA-FASO
SOUDAN
GUINÉE
GHANA
NIGÉRIA
SOUDAN DU SUD
CÔTE D'IVOIRE
GABON
R.-D. DU CONGO
BU.
TANZANIE
Océan Pacifique
Océan Atlantique
Océan Indien
Océan Pacifique
BRÉSIL G20
ANGOLA
MALAWI
ZAMBIE
COMORES
INDONÉSIE G20
ZIMBABWE
MADAGASCAR
NAMIBIE
MOZAMBIQUE
BOTSWANA
AUSTRALIE G20
SW.
ONU
G20
Durban
LE.
ARGENTINE G20
AFRIQUE DU SUD
Port Elizabeth
BU. BURUNDI
LE. LESOTHO
SW. SWAZILAND
Les leviers de la puissance
Richesses minières
Ports d'exportation
Autres ports
Contrôle d'un passage maritime stratégique
Une puissance régionale et continentale : la « renaissance africaine »
SACU : Union douanière d'Afrique australe (1969)
SADC : Communauté de développement d'Afrique australe (1992)
Union africaine
Zones de forte présence des firmes de la RSA
Rôle de médiation ou de maintien de la paix
Présence de Casques bleus sud-africains
ÉGYPTE Pays initiateurs, avec l'Afrique du Sud, du Nouveau partenariat pour le développement de l'Afrique (NEPAD)
Un acteur global de deuxième rang
Forum IBAS (Inde-Brésil-Afrique du Sud)
ONU Candidature sud-africaine pour un siège permanent au Conseil de sécurité de l'ONU
BRICS
G20 Pays membres du G20

les besoins de la région industrielle du Gauteng. Cette politique de développement se double d'un objectif de libre-échange visant à supprimer les droits de douane intérieurs en 2012.

L'Afrique du Sud ne fait pas du libre-échange une priorité, d'autant qu'il existe, au sein de la zone Rand, une zone monétaire commune (CMA : *Common Monetary Area*) qui regroupe, autour de la République sud-africaine, le Lesotho, la Namibie et le Swaziland. Les entreprises minières d'Afrique du Sud par leurs investissements comme les migrations qu'elles suscitent renforcent cette intégration régionale.

## 2. L'Afrique du Sud, une puissance africaine structurante

Délégataire à la sécurité du continent pour les grandes puissances, l'Afrique du Sud participe à l'africanisation de la gestion africaine des conflits (Soudan, Côte d'Ivoire, initiative pour la paix au Burundi, résolution de paix Malgache) indirectement ou directement au travers au travers de l'UA où l'année 2010 a été proclamée année de la paix. Le discours sur la sécurité africaine a trouvé un relais naturel sur le continent avec l'Afrique du Sud, pays le plus développé du continent, ayant une armée à « l'occidentale ». Thabo Mbeki a même été intronisé « *point man* » pour le Zimbabwe par G. W. Bush.

La RSA est aussi une force de proposition au travers du NEPAD (Nouveau partenariat pour le développement de l'Afrique), programme multilatéral ambitieux, qui doit permettre au continent de conjuguer, à l'initiative des Africains eux-mêmes, transparence, gouvernance, alternance, compétence dans la perspective tracée par les « objectifs du millénaire » adoptés par l'ONU en 2000. Pour Mbeki, « Nous devons faire de l'abus du pouvoir politique pour des besoins d'enrichissement matériel de ceux qui exercent ce pouvoir quelque chose d'étranger à notre constitution et nos modes de gouvernance ». L'initiative a permis à l'Afrique du Sud de confirmer et d'amplifier son rôle d'interface crédible entre l'Afrique et les bailleurs de fonds du G8.

Alors que la République de l'apartheid se vivait comme une « citadelle assiégée », l'Afrique du Sud porte le projet de « renaissance africaine ». Le slogan mobilisateur devient un programme de rupture dont elle est le catalyseur, avec l'héritage néo-colonialiste, avec la tentation tiers-mondiste, avec la confiscation et la patrimonialisation du pouvoir. Positivement, il s'agit d'amalgamer néo-libéralisme et panafricanisme pour permettre le développement économique et l'affirmation culturelle du continent. Comme l'écrit Ivan Clouzel, « la vision de la Renaissance africaine réinterprète l'imaginaire panafricain traditionnel pour l'articuler à l'environnement actuel de démocratisation et de mondialisation ».

## 3. L'Afrique du Sud : une puissance internationale en voie d'affirmation

Pays émergent dans la gouvernance mondiale – taux de croissance supérieur à la moyenne mondiale, exportations croissantes et diversifiées, entreprises multinationales (17 du top 2000 Forbes, dont Anglogold ashanti, MIH Holding dans l'électronique, ou Sappi pour le bois) – l'Afrique du Sud devient très attractive pour les investissements étrangers. Les Chinois, deuxième partenaire commercial de l'Afrique, font de l'Afrique du Sud une tête de pont de leur influence, au travers notamment de la Standard Bank, la première banque d'Afrique (détenue à 20 % par son homologue chinoise ICBC), d'infrastructures (Guangdong Nuclear Power Company, l'opérateur cantonais spécialisé dans le nucléaire, a proposé des centrales nucléaires *low-cost* à l'Afrique du Sud) mais la RSA est aussi un des lieux de contestation des comportements prédateurs de la Chine (textile).

L'Afrique du Sud tisse des liens avec d'autres pays émergents comme le Brésil (tourné pour Lula « vers sa dette morale et historique envers l'Afrique »), et l'Inde (importance de la communauté indienne, expérience sud-africaine de Gandhi), au travers d'un G3, l'IBAS, né en 2003, particulièrement actif au niveau diplomatique (nucléaire iranien, négociations agricoles mondiales, partenariat énergétique). Exemple original de coopération Sud/Sud avec des concessions exigées des industriels pharmaceutiques pour accéder aux médicaments génériques, des recherches communes sur les biocarburants et des revendications communes sur un siège au Conseil de Sécurité.

Portée par le slogan de la « nation arc-en-ciel » (*Rainbow nation*), consacrée internationalement par la remise conjointe du Nobel de la paix à Frédérik de Klerk et Nelson Mandela en 1993, il n'est pas surprenant que, conjuguant émergence et africanité, l'Afrique du Sud ait été (très largement) élue au Conseil de sécurité. Pour deux ans (2007-2008), la République a été ainsi associée à la gestion de crises diplomatiques extra-africaines – question libanaise ou surenchère nucléaire du président iranien Ahmadinejad. La République a accueilli deux sommets internationaux hypermédiatisés, sur le racisme en 2001 (Durban), le développement durable en 2002 (Johannesburg). Son président y trouve tribune pour dénoncer « des déclarations qui n'entraînent jamais de résultats concrets sur les souffrances causées par la faim qui les tient éveillés la nuit ». D'autre part, elle dispose de l'expertise conférée par la présidence de multiples organisations internationales (Conseil d'administration de l'OIT, Groupe des fournisseurs de nucléaire, Interpol pour prétendre à un siège permanent au conseil de sécurité). L'aptitude au *leadership* de l'Afrique du Sud a été consacrée symboliquement par le choix, en 2010, d'en faire la capitale de la planète foot.

## Portée de la carte

Cette carte est assez éloignée du fatalisme catastrophiste de René Dumont, « l'Afrique est mal partie », et de l'afro-pessimisme ambiant des années 1990. Elle décrit le changement de perception à l'égard des marchés de consommation africain et l'émergence d'un continent qui n'est plus une simple bombe démographique mais un continent qui se repositionne stratégiquement et économiquement. Elle est une focale sur le pays porteur de cette renaissance africaine avec 50 % du PIB de l'Afrique subsaharienne, et 90 % des internautes africains : l'Afrique du Sud, une des puissances crédibles d'un continent retrouvé.

# Le pétrole au Moyen-Orient : un carrefour énergétique sous tension



> **“La demande et la compétition pour l’accès à l’énergie peuvent devenir source de vie et de mort pour beaucoup de sociétés.”**
>
> **H. Kissinger, *Financial Times*, 2005.**

> **“Qui tient le pétrole tient le monde.”**
>
> **Lord Fisher, premier Lord de l’amirauté britannique (1910).**

➤ Lexique

unités
ressources
énergie
conflits
développement

## Présentation du document

Une carte des intérêts pétroliers, de la mobilité du pétrole dans une région où la conflictualité est déterminée notamment par des enjeux pétroliers.

## Intérêt

**Il tient au produit en jeu** : le pétrole, énergie toujours centrale (33 % de la consommation énergétique mondiale en 2011), énergie raréfiée (débat controversé sur le *peak oil*) énergie convoitée (guerres pétrolières : guerres d’Irak, Irak-Iran, Afghanistan pour sécuriser des gisements ou des trajets d’oléoducs) énergie critiquée (gaz à effet de serre, caractère erratique des cours avec le record historique du 3 juillet 2008 à 147 dollars le baril).

**Il tient à la région en cause** : le Moyen-Orient, principale zone de production – 30,3 % de la production mondiale du pétrole commercialisé dans le monde et 30 % du gaz – et de réserves (55 % des réserves prouvées actuelles de pétrole et 60 % des gisements « supergéants » aux réserves supérieures à 5 milliards de barils – et zone de risques géopolitiques majeurs, zone belligène où se superposent toutes les crises (conflits religieux intra-islamiques, territoriaux, interétatiques, face à face entre puissances régionales et grandes puissances). Cette carte devient donc pour le XXIe siècle le creuset de tous les périls.

## Analyse

### 1. Une région hautement stratégique et conflictuelle

**L’histoire a installé très tôt les États-Unis au cœur de cette région**, dès la « frénésie du pétrole » du début du XXe siècle, par le jeu de leurs *majors* installés aux postes de commande (dès 1939 dans l’Aramco par exemple). Le pacte de Quincy, le 14 février 1945 (accords entre Roosevelt et Saoud), n’a fait que renforcer l’emprise américaine dont la « doctrine officielle a été de refuser l’émergence d’une puissance ennemie qui soit susceptible de contrôler les flux en provenance du Golfe persique au nom de la sécurité énergétique » (J. Carter), sécurité capitale dans le « triangle des 3 sécurités, alimentaire, militaire et pétrolière, qui garantissent l’hégémonie » (H. Kissinger). Ce ne sont pas les incursions russes au début du siècle dans le jeu irakien, ou anglaises dans l’ombre des stratégies de Lawrence d’Arabie face aux Turcs, ou de la France un peu marginalisée qui feront de l’ombre aux États-Unis, du moins jusqu’aux deux chocs pétroliers de 1973 et 1979, et aux

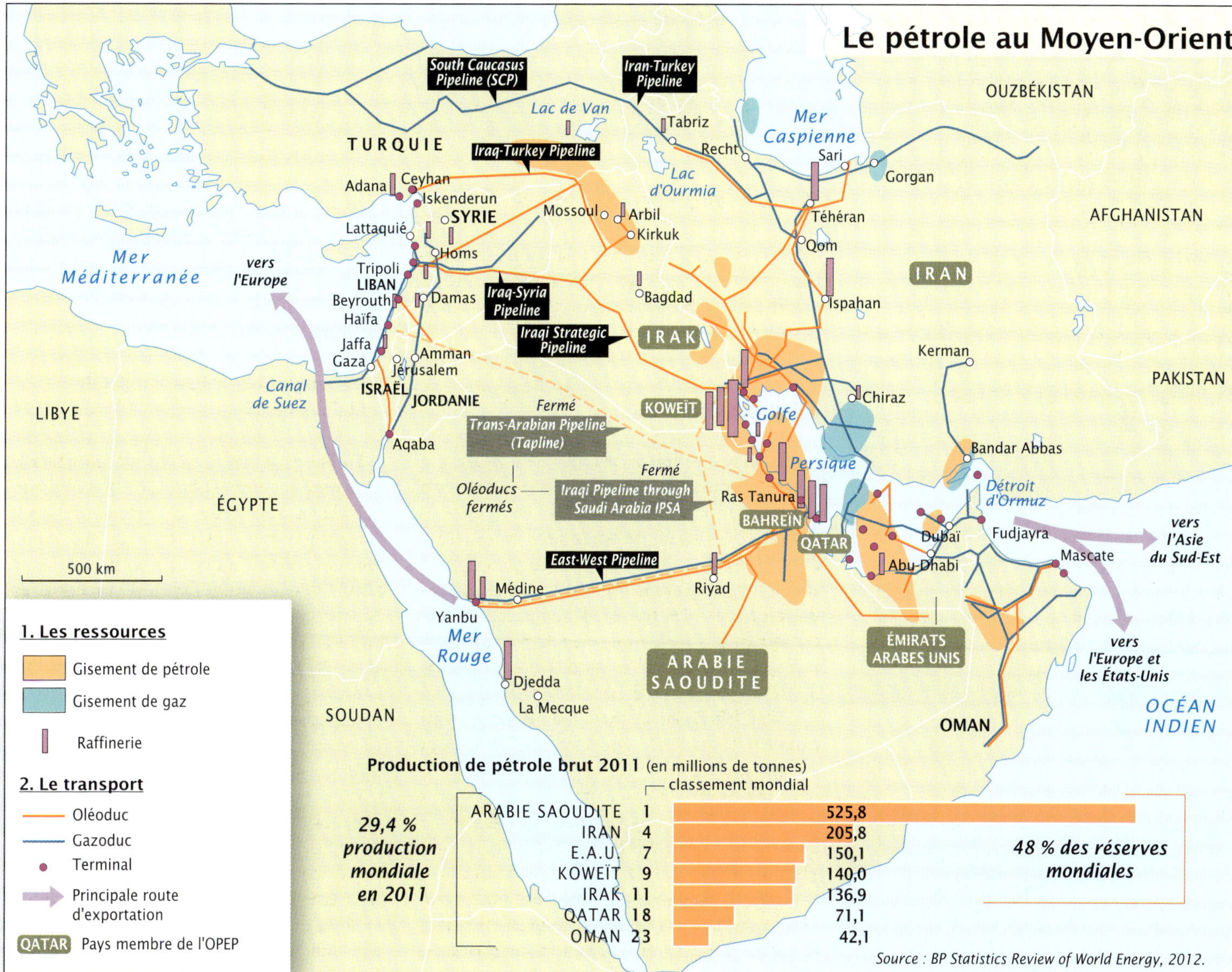
Le pétrole au Moyen-Orient
South Caucasus Pipeline (SCP)
Iran-Turkey Pipeline
Iraq-Turkey Pipeline
Iraq-Syria Pipeline
Iraqi Strategic Pipeline
Fermé
Trans-Arabian Pipeline (Tapline)
Oléoducs fermés
Fermé
Iraqi Pipeline through Saudi Arabia IPSA
East-West Pipeline
TURQUIE
SYRIE
LIBAN
ISRAËL
JORDANIE
IRAK
IRAN
KOWEÏT
BAHREÏN
QATAR
ÉMIRATS ARABES UNIS
ARABIE SAOUDITE
OMAN
OUZBÉKISTAN
AFGHANISTAN
PAKISTAN
LIBYE
ÉGYPTE
SOUDAN
Mer Méditerranée
Mer Caspienne
Mer Rouge
Golfe Persique
Détroit d'Ormuz
OCÉAN INDIEN
Lac de Van
Lac d'Ourmia
Canal de Suez
vers l'Europe
vers l'Asie du Sud-Est
vers l'Europe et les États-Unis
Tabriz
Recht
Sari
Gorgan
Téhéran
Qom
Ispahan
Kerman
Chiraz
Bandar Abbas
Adana
Ceyhan
Iskenderun
Lattaquié
Homs
Tripoli
Beyrouth
Damas
Haïfa
Jaffa
Gaza
Amman
Jérusalem
Aqaba
Mossoul
Arbil
Kirkuk
Bagdad
Ras Tanura
Dubaï
Abu-Dhabi
Fudjayra
Mascate
Riyad
Médine
Yanbu
Djedda
La Mecque
500 km
1. Les ressources
Gisement de pétrole
Gisement de gaz
Raffinerie
2. Le transport
Oléoduc
Gazoduc
Terminal
Principale route d'exportation
QATAR Pays membre de l'OPEP
Production de pétrole brut 2011 (en millions de tonnes)
classement mondial
29,4 % production mondiale en 2011
ARABIE SAOUDITE 1 525,8
IRAN 4 205,8
E.A.U. 7 150,1
KOWEÏT 9 140,0
IRAK 11 136,9
QATAR 18 71,1
OMAN 23 42,1
48 % des réserves mondiales
Source : BP Statistics Review of World Energy, 2012.

défis de la révolution iranienne. Mais si le contrôle des compagnies internationales surtout américaines dans la région est désormais limité à 10 % des réserves... leur influence est pérenne.

**La conjoncture focalise sur la région tous les regards** : première région productrice, première zone de passage : par le corridor d'Ormuz transitent 17 millions de barils par jour en 2011, soit 30 % du pétrole commercialisé par voie maritime avec une dépendance à 75 % pour les pays asiatiques (89 % pour le Japon !) mais seulement de 10 et 17 % respectivement pour les États-Unis et l'Europe en 2011. Certes le 3e Golfe (Golfe de Guinée) monte en puissance mais en 2030 le Moyen-Orient représentera encore plus des 3/4 des réserves prouvées mondiales. C'est dire que dans le contexte du débat sur le *peak oil* imminent (pour Campbell 2010) déjà vécu dans certains pays (Gabon, Algérie), et d'une consommation supérieure de 1975 à 2009 à ce que l'on a découvert, le Moyen-Orient se positionne encore comme épicentre du marché mondial pétrolier et vit au rythme des cours (pour l'Opep, les recettes ont progressé de 30 % en 2012, atteignant le chiffre record de 1 105 milliards de dollars).

**Le risque belligène** ne peut que cristalliser sur cette région les peurs puisque la région est un axe de crises majeures : révolution khomeyniste de 1979 suivie de l'embargo décrété par les États-Unis, guerre Iran-Irak (1980-1988) invasion du Koweït et première guerre du Golfe (1990-1991), enlisement du conflit irakien après le retrait américain dans une insécurité et atomisation régionale, menace actuelle iranienne de faire des royalties du pétrole la manne financière d'un ambitieux programme nucléaire, non-respect de la feuille de route du conflit israélo-palestinien, ondes de choc de conflits financés par l'argent du pétrole (Liban, Gaza, Syrie), et menaces terroristes contre « le plus grand vol de pétrole de l'Histoire » (Ben Laden, décembre 2004). L'approche réductrice des néoconservateurs, surtout pendant l'ère G. W. Bush, n'avait pas apaisé ces craintes – « Le Proche-Orient, avec 2/3 des réserves mondiales de pétrole et des coûts moindres, est l'endroit où à terme se trouve le gros lot » (Dick Cheney, vice-président) – de même que le déploiement de la Ve flotte, dont le Q. G. est à Bahrein, et le Centcom qui dirige les opérations de l'*US Army* au Moyen-Orient basé au Qatar.

## 2. Une manne pétrolière au service du développement

Le pétrole impulse avec plus ou moins d'efficacité une **politique d'équipements**, d'aménagement du territoire à pas forcés, avec un esclavage moderne (7,5 millions d'actifs étrangers exploités sur 11,5 millions d'habitants pour les Émirats). Au vu des déséquilibres spatiaux, ne devrait-on pas dire des littoraux, et au vu des réalisations, ne devrait-on pas parler « d'économies rentières » ? La carte montre un **pétrole industrialisant** surtout les littoraux, ce d'autant plus que les régions de production sont souvent littorales, comme en Iran, ou en Arabie Saoudite autour d'une conurbation littorale associant les cités de Dharan, Al Khobar et Damman, capitale provinciale. L'édification de zones franches accentue la polarisation maritime, comme avec la *Kuwait free trade zone* la plus importante du Golfe.

**Rares sont les pôles intérieurs continentaux**, comme ceux de Mossoul en Irak autour de l'épopée pétrolière du Kurdistan depuis 1927... en rivalité avec le pôle littoral de Bassora ou la petite cité du XIXe siècle de Riyad (10 000 habitants), métropole tentaculaire aujourd'hui de près de 5 millions d'habitants, épicentre des nouvelles capacités de stockage de l'Arabie Saoudite pour éviter la vulnérabilité des côtes.

**Le pétrole désormais sert aussi la tertiarisation de la région,** avec la « cité globale » de Dubaï et son port en eau profonde de Djebel Ali, ou dans les EAU, avec le triomphe de la banque islamique, l'essor de fonds souverains et la tentative d'organiser de façon volontariste des transferts de culture occidentale dans les Émirats (Sorbonne, 2006). Vastes ambitions que des déséquilibres sectoriels (1/3 du PIB dérivé de l'immobilier) et des dégâts écologiques irréversibles (records mondiaux d'émissions de $CO_2$ par habitant) devraient un peu tempérer.

Le pétrole a été aussi pour la région un moyen de transformer l'or noir... **en arsenal militaire au service d'un djihad international** (Arabie Saoudite ou Iran), d'un nationalisme belliqueux (Irak de Saddam Hussein), d'une volonté d'exercice du rôle de puissance régionale (l'Iran de Ahmadinejad sur le chemin de la Grande Perse). Les budgets militaires sont les marqueurs de ces choix : pour l'Arabie Saoudite, 10,5 % du PIB de 1988 à 2011 avec pic à 15 % en 1988. Rares sont les manifestations d'un pétrole au service de la paix, comme entre Israël et l'Égypte, un peu contraints à faire du gazoduc-amitié la clé de leur rapprochement avant la révolution égyptienne.

### 3. Un pétrole hautement sensible au cœur de trois peurs

**La peur géologique** (état réel des réserves, confirmation de l'hypothèse de raréfaction) débouche sur la valorisation des huiles lourdes et le passage à une stratégie gazière seule apte à faire perdurer la région dans le jeu énergétique mondial. Comment sécuriser les recherches en Irak sous-exploré, les *off-shore* du Persique très disputés (conflit Iran/Émirats depuis 1971 sur les îles d'Abu Musa et Tomb)? Comment ne pas expliquer l'invasion du Koweït par l'Irak, ou l'occupation américaine de l'Irak de 2003 à 2011, comme une claire volonté de contrôler et développer les ressources et ne pas s'inquiéter des effets de ces conflits (80 % des 7 000 km de *pipelines* irakiens du réseau domestique détruits) ?

**La peur du terrorisme** donne son sens à la carte. Les attentats contre l'oléoduc Tapline plastiqué en 1969 ou le croiseur *US Cole* en 2000, et la piraterie maritime au large d'Aden, anticipent quelque peu un scénario catastrophe proposé à Davos en 2009 (paralysie de Ormuz provoquée par l'Iran, et krach de l'économie mondiale).

**La peur climatique** (les émissions de gaz à effet de serre directement liées à des utilisations abusives de pétrole) redonne une légitimité au nucléaire... mais dans la région, depuis la destruction de la centrale Osirak en Irak (1981) par les Israéliens, et les excès de la rhétorique iranienne contre Israël sur fond de programme de centrifugation, tout laisse à penser que le nucléaire civil n'y a pas encore une légitimité.

La peur d'un déclassement? Le Moyen-Orient est-il aussi stratégique que l'on veut bien le dire? Outre la relève du 3e Golfe africain, le pétrole de schiste peut permettre d'écrire un autre scénario. C'est du moins ce que les États-Unis anticipent, eux qui deviendront entre 2017 et 2020 premiers producteurs mondiaux de pétrole devant l'Arabie Saoudite (grâce au pétrole de schiste). Dès 2013, les États-Unis sont intrinsèquement capables d'assurer 83 % de leurs besoins énergétiques... Mais pour autant l'Asie consommera encore, et ce pour longtemps, 90 % du pétrole du Moyen-Orient !

## Portée de la carte

Elle est :

- au cœur de la relation entre espace et pouvoir ;
- au cœur du grand jeu planétaire des guerres de l'énergie qui se cachent derrière le *state and democracy buillding* des uns, le nationalisme des autres, le radicalisme nihiliste de certains ;
- au cœur d'une inflexion de la tendance au catastrophisme car progrès techniques, abaissements des coûts des forages, perspectives de réserves extrêmes (Arctique), pactoles de gaz et pétrole de schiste, recours au mix et énergies renouvelables corrélés aux principes de réduction des émissions de $CO_2$ écrivent peut-être une autre histoire que celles de conflits régionaux issus des pénuries. Mais la sécurité énergétique demeure un impératif dont le Moyen-Orient reste la clé.

# Eau et paix au Moyen-Orient



"Dieu c'est lui qui fait descendre du ciel une eau par laquelle il fait pousser des fruits pour votre subsistance."

*Coran*, Sourate XIV, Abraham, verset 32.

"Il n'y a pas de vie sans eau. C'est un bien précieux indispensable à toutes les activités humaines. L'eau n'a pas de frontières."

*Charte européenne de l'Eau*, promulguée le 6 mai 1986 par le Conseil de l'Europe.

"Le prochain conflit dans la région du Moyen-Orient portera sur la question de l'eau."

Boutros Boutros-Ghali, ancien secrétaire général des Nations unies, *El-Ahram Weekly*, 19-25 mars 1992.

➤ Lexique

civilisation
conflit
ressources
unités

Nous voilà de plain-pied avec une carte qui a inauguré le nouveau type d'épreuve, le commentaire de carte géopolitique, mis en place à Ecricome en 2010. À ce titre, le commentaire proposé peut bien sûr être considéré comme une méthodologie conseillée de ce type d'exercice.

## Nature du document

Cette carte est extraite de *L'Atlas du Monde diplomatique* (2006) avec un titre sans équivoque : « Eau et paix au Moyen-Orient ». Nul n'ignore que les tensions turco-syriennes, ou turco-irakiennes, ou israélo-jordaniennes, syro-israéliennes sont à l'aval de conflits hydrauliques autant que de nationalismes exacerbés et de conflits religieux.

C'est donc tout **l'intérêt de cette carte** que de se polariser non pas sur le pétrole, ni sur les tensions de règlements frontaliers mal assumés mais sur l'eau, facteur hautement belligène dans une région qui pourtant a vu naître le premier code hydraulique juridique du monde le code Hammourabi (1750 avant J.-C.), établissant les règles de répartition d'entretien des systèmes d'irrigation de la région mais aussi du premier conflit entre deux États limitrophes du Tigre : Lagash et Douma dans le contexte historique remontant à Noé, il y a 4 500 ans !

## Analyse

### 1. Crises ouvertes et crises larvées

• La question de l'eau, centrale dans le conflit israélo-arabe

S. Peres, dirigeant israélien déclarait sans détour : « Israël a plus besoin d'eau que de terre » et Ben Gourion allait, dès 1941, dans le même sens : « Nous devons nous rappeler que, pour parvenir à enraciner l'État juif, il faudra que les eaux du Jourdain et du Litani soient comprises à l'intérieur de nos frontières ». Les voisins de l'État hébreu ont eux aussi leurs exigences : la Syrie veut contrôler les eaux du

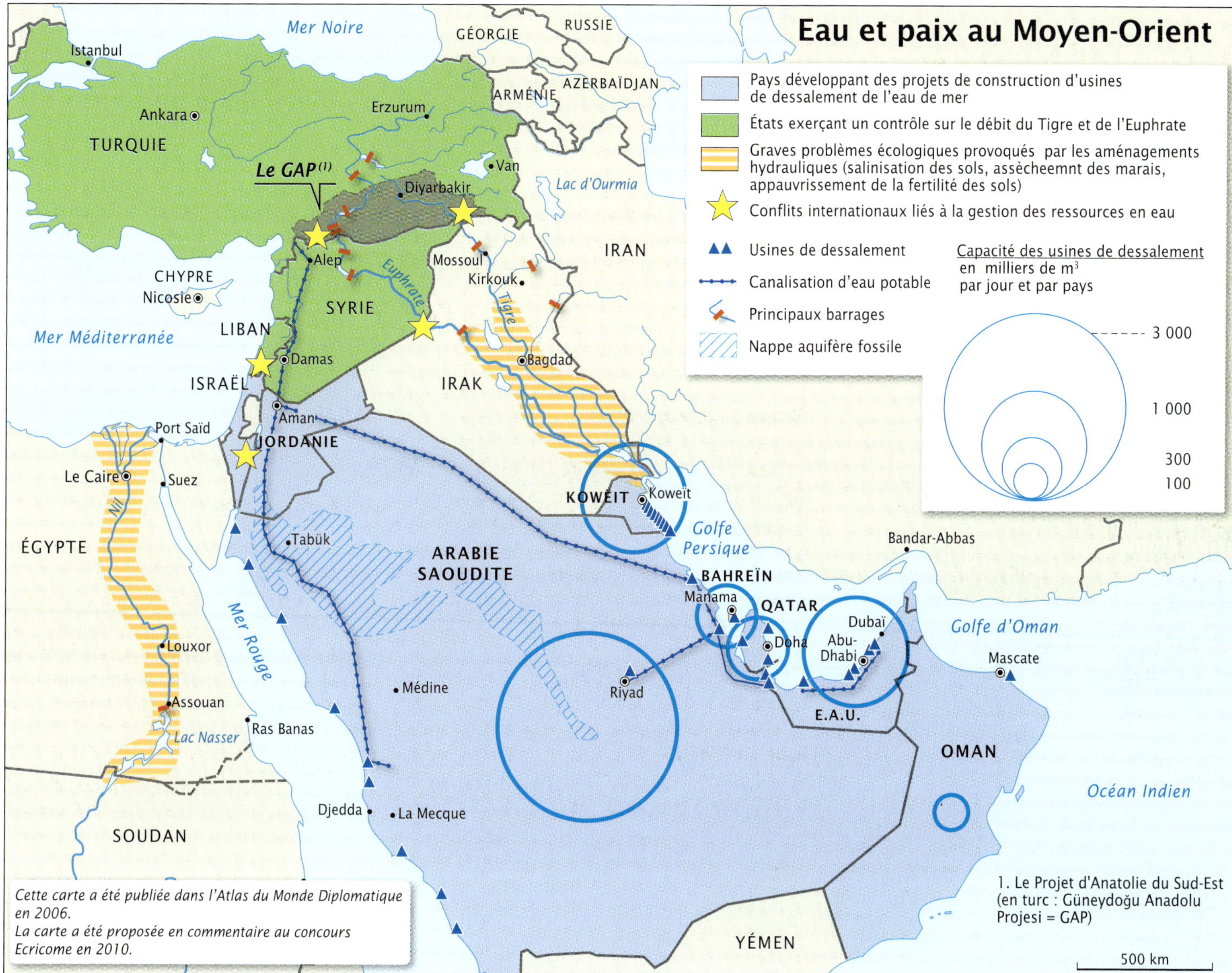


*Cette carte a été publiée dans l'Atlas du Monde Diplomatique en 2006.*
*La carte a été proposée en commentaire au concours Ecricome en 2010.*

plateau du Golan, la Jordanie veut la maîtrise du Jourdain et les Territoires palestiniens sont attachés à ne pas subir la prédation de la nappe phréatique ponctionnée par Israël avec un déséquilibre dans la consommation (60 % de l'eau consommée dans les territoires israéliens sont prélevés dans les Territoires occupés...).

Tibériade, au Nord, ne suffit pas à pacifier les tensions. Le Jourdain et ses affluents qui alimentent le lac (le Hasbani au Liban et le Baniyas en Syrie, le Yarmouk entre la Syrie et la Jordanie) sont des ressources convoitées. La guerre des Six-jours (1967) a bouleversé la donne en attribuant à Israël le contrôle de la Cisjordanie ou plutôt de la rive droite du Jourdain, et le château d'eau du Golan. Difficile de créer plus de ressentiments et de crispations surtout avec le système de la Mékorot qui permet à Israël de gérer unilatéralement les approvisionnements, et les convoitises affichées de Israël sur le Litani, fleuve à la frontière libanaise, peu utilisé.

**• L'eau au cœur des conflits turco-syro-irakiens**

Il n'est qu'à voir la rente de situation turque dans un contexte régional où l'aridité domine (Moyen-Orient) pour comprendre que dans la Mésopotamie (région entre deux fleuves) la maîtrise de l'eau est un élément stratégique vital. La Turquie, château d'eau puisque le Tigre et l'Euphrate naissent près des Zagros a besoin d'eau (pays émergent, urbanisation accrue, spécialisations agricoles nécessitant une irrigation). Elle a fait de l'aménagement des fleuves un outil de pacification ou de turcité dans le plateau anatolien, et des grands barrages du programme GAP autant d'éléments de rayonnement de son rôle de puissance régionale. 22 barrages, dont l'emblématique lac Atatürk, qui a nécessité pour le remplissage en 1990 la suspension durant un mois de l'écoulement des fleuves Tigre et Euphrate vers la Syrie. En 1975, la mise en eau du barrage de Tabqa sur l'Euphrate syrien a failli déclencher une guerre régionale que seule la médiation russe a évitée L'eau devient pour chaque conflit avec le PKK un élément régulateur et de pression : la livraison de Ocalan aux Turcs a été la conséquence de menaces mises à exécution de couper l'eau aux Syriens qui accueillaient le leader du PKK.

**• L'eau au cœur de tensions larvées**

*A priori* la gestion des eaux du Nil, partagées par 10 pays, pourrait être un symbole de gouvernance régionale réussie, mais pas plus que les accords israélo-jordaniens de 1964 n'ont réglé les contentieux, les accords de 1959 garantissant l'exploitation exclusive des eaux du Nil par le Soudan et l'Égypte non reconnus par l'Éthiopie n'ont pas effacé les risques de fièvre (en juin 2013, la construction d'un barrage par l'Éthiopie provoque l'ire du Caire, qui argue que sa sécurité alimentaire est malmenée, 90 % de son eau provenant du Nil...).

## 2. L'eau enjeu de modernisation

On ne s'attardera pas sur les prouesses techniques mises en œuvre pour bâtir la pharaonique réserve du Lac Nasser (162 milliards de $m^3$ et qui d'ailleurs perd par évapotranspiration des quantités d'eau impressionnantes). On négligera, peut-être à tort, les difficiles aménagements du GAP qui sont autant de manifestations d'un nationalisme exigeant financièrement dans les années 1980 de crise économique turque. On n'évoquera pas non plus les difficultés d'accès aux nappes aquifères qui nécessitent depuis des siècles des réalisations hydrotechniques, foggaras ou autres réseaux de karez, aqueducs souterrains en Irak, ni les canalisations d'eau potable qui sillonnent la péninsule arabique.

On décrira plutôt l'essor actuel des eaux de dessalement très représentées sur la carte, réponse partielle mais importante aux pénuries surtout de la péninsule arabique. L'eau de mer est portée à 120° C et est maintenue sous pression avant d'être introduite dans une enceinte à moindre pression d'où une vaporisation immédiate (un flash). Certes la quantité d'énergie nécessaire n'est pas négligeable, mais cette technique initiée au Koweït et exemplaire à Ashkelon en Israël, près de Tel Aviv (320 000 $m^3$ par jour, alimentant un bassin d'un million et demi de personnes). Ce bond technologique a un coût, une fragilité (cible de bombardements de Katioucha des Palestiniens), des exigences énergétiques, mais il semble à l'échelle de la carte jouer un rôle capital pour l'avenir.

En toute objectivité, ce progrès est plus crédible que le remorquage d'icebergs depuis les régions polaires, un temps envisagé sous la houlette du « Prince de l'eau » Mohamed al Faiçal... ou le projet de canal de 180 km pour détourner, à partir de la mer Rouge, des quantités d'eau pour remplir la mer Morte : fiction technico-politique à laquelle le gouvernement jordanien et la Banque mondiale semblent croire à l'été 2013.

### 3. L'eau, enjeu écologique majeur

La carte porte un regard original sur les graves problèmes écologiques induits par les aménagements hydrauliques : salinisation des sols, accumulation d'eaux stagnantes vecteur de bilharziose, prédation de capacités de pêche le long du Nil. Le Chatt al-Arab entre l'Irak et l'Iran est aussi un cas d'école. L'ancien protectorat anglais sur l'Irak a laissé à ce pays la totalité du contrôle du fleuve, contrôle contesté au cours de la guerre entre Iran et Irak de 1980 à 1988. Le Sud de l'Irak est aussi en voie de désertification suite à la construction par Saddam Hussein d'un canal de drainage gigantesque, le « 3e fleuve » (500 km de long, 1 km de large) pour lutter officiellement contre la salinisation des terres. En fait, le canal a contribué à assécher les marais de Mésopotamie pour punir et détruire « la civilisation des Arabes chiites des marais » qui s'étaient révoltés contre lui lors de la guerre de 1991 !

## Critiques et portée de la carte

Certains pourront s'étonner de la place de l'eau de dessalement sur la carte, de la description de guerres de l'eau au Moyen-Orient, thématique refusée encore pour l'heure malgré le jugement prémonitoire de l'ancien Secrétaire général des Nations unies, Boutros Boutros-Ghali : « Le prochain conflit dans la région du Proche-Orient portera sur la question de l'eau. L'eau deviendra une ressource plus précieuse que le pétrole » (1992). Globalement cette carte montre un Moyen-Orient otage des ressources naturelles et du jeu des grandes puissances et une région où la ressource en eau nourrit des contentieux entre des pays et des territoires. La paix est-elle possible au Moyen-Orient sans la résolution des hydroconflits ?

# Dubaï : la cité cosmopolite… à réinventer

"Tapis flottant, tapis roulant, tapis volant. Ascenseurs qui montent au ciel, un mélange de mille et une nuits et d'Occident à la jonction de plusieurs mondes, de plusieurs époques, de plusieurs civilisations… "

Serge Sur, « Le Golfe, comble d'or noir aux mille tuiles », *Questions internationales*, 2011

"Le destin de Dubaï « cité globale » est-il de se déconnecter de son environnement régional, de s'affranchir de ses voisins plus ancrés dans l'histoire et dans des conflits continentaux pour devenir exclusivement un maillon de l'archipel du Global Business ou bien au contraire d'arrimer cet ensemble régional cloisonné et bridé aujourd'hui par ses conflits internes au système monde ?"

Marc Lavergne, « Le Golfe et ses Émirats », *Hérodote*, 2e trimestre 2009

➤ Lexique

high-tech
mondialisation
PIB
zone franche

## Nature du document

Ce document est un plan de la ville de Dubaï (2 millions d'habitants) enchâssée dans les 7 émirats du Golfe, cité cosmopolite qui malgré le déclin de ses réserves pétrolières n'en finit pas d'épouser le rythme infernal de la mondialisation, de susciter tous les rêves et toutes les interrogations.

## Analyse

### Dubaï : du passé au futur, une ville vouée aux échanges

Dubaï, **cité-État** n'était encore au début des années 1960 qu'un modeste port, de « mineurs de la perle » avec quelques maisons de pisé, des souks. Vestige du passé, **un khor** paléoestuaire ennoyé, la « crique des souks » témoigne de ce passé. Très tôt la ville s'est imposée comme une base avancée du commerce indien, **un port d'attache du commerce afro-indien**, une antichambre du commerce iranien. Le vieux Dubaï et ses quartier de *Rigga Muraqqabat*, ou de Shindagha, ou Bastakiya portent la marque architecturale de ces liens. **La Grande-Bretagne, présente jusqu'en 1971** avant de laisser sa place aux États-Unis, a occidentalisé la cité et lui a confié un rôle stratégique au cœur des « États de la Trêve » de la côte d'Oman. C'est l'indépendance qui va permettre à Dubaï, au rythme de grands travaux – port Al Rashid inauguré en 1972, zone franche Djebel Ali – de s'engager dans une course à la diversification dans les tertiaires de distribution, de réexportation, touristique (autant de touristes que Maroc et Tunisie réunis en 2010), culturel… dans un modèle apte à se dégager de revenus pétroliers grâce à l'innovation technique et financière.

À la proue des EAU, Dubaï (2 millions d'habitants) n'en finit(-ssait) pas de **cumuler les records** même si elle se fait plus discrète depuis la crise de 2009. La plus haute tour du monde a été

Dubaï
Les sept Émirats arabes unis
IRAN
Qeshm
Détroit d'Ormuz
Golfe Arabo-Persique
RAS AL-KHAÏMAH
OUMM AL QAÏWAÏN
AJMAN
SHARJAH
Dubaï
OMAN
FOUJEYRAH
SHARJAH
FOUJAÏRAH
SHARJAH
DUBAÏ
AJMAN
Golfe d'Oman
DUBAÏ
ABOU DHABI
OMAN
50 km
Palm Deira
Le vieux Dubaï
Port Rashid
Deira
Université de Dubaï
Aéroport international de Dubaï
Émirat d'Ajman
Sharjah International Airport
Émirat de Sharjah
The World
World Trade Center
Jumeirah
Plage
Burj Khalifa
Dubaï Creek
Parc Mushrif
Emirates Road
Palm Jumeirah
Plage
Umm Saqeim
Golf
Nadd Al Shiba
Burj el-Arab
Mall of the Emirates
Station de ski
Golfe Arabo-Persique
Dubai Media City
Golf
Waterfront
Palm Jebel Al
Autodrome
Dubailand
Djebel Ali
Aéroport international Al Maktoum
E11
E311
E611
Canal d'Arabie
Émirat d'Abou Dhabi
10 km
Zone urbanisée
Zone industrielle
Zone aéroportuaire
Tour et lieu emblématique
Projet immobilier ralenti ou à l'arrêt depuis la crise financière de 2007-2010
Lignes de métro
existantes
en projet
Autoroute urbaine
Autre route
Limites d'émirat

inaugurée en 2010, le Burj el Khalifa (2 fois la Tour Eiffel), tour botoxée détrônée par la Sky City One Tower de Changsa dans le Hunan. La 2e plateforme aéroportuaire après Atlanta est un des *hubs* les plus attractifs du monde et une zone franche où se donnent rendez-vous les icônes de la consommation occidentale (Chanel, Samsonite...). La zone franche commerciale (*Free trade zone*) de Djebel Ali – visible de la lune – accueille déjà 2 300 sociétés originaires d'une centaine de pays. Tout est dans le dépassement des limites jusque dans la topographie, où la ville déborde l'émirat du même nom pour s'étaler sur le territoire de Shanjah et d'Ajura et s'étendre en une **conurbation de front de mer de plus de 70 km.**

La cité a une **attractivité internationale avec 85 % d'expatriés**, rentiers (occidentaux, russes) ou cadres (techniciens Syriens, Libanais, Égyptiens) ou soutiers de la croissance (Pakistanais, Chinois, Indiens, Philippins). Ce métissage culturel a permis d'associer les qualités des commerçants iraniens venus du Nord de langue arabe intégrés dans le vaste empire perse et celles des Bédouins d'Arabie, qui cumulent endurance adaptabilité, pugnacité. Aujourd'hui la cité a une aptitude particulière à aimanter les entrepreneurs de pays émergents et la main-d'œuvre étrangère fascinée par ce pays de chantiers et ses *towers cranes* (un quart du parc mondial) ces grues qui caressent les nuages pour édifier les gratte-ciels.

C'est aussi au futur que vit Dubaï : le centre de conférences des plus modernes du monde programme des pans de la *world culture* relayés par *media city, internet city,* et dernier en date, le « village de la connaissance ». Les projets architecturaux pharaoniques et symboliques comme un archipel artificiel humblement appelé « *the world* », ou un quartier « le Cœur de l'Europe » sont une invite à **se projeter toujours plus haut, plus loin, plus global !**

## Dubaï, la ville de tous les registres de la mondialisation

**Dubaï est un relais stratégique et commercial intégré à l'OMC** depuis 1996 qui par auréoles concentriques dessert, grâce à la réexportation de biens, des cités comme Istanbul, Madras, Almaty, Dakar, et les Dubai souks de Addis Abbeba et de Constantine... Dubaï a bien sûr la **tonicité d'un *hub*,** d'une station-service de tankers (15 km de quais), mais aussi d'un aéroport où transitent 50,9 millions de passagers en 2011 (Dubai international airport avec 3 terminaux) aux côtés de boutres (ou dhows, anciens coursiers des mers jusqu'à Zanzibar), de abras pour passer la Creek, et désormais de 4X4.

**Carrefour au croisement des routes des Indes**, Dubaï est le point d'appui pour pénétrer les marchés de la région, en particulier de la Perse, de la vallée de l'Indus et de l'Afghanistan, en concurrence avec Singapour pour créer une synapse entre Europe et Asie. Dubaï a vu se croiser les trafics les plus illicites d'une mondialisation souterraine avec dans les années 1950, la contrebande de l'or à destination de l'Inde et du Pakistan puis le blanchiment, le contournement des embargos régionaux (Irak, Iran) le réinvestissement de sommes illégalement amassées (russes).

Ce qui frappe c'est **l'adaptabilité aux conjonctures** de Dubaï qui a su commercer les perles, devenir une base de réexportations (5 zones franches), développer un étage industriel de bonification des produits importés, greffer une industrie touristique pour classes moyennes de pays émergents ou riches oligarques, relooker ses centres historiques et ses plages pour touristes de masse occidentaux, entrer dans **l'ère des *high tech* appliquées à la finance ou à la communication** (*Media city*) investir le loisir le plus sophistiqué (ski... aux limites du désert). Plus encore, Dubaï a une capacité exceptionnelle à faire fructifier de façon opportuniste les crises régionales : révolution iranienne, guerres du Golfe, guerres civiles libanaises de 1975 à 1991, attentats du World Trade Center du 11 septembre 2001. Cité d'un consumérisme débridé du Mall des

Emirates aux souks, elle vend tout, même son image d'îlot de paix et de stabilité au moment des printemps arabes.

### Dubaï les stigmates d'une mondialisation inégalitaire et prédatrice

À la quête de légitimité internationale, Dubaï est prête à faire tous les compromis, ne serait-ce qu'en espérant l'Exposition universelle de 2020, clé de toutes les consécrations, de l'émergence de Shanghaï à Rio. Mais à quel prix?

La jeunesse est prête à toutes les **déviances** (circulation de l'alcool, consumérisme effréné, langue maternelle abandonnée au profit d'un anglais seul visa obligatoire pour les universités ou d'un sabir basique, langue des nourrices sri-lankaises ou philippines) pour échapper au rigorisme, au manque de cohésion familiale, à la **vacuité identitaire.**

**Des soutiers de la croissance surexploités** ont osé en 2007 se dresser contre l'arbitraire de statuts de travail flexibles et les difficultés d'intégration pour les non-résidents, face aux *watanis*, les citoyens dubaïotes authentiquement émiriens. L'esclavage statutaire n'a été aboli qu'en 1950, la main-d'œuvre pakistanaise des chantiers de BTP ou les ouvriers agricoles du Baloutchistan sont l'armée de réserve des « esclaves modernes de la mondialisation ».

La ville incapable de dompter les chevaux mécaniques sombre dans **la congestion urbaine** : Dubai née avec la Land rover, a grandi avec la Mustang et s'encanaille en Panameras climatisées à quelques encablures du Rubal Khali le quart vide désertique de la péninsule arabique.

**Les déséquilibres sectoriels** minent une cité où 1/3 du PIB est dérivé de l'immobilier et les **dégâts écologiques sont irréversibles**, dans une ville qui bat les records mondiaux d'émission de $CO_2$ par habitant, où climatisation rime avec confort, où les polders artificiels sont autant d'agressions contre les milieux marins, où l'eau douce produite grâce au complexe de désalinisation provoque une sursalinisation des milieux côtiers prédatrice, et où le BTP siphonne les dunes de sable vierges...

## Critique et portée

On ne peut demander à un plan de décrire les aléas de la conjoncture. Ce plan fige de façon un peu intemporelle les performances de Dubaï, la « cité de tous les possibles ». Mais il faut se rappeler le ralentissement brutal de la croissance mondiale et des pays émergents dès 2008, créant plus qu'un refroidissement économique. C'est tout le projet dubayiote qui est interpellé, dans sa démesure (un nouveau New York financier ?), dans ses aspirations (maillon fort incontournable de l'économie monde ?), dans ses rêves (zone de capture du tourisme mondial qui participe déjà à hauteur de 29 % au PIB de l'Émirat ?), dans ses contradictions (cité comptoir unique sans véritable réserve financière obligée de quémander un soutien de Abou Dhabi avec une dette supérieure au PIB de 80 milliards de dollars), dans ses certitudes (stabilité relative face aux printemps arabes), dans ses ambiguïtés (la *hawala* système de paiements informels servant à financer certaines actions terroristes). Quelle nouvelle architecture donner au mythe dubayiote face à un Qatar de plus en plus activiste au niveau international, un Abou Dhabi riche de son pétrole et courtisé par les occidentaux, et une inévitable demande de démocratisation, onde de choc venue des sultanats d'Oman et de Bahreïn déstabilisés ?

On laissera à D. Retaillé (*Les lieux de la mondialisation*, 2012) le bilan de ce « **lieu du cosmopolitisme paradoxal** » qu'est Dubaï : « le mirage est là et à une belle hauteur. La quasi-banqueroute de l'année 2010 a été surpassée et si le monde a coulé (les îles artificielles le représentant au large) l'Émirat quant à lui, est toujours debout par l'investissement dans une forme de lieu encore mal connu : l'artifice ».

# Géopolitique du Moyen-Orient

## 1. Les acteurs de la géopolitique du Moyen-Orient sont multiples,

- IRAN Les puissances régionales de la région
- Les pays de La Ligue Arabe, majoritairement sunnites sauf l'Irak, Bahrein et le Liban
- L'Iran, 75 M d'habitants, théocratie chiite, population perse
- Israël, 8 millions habitants, peuple juif, pays développé
- La Turquie, 74 M d'habitants, peuple turc, forte minorité kurde (15 millions), État membre de l'OTAN
- Flotte, bases ou facilités militaires américaines
- Les capitales religieuses

## 2. et se divisent sur des enjeux territoriaux, économiques et politiques

### L'enjeu pétrolier

- Les gisements pétroliers : une rente convoitée
- Les passages stratégiques, conduisant l'approvisionnement du monde en pétrole
- Principaux oléoducs

### L'enjeu de l'approvisionnement en eau

- Principale région de contentieux lié au partage des ressources en eau
- Principaux barrages

### Des enjeux territoriaux et nationaux toujours vifs

- La Palestine, une terre revendiquée par deux peuples
- Le territoire Kurde : un peuple sans Etat

### Le risque nucléaire

- Puissance nucléaire officieuse
- Pays menant des programmes nucléaires civils et militaires

## 3. faisant du Moyen-Orient une terre de conflits à hauts risques

### Conflits…

- Israël et son voisinage : des conflits à répétition
- Les interventions américaines dans la région
- Conflits inter-étatiques lié à l'agression irakienne
- SYRIE Principaux pays ayant connu des troubles liés au Printemps arabe

Conflits internes, pays ayant connu ou connaissant des guerres civiles

- Conflit ouvert
- Conflit gelé
- Conflit chronique

### Et insuffisants lieux de dialogue…

- Conseil de coopération du Golfe
- Pays entretenant des relations diplomatiques avec Israël
- Ligue arabe
- Capitale de l'OCI, organisation de la coopération islamique

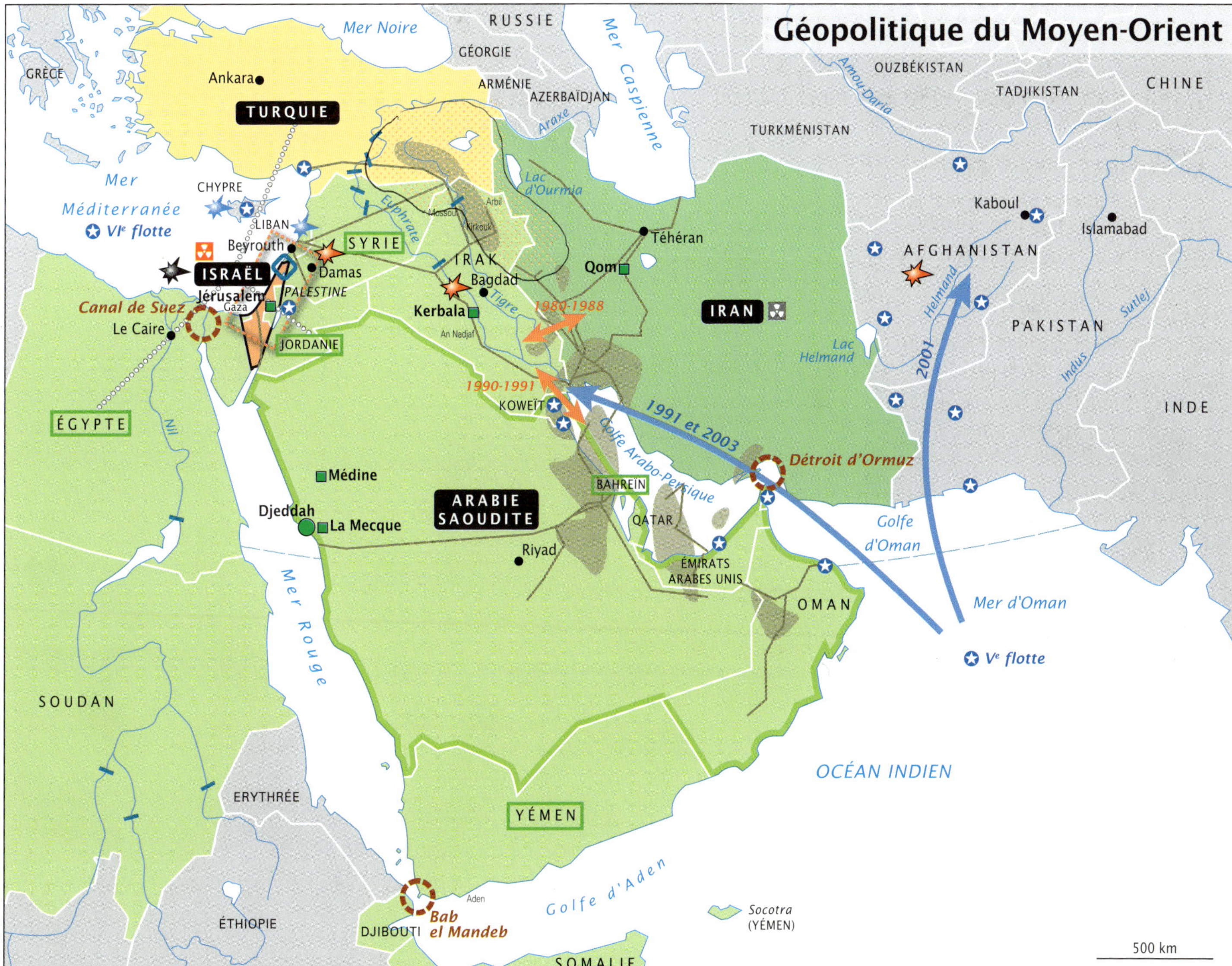

Géopolitique du Moyen-Orient
Mer Noire
RUSSIE
GÉORGIE
ARMÉNIE
AZERBAÏDJAN
Mer Caspienne
OUZBÉKISTAN
TADJIKISTAN
CHINE
Amou-Daria
TURKMÉNISTAN
GRÈCE
Ankara
TURQUIE
Araxe
Lac d'Ourmia
Mer Méditerranée
VIe flotte
CHYPRE
LIBAN
Beyrouth
Damas
SYRIE
Euphrate
Arbil
Mossoul
Kirkouk
IRAK
Bagdad
Téhéran
Qom
Kaboul
Islamabad
AFGHANISTAN
ISRAËL
Jérusalem
Gaza
PALESTINE
Kerbala
An Nadjaf
Tigre
1980-1988
IRAN
Lac Helmand
Helmand
Sutlej
PAKISTAN
Canal de Suez
Le Caire
JORDANIE
2001
Indus
1990-1991
KOWEÏT
1991 et 2003
INDE
ÉGYPTE
Nil
Golfe Arabo-Persique
Détroit d'Ormuz
Médine
BAHREÏN
Djeddah
La Mecque
ARABIE SAOUDITE
QATAR
Golfe d'Oman
Riyad
ÉMIRATS ARABES UNIS
Mer Rouge
OMAN
Mer d'Oman
Ve flotte
SOUDAN
OCÉAN INDIEN
ERYTHRÉE
YÉMEN
Golfe d'Aden
Aden
Bab el Mandeb
Socotra (YÉMEN)
ÉTHIOPIE
DJIBOUTI
SOMALIE
500 km

> **“Ce qui se joue à travers le Grand Moyen-Orient est plus qu'un conflit militaire. C'est la guerre idéologique décisive de notre temps. D'un côté, il y a ceux qui croient en la liberté et en la modération : de l'autre, les extrémistes qui tuent des innocents et ont proclamé leur intention de détruire notre mode de vie.”**
>
> **G.W. Bush, Président des États-Unis, *Discours sur l'état de l'Union*, 11 janvier 2007.**

> **“Je suis venu ici au Caire en quête d'un nouveau départ pour les États-Unis et les Musulmans du monde entier, un départ fondé sur l'intérêt mutuel et le respect mutuel, et reposant sur la proposition vraie que l'Amérique et l'islam ne s'excluent pas et qu'ils n'ont pas lieu de se faire concurrence. Bien au contraire, l'Amérique et l'islam se recoupent et se nourrissent de principes communs, à savoir la justice et le progrès, la tolérance et la dignité de chaque être humain.”**
>
> **B. Obama, *Discours à l'université du Caire*, 4 juin 2009.**

➤ Lexique

acteurs
armes
conflit
frontières
rente

## De l'énoncé à l'idée directrice

Le Moyen-Orient, de l'Égypte à l'Afghanistan, illustre plus que toute autre région la permanence des tensions internationales. Poudrière régionale depuis les lendemains de la Seconde Guerre mondiale, première région productrice de pétrole du monde (63 %), les conflits y sont multiples, changeants, ayant leurs dynamiques internes. Étudier la géopolitique de la région, c'est-à-dire les rivalités de pouvoir sur ces territoires, conduit à identifier **plusieurs sources de tensions, qui s'accumulent plus qu'elles ne se succèdent.**

**La naissance d'Israël** dans une région dont plusieurs États accèdent alors simplement à l'indépendance est à l'origine d'un **conflit** toujours en cours, qui se joue sur un territoire minuscule à l'échelle de la planète (27 000 km²) mais qui est peu à peu devenu une sorte de **métaphore de l'affrontement entre Islam et Occident**. À l'issue de la première guerre israélo-arabe, l'État juif occupe déjà 70 % du territoire de la Palestine, c'est une catastrophe (*Nakba*) pour les Palestiniens, désormais peuple apatride qui compte d'abord sur la solidarité de ses voisins de la Ligue arabe puis sur ses propres forces (OLP – 1964) pour récupérer sa terre. Au fil de des guerres, (1949-1956-1967-1973-1982), Israël consolide son emprise sur la totalité de la Palestine (territoires occupés en 1967 incluant le Plateau du Golan syrien). En dépit de quelques alliances mouvantes ou reconnaissances (Iran du Shah, Turquie, Égypte à partir de 1978, Jordanie en 1994), Israël demeure profondément isolé dans sa région, enclave développée toujours sur le pied de guerre. De plus, le développement et l'influence grandissante, dans tous les pays musulmans, de mouvements islamistes qui proclament leur haine de l'Occident et des valeurs qu'ils y attachent, renforce les clivages : « le sort fait aux Palestiniens est présenté comme la manifestation de tout ce qui caractérise, à leurs yeux, l'Occident honni : matérialisme, arrogance, brutalité et partialité, incarnés par le relais imposé de l'Occident en terre d'Islam, jamais autrement désigné, et donc dénoncé, que par l'expression d'“entité sioniste” » (A. Defay).

Pendant longtemps, le conflit Israélo-arabe a dominé la région, suscitant l'unité du monde arabe comme la marginalisation de ceux qui acceptaient Israël (Turquie notamment). Il affectait sur ses marges les pays voisins, Jordanie et surtout Liban dont la structure multiconfessionnelle ne résista pas à l'installation massive de Palestiniens et aux appétits syriens (guerre civile libanaise 1975-1990). L'installation d'une République Islamiste en Iran en avril 1979 est d'abord un coup dur pour les États-Unis et pour son allié Israël. Mais c'est rapidement **l'Irak de Saddam Hussein** (qui accapare seul le pouvoir en Irak en 1979) qui devient le fauteur de guerre : agression contre l'Iran en 1980, invasion du Koweït en 1990, massacres en Irak même de populations kurdes en 1988 et de Chiites insurgés en 1991. L'Irak, avec son potentiel pétrolier — 8,7 % des réserves mondiales en 2011 — et son rôle stratégique face à l'Iran, focalise alors l'attention notamment des États-Unis qui obtiennent un blocus voté par l'ONU.

**Les attentats du 11 septembre 2001 conduisent les États-Unis à mener deux guerres** : en Afghanistan avec l'OTAN en 2001 pour en chasser les Talibans et en Irak en 2003. Le président Bush mène ici une croisade, celle du Bien contre l'Axe du Mal dans l'esprit néoconservateur du choc des civilisations. Mais pour conduire le *democracy and state building*, le gouvernement américain occupe et prend en main le pays où communautarismes et nationalismes sur fond d'instrumentalisation par Al Qaida en Irak conduisent à un éclatement programmé ou du moins une pacification difficile. Les Américains demeurent jusque fin 2011, ils connaissent là leur plus gros fiasco international depuis le Viêtnam : 4 500 morts américains, un coût de 750 milliards de dollars soit 250 millions de dollars par jour, environ 125 000 morts Irakiens, 2 millions de réfugiés choisissant l'exil et un pays qui depuis n'a pas retrouvé la paix...

**Aujourd'hui, le Moyen-Orient donne l'impression d'être plus belligène que jamais**. C'est d'abord le résultat de la volonté d'affirmation de puissances régionales : la **présidence d'Ahmadinejad en Iran** (2005-2013) inaugure une nouvelle phase radicale : franche opposition aux États-Unis, diatribes à l'égard d'Israël qu'il veut « balayer des pages du temps », acquisition d'un *soft power* par son soutien aux mouvements islamistes radicaux (Hamas palestinien et Hezbollah libanais) et par les liens avec les communautés chiites qui relaient son pouvoir... Paradoxalement, la politique américaine l'a servi indirectement en le débarrassant des Talibans et des Baasistes irakiens ennemis jurés des Chiites iraniens. Sous sa présidence, le pays a accéléré sa quête de l'arme atomique pour affirmer son statut de puissance régionale comme pour sanctuariser son territoire. Voilà qui ne peut que susciter les plus grandes inquiétudes d'Israël et aussi l'ire de **l'Arabie Saoudite, son rival régional.** Ainsi on peut parler d'une fracture entre monde chiite et monde sunnite que la guerre civile syrienne débutée en 2011 a exacerbée. L'onde de choc des **révolutions des Printemps arabes** rend le futur encore très incertain : arrivée des Frères Musulmans au pouvoir en Égypte, puis reprise en main des militaires, guerre civile syrienne, déstabilisation profonde de la Jordanie, émeutes au Yémen et à Bahrein. La fragilité des États est grande, alors que les Kurdes, en Irak depuis 1991 et en Syrie aujourd'hui, s'autonomisent de plus en plus et que le PKK négocie une paix désarmée avec le gouvernement turc.

## Des faits au croquis

De Gaulle s'envolant vers le Moyen-Orient parlait déjà de s'envoler vers « l'Orient compliqué ». Aussi, pour éclairer une géopolitique si complexe, la réalisation d'un croquis de synthèse est particulièrement appropriée. Celui-ci donne à voir en un clin d'œil le sentiment d'encerclement de l'Iran, entouré de bases américaines, ou encore l'isolement d'Israël, petit territoire en monde arabe. La construction de la légende répond au souci didactique de toute étude géopolitique : **quels acteurs ? quels enjeux ? quelles rivalités et conflits sur quels territoires ?** Le choix est fait ainsi de dégager les acteurs de cette géopolitique, particulièrement nombreux et qui seront soulignés par des couleurs en à-plats. La carte permet également de sérier les enjeux et objets de rivalités qui sont plus nombreux que ce que l'on pourrait penser. Par exemple, toute la région (sauf Turquie et Irak) est en situation de stress hydrique disposant de moins de 1 700 $m^3$ d'eau par an et par personne, l'approvisionnement en eau devient une dimension souvent occultée mais bien réelle des conflits (le plateau du Golan est un château d'eau bien utile aux Israéliens). Enfin sans proposer véritablement une typologie étant limité par le nombre et le déplacement de ces foyers d'instabilité, le croquis s'attache à différencier les conflits, dévoilant en fin de compte une vision du Moyen-Orient qui ressemble à une géographie du chaos.

# AMÉRIQUE



L'**Amérique** est un ensemble territorial qui, de l'Alaska à la Terre de Feu, rassemble un peu moins de 14 % de la population mondiale sur 30 % de la superficie continentale.
Sa spécificité est de contenir en son sein les États-Unis qui tendent à vassaliser le reste des États américains par leur suprématie incontestable, notamment en termes de PIB (les États-Unis représentent 10 fois le PIB du Brésil), d'où une ambiguïté permanente dans l'usage du terme Amérique qui désigne tantôt le continent, tantôt les seuls États-Unis ou même l'Amérique du Nord.

**L'Amérique du Nord** au sens strict ne regroupe que le Canada et les États-Unis, mais avec la création de l'Alena, et comme pour mieux montrer que le Mexique coupe ses racines avec l'Amérique du Sud, on y inclut parfois le Mexique.

**L'Amérique centrale** désigne les États allant de la frontière Nord mexicaine au Panama (États de l'isthme de Tehuantepec) ainsi que les États insulaires des Caraïbes.

**L'Amérique du Sud** désigne les États situés au sud de l'État du Panama. Les douze États concernés se rassemblent aujourd'hui dans l'UNASUR, nouveau mécanisme d'intégration régionale apparu en 2008 qui, avec 17 millions de km$^2$ et 350 millions d'habitants, est le plus vaste ensemble politico-économique de la planète.

**Amérique latine** est une notion éminemment culturelle et récente (XIX$^e$ siècle, quand l'Europe voulait exorciser par les mots la montée en puissance de la République nord-américaine). Elle inclut tous les États de langue latine, à savoir de manière simple toute l'Amérique de la frontière mexicaine à l'extrême sud du sous-continent.

**Amérique hispanique** : ensemble de 14 millions de km$^2$, avec plus de 330 millions d'habitants de langue hispanique, excluant bien sûr le Brésil lusophone.

**Mésoamérique** : terme créé en 1943 pour désigner la grande aire culturelle précolombienne des hauts plateaux du Mexique aux confins occidentaux du Honduras.

**L'Amérique andine** est une Amérique indienne, sur la cordillère des Andes, caractérisée par son sous-développement relatif par rapport au reste de l'Amérique du Sud.

**Méditerranée américaine** : mer des Caraïbes.

**Mexamerica** : expression qui désigne l'ensemble transfrontalier qui couvre tous les États du Nord mexicain à partir de San Luis Potosi et de Zacatecas et s'enfonce à l'intérieur des États-Unis, sur les terres autrefois mexicaines et conquises au XIXe siècle par les États-Unis. Cette expression controversée vient de Joël Garreau, dans *Les 9 nations de l'Amérique du Nord* (1981). Ce concept est très populaire chez certains Mexicains qui y voient un moyen de transcender les différences de niveau de vie, d'accéder au premier monde, de refuser la frontière comme *barda* (palissade surmontée de fil de fer), de conforter l'idée que la frontière n'est plus une périphérie mais un nouveau centre... Mais cette vision est contredite par la décision américaine, prise sous l'administration G. W. Bush, de construire un mur discontinu de 1 200 km renforçant les contrôles sur cette frontière.

**Arctique** : point de rencontre des continents américain, européen et asiatique. Autour du pôle Nord, l'océan Arctique est la zone circonscrite par le cercle polaire arctique ; par opposition, l'Antarctique relève du pôle sud, et est depuis 1959, bien collectif de l'humanité consacré à la science.

| Amérique | Amérique du Nord (États-Unis et Canada) | Amérique latine (du Mexique à la terre de Feu) et Caraïbes. |
|---|---|---|
| 40 millions de km² | 19,6 millions de km² | 20,4 millions de km² |
| 965 millions d'habitants (2013) | 355 millions d'habitants (2013) | 610 millions d'habitants (2013) |
| | IDH 2012 : 0,93 | IDH 2012 : 0,741 |
| | PIB/hab. PPA : 45 000 $ (2010) | PIB/hab. PPA : 12 100 $ |
| Fécondité : 2,1 enf./f. | Fécondité : 2,04 enf./f. (2013) | Fécondité : 2,15 enf./f. (2013) |

Données 2011 sauf mention particulière. Sources : cf. p. 77

# Les États-Unis : l'exercice de la puissance

## 1. Les États-Unis ont tous les attributs de la puissance et sont au cœur de la mondialisation

### Des lieux de pouvoir

- **New York** : la première des villes monde et la première capitalisation boursière
- US$ **Le dollar** : première monnaie d'échange et de réserve
- ONU Siège d'organisations internationales
- Hollywood, une industrie culturelle de rayonnement mondial
- Le centre du Hard Power américain
- Silicon Valley, symbole de la suprématie technologique américaine

### Un pays au cœur de flux mondiaux

- Passage stratégique du commerce mondial (liberté de navigation assurée en dernier ressort par les Etats-Unis)
- Négociations commerciales : vers de nouveaux traités de libre-échange
- P États principaux fournisseurs de pétrole aux États-Unis
- XX % Approvisionnement par grandes régions
- −106 mds$ Principaux déficits commerciaux en 2011 (avec la Chine et l'UE, données OMC)
- Principaux flux migratoires vers les États-Unis

## 2. Les Etats-Unis, seule puissance militaire d'envergure réellement mondiale, peuvent prétendre au leadership.

### Plus de 40 % du budget militaire mondial

- USEUCOM Principaux commandements militaires
- Kings Bay Bases navales majeures sur le territoire américain (dont base de SNLE)
- Principales bases militaires à l'étranger

### Une force de projection partout dans le monde

- Principales interventions militaires à l'époque de la guerre froide
- Interventions américaines récentes, avec l'engagement d'importants moyens aéronavals

## 3. Mais leur vision du monde se heurte à la réalité d'un monde multipolaire : une hégémonie contestée ?

### Les États-Unis et leurs alliés

- Le territoire des Etats-Unis
- Les territoires dépendants (permettant l' extension de la ZEE)
- Les alliés de l'OTAN
- Autres alliés traditionnels des États-Unis

### L'Amérique, leur arrière-cour ?

- CELAC, une volonté d'émancipation

### Leurs adversaires désignés et rivaux

- Rogue states, « axe du mal »
- Bases du terrorisme islamiste
- Pays sud-américains hostiles aux Etats-Unis
- Chine Puissances rivales

### Un monde multipolaire qui s'affirme

- UNION EUROPÉENNE L'Union Européenne : une puissance normative
- Les BRICS et principales puissances émergentes
- Ex-démocraties populaires souvent sous influence russe
- Moyen Orient : Un désengagement difficile pour les États-Unis
- Autres PVD : périphéries secondaires pour les États-Unis, délaissées souvent, courtisées parfois
- États neutres

# Les États-Unis et l'exercice de la puissance

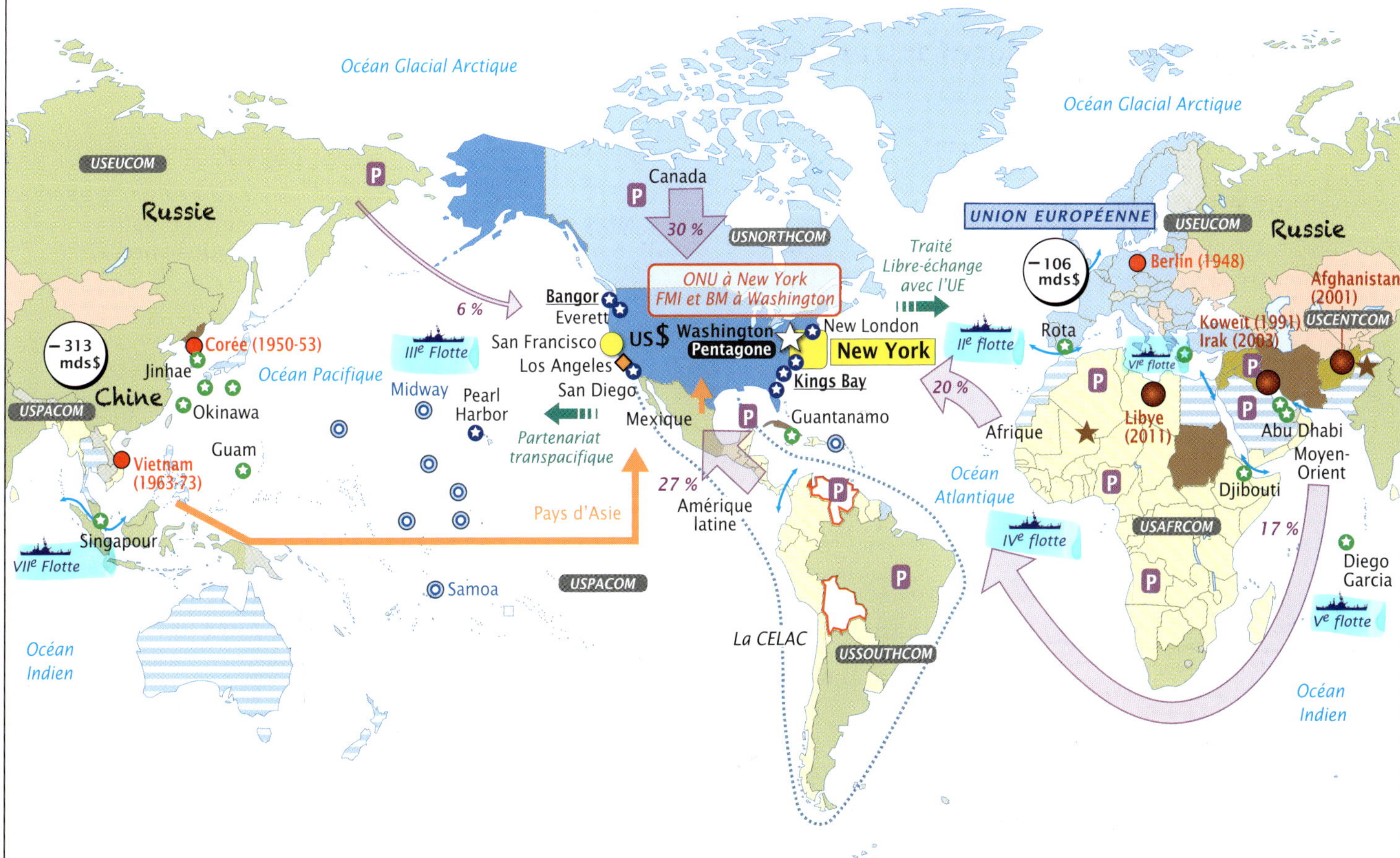


**COMMANDEMENTS MILITAIRES**

Les États-Unis sont le seul pays dont les opérations militaires à l'échelle planétaire relèvent de cinq commandements géographiquement distincts.
Trois de ces commandements géographiques couvrent les régions situées respectivement à l'est, à l'ouest et au sud du territoire des États-Unis.
Le quatrième commandement géographique est responsable de tout le continent nord-américain. Le cinquième comprend la région de l'Asie du Sud-Ouest

> "Si nous devons utiliser la force, c'est parce que nous sommes l'Amérique. Nous sommes la nation indispensable. Nous gardons la tête haute. Nous anticipons le futur."
>
> MADELEINE ALBRIGHT, Secrétaire d'État, 1998.

> "Qu'il soit dit aux enfants de nos enfants que lorsque nous avons été mis à l'épreuve, nous avons refusé de voir ce parcours s'arrêter, nous n'avons pas tourné le dos ni faibli. Et avec les yeux fixés sur l'horizon et la grâce de Dieu, nous avons continué à porter ce formidable cadeau de la liberté et l'avons donné aux générations futures."
>
> B. OBAMA, Dernières phrases du discours d'investiture, 20 janvier 2009.

➤ Lexique

armes
centre/périphérie
économie dominante
impérialisme
puissance

## De l'énoncé à l'idée directrice

Avec ce sujet donné en mai 2013 par l'ESCP en géopolitique, voici une excellente occasion de montrer l'intérêt d'un exercice qui est ici d'une complémentarité évidente avec la dissertation.

La thématique de la puissance américaine est très classique. Le XX$^{e}$ siècle, que l'éditorialiste Henry Luce dès 1941 nomma le siècle américain, permit aux États-Unis de devenir une superpuissance, puis une hyperpuissance, affirmant une hégémonie justifiée à leurs yeux par les valeurs qu'ils défendent. Il y a, chez les grands acteurs de la politique américaine, une **vision messianique** du rôle de leur pays. La conviction d'avoir une « destinée manifeste » anime les Pères fondateurs, elle est indissociable de la fierté d'être une terre de libertés et de constituer pour le monde la « nation indispensable » qui défend la justice et le droit. Or cette conviction est servie par des **capacités hors du commun**. « On a vu des puissances hégémoniques depuis l'origine de l'humanité. Mais la suprématie des États-Unis aujourd'hui se distingue entre toutes par la rapidité avec laquelle elle est apparue, par son envergure planétaire et les modalités qu'elle revêt. Il aura fallu moins d'un siècle aux États-Unis dont le rayonnement était jusqu'alors cantonné à l'hémisphère occidental, pour se transformer – sous l'influence de la dynamique des relations internationales – en une puissance dont le poids et la capacité d'intervention sont sans précédent. » (Z. Brzezinski, *Le grand échiquier*, 1997). Les armes de sa puissance sont en effet multiples : domination sans partage dans le domaine militaire (« Nous dépensons plus que le total cumulé des 10 nations suivantes » rappelait Obama en 2012), primauté scientifique (plus de 420 milliards de dollars de dépenses de R&D en 2013), puissance économique (FMN aux premiers rangs, première capitalisation boursière, rôle du dollar qui est utilisé fin 2011 dans 85 % des opérations de change dans le monde et représente 62 % des réserves de change des banques centrales), rayonnement culturel (que l'on songe à Hollywood, internet, au rôle de l'anglais, à l'*american way of life*...), atouts diplomatiques (incarnés par le siège américain de l'ONU, du FMI ou de la Banque Mondiale, par la puissance de l'APD, aide publique au développement versé par le pays et... par la puissance de l'espionnage – NSA – vis-à-vis même des alliés). Au final, comme tous les étudiants savent l'exprimer, le pays dispose **d'un *hard power* et d'un *soft power* inégalés.**

Le sujet portait non sur la puissance mais sur **l'exercice de la puissance**, c'est-à-dire sur la mise en œuvre, la manière dont ce pouvoir était utilisé, sur la volonté ou non des États-Unis d'en user. Il y avait là matière à préciser le propos en introduisant une **dimension chronologique**.

Pour décrire le rôle des États-Unis, certains concepts – à condition de les définir – étaient indispensables. Depuis la doctrine Monroe de 1823, la politique étrangère des États-Unis a fluctué entre **isolationnisme** et interventionnisme dans les affaires du monde, ils ont été accusés **d'impérialisme** pendant la Guerre froide, ont choisi **l'unilatéralisme** ensuite au détriment d'une approche multilatérale. Ils ont privilégié **l'hégémonie**, visant à leur sécurité nationale, plus que le **leadership** qui intègre cette sécurité dans un système international fondé sur une communauté planétaire d'intérêts et de valeurs. De même, l'analyse devait intégrer **l'étude des expressions territoriales de cette puissance**. C'est sur ce point que le croquis permettait d'économiser bien des discours. Il était en effet aisé de renvoyer à la carte pour montrer le déploiement spatial de la puissance américaine et légitimement s'interroger : « et si le XXI^e^ siècle était encore un peu américain ? »

## Des faits au croquis

Comme le concours 2013 l'a montré, beaucoup d'étudiants peinent encore à penser le croquis comme un exercice complémentaire à la dissertation, fréquemment cité. Le croquis a une première vertu, il permet de vérifier la **maîtrise de localisations** essentielles au sujet ; une argumentation apparemment solide se trouve ainsi discréditée lorsque le croquis révèle l'incapacité de son auteur à localiser correctement Iran, Irak, Afghanistan, ou à situer les principales bases américaines dans le monde.

Les consignes données avec le sujet rappellent la latitude – l'obligation en fait – qui est donnée de construire une carte répondant à un titre fourni par le candidat et répondant à un objet précis qui n'est pas obligatoirement, loin de là, l'ensemble du sujet posé en dissertation. Le croquis a ainsi un second intérêt : centré sur la **dimension territoriale du sujet**, il donne à voir l'expression de la puissance états-unienne dans le monde. Quelles furent les « projections de puissance », c'est-à-dire les théâtres d'intervention des États-Unis ? Quels sont les éléments qui traduisent une présence et un rayonnement planétaire ? La localisation par exemple des pays membres de l'OTAN, ou au contraire des *rogue states* désignés comme tels, venait compléter très utilement la dissertation et évitait des énumérations dans le texte.

Le croquis proposé sans prétendre bien sûr à l'exhaustivité sur un tel sujet cherche à mettre en évidence la place centrale des États-Unis par les lieux du pouvoir que le pays rassemble et par les flux qui convergent vers lui ; il insiste ensuite sur l'extraordinaire et unique déploiement de sa puissance militaire (bases, flottes, commandements militaires, opérations passées et présentes... que l'on aurait pu enrichir des bases du réseau Échelon). La troisième partie propose une **typologie** permettant de comprendre la manière dont les États-Unis appréhendent le monde : alliés, arrière-cour traditionnelle, adversaires désignés, rivaux émergents etc. Cette approche donne à voir, par les couleurs en à-plats, la représentation que le pays se fait de son environnement régional ou mondial, la typologie est un élément clé de l'analyse géopolitique auquel il faut recourir dès que possible.

Les croquis les moins convaincants sont clairement ceux qui cherchent à illustrer la dissertation en respectant scrupuleusement le plan de celle-ci – certains étudiants poussant le zèle jusqu'à suivre leurs sous-parties. Le plan de la dissertation peut parfois convenir, il est rarement le plus pertinent. Il fut étonnant ainsi de voir de très nombreux croquis au concours ne montrer ni les pays de l'OTAN ni les flux, données éminemment spatiales. À quoi servait par contre de marquer sur le Japon le mot *Yen* barré avec comme légende *Endaka* ou le mot *SDN* barré sur les États-Unis avec en légende : *rejet de la SDN et isolationnisme américain* ? Il faut garder son bon sens, penser l'espace proposé, renoncer à meubler la carte d'éléments inutiles... et se rappeler qu'**un croquis reste une construction intellectuelle qui met en œuvre une analyse des territoires.**

# Quels rapports de puissance en Amérique ?



**1. Le déséquilibre patent des indicateurs de puissance…**

- **La puissance démographique**

plus de 300 millions d'hab.

de 100 à 300 millions d'hab.

de 25 à 50 millions d'hab.

- **La puissance économique : PIB par habitant 2011, en dollars**

Plus de 40 000 (États-Unis, Canada)

entre 10 000 et 20 000

entre 5 000 et 10 000

entre 1 000 et 5 000

inf. à 1 000

Le PIB varie dans un **rapport de 1 à 6,5** entre les deux premières puissances américaines. PIB des **États-Unis en 2012 : 15 685 mds $**, PIB du **Brésil en 2012 : 2400 mds $**

- **La puissance militaire**

41% Puissance militaire des États-Unis, 41% du budget militaire mondial, détenteur de l'arme nucléaire

Bases militaires américaines

- **La puissance scientifique**

Principaux technopôles

**2. explique la capacité des États-Unis à dominer le continent**

- **Le leadership des États-Unis**

Exportations / Importations — Flux commerciaux déséquilibrés

Ressources pétrolières exportées vers les États-Unis

ALENA

Métropoles économiques dominantes

*ONU…* Institutions au rayonnement international et institutions panaméricaines

Pays participant au Partenariat Trans Pacifique (PTP)

- **servis par les divisions latino-américaines**

Frontière contrôlée par les États-Unis qui limitent les migrations Sud-Nord

Pays ayant signé un traité bilatéral de libre-échange avec les États-Unis

Tensions importantes liées à des questions de nationalités

**3. mais la résistance au leadership des États-Unis est de plus en plus claire en Amérique latine**

**BRÉSIL** Brésil, pays leader pour l'Amérique latine

Échec du projet de ZLEA

**CAN** (Communauté andine des nations), 1969

**Le Mercosur :** une affirmation de l'Amérique latine émergente, 1991

**L'Unasur** (Union des nations sud-américaines), mai 2008

**La Celac** (Communauté des États latino-américains et caribéens), créée en 2011

Pays du consensus de Buenos Aires : manifeste de 2003 s'opposant au discours libéral du FMI

Siège de la future Banque du Sud, latino-américaine

Lieux emblématiques de l'altermondialisme

CUBA Pays de l'Alternative bolivarienne pour les Amériques, contestation ouverte de l'hégémonie américaine

Flux migratoires et «reconquête» par les Mexicains des États perdus en 1848

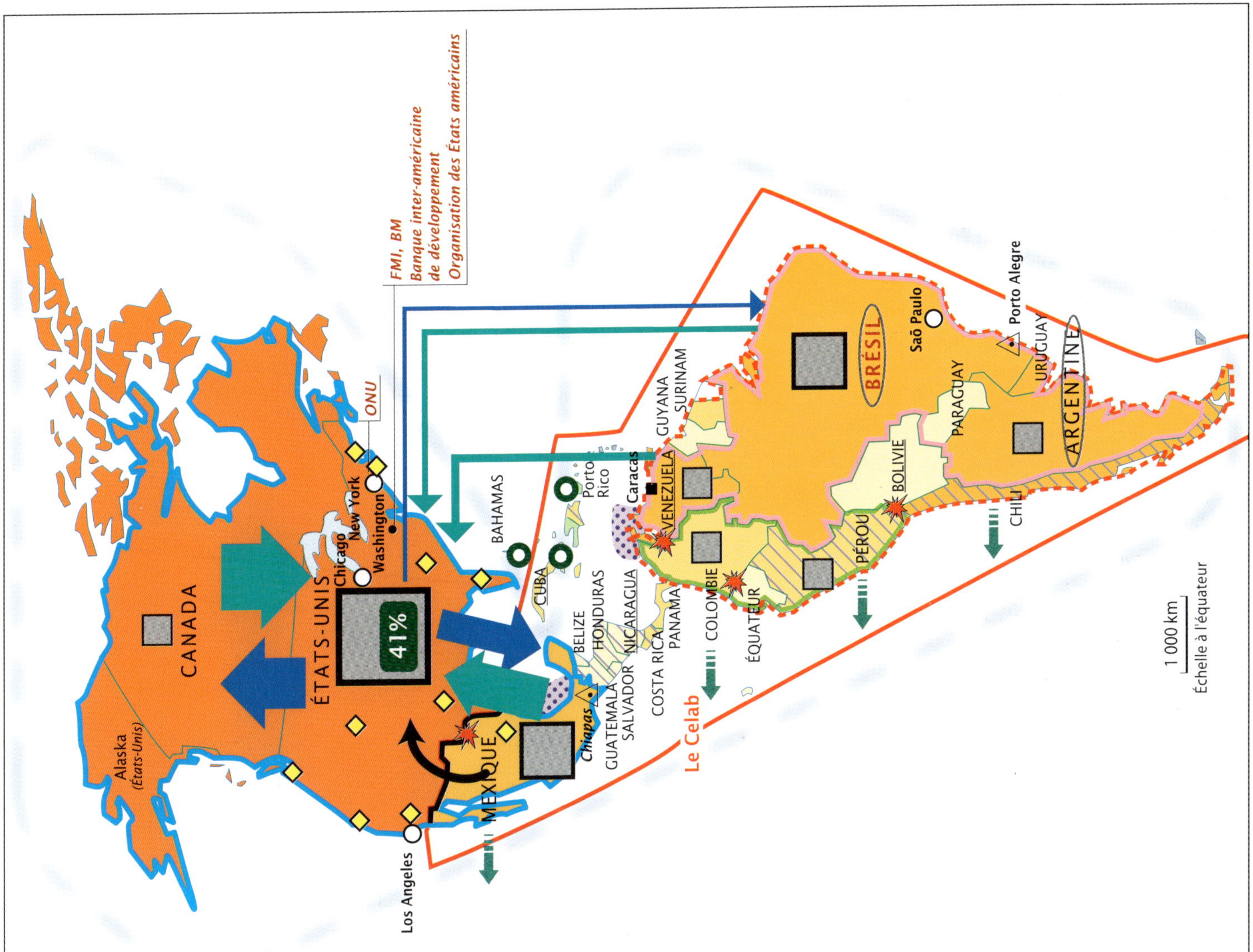


## La doctrine Monroe, vision dépassée de la géopolitique américaine

“Aux Européens le vieux continent, aux Américains le Nouveau Monde.”

James Monroe, président des États-Unis, 1823.

“Il y a un proverbe qui dit : « Parlez doucement, mais ayez un gros bâton dans la main et vous irez loin ». Si la nation américaine veut bien parler doucement mais en même temps bâtir une marine parfaitement efficace et la maintenir à un niveau de préparation extrême, la doctrine Monroe ira loin.”

Théodore Roosevelt, vice-président des États-Unis, 2 septembre 1901.

➤ Lexique

économie dominante
géopolitique
hiérarchie
impérialisme
puissance

## De l'énoncé à l'idée directrice

L'étude de rapports de puissance est au cœur de la géopolitique. Pour éclairer ces relations et ces rivalités, il s'agit d'abord d'identifier :
• Les acteurs : États, associations régionales, institutions internationales – FMI, CEPAL (Commission économique pour l'Amérique latine), OEA (Organisation des États américains)...
• Les enjeux : rapports de domination et *leadership*, mainmise idéologique, maîtrise des ressources énergétiques, formation de zones de libre-échange, sécurité militaire, contrôle de l'économie de la drogue et moyens de l'endiguer, circulation des personnes et migrations Sud-Nord etc.
• Les territoires enfin où s'expriment ces rapports : à l'échelle du continent, dans un rapport Nord-Sud opposant Amérique anglo-saxonne et Amérique latine, ou à des échelles plus fines, régionales (par exemple au sein du Mercosur), ou même infra-nationales.

**La problématique du sujet est naturellement centrée sur le rôle dominant des États-Unis,** souvent assimilés à « l'Amérique ». Depuis la doctrine Monroe de 1823, ils entendent bien être la seule grande puissance du continent dont ils ont quasiment chassé les Européens, si l'on excepte les Îles Malouines ou Falkland britanniques, les Antilles françaises et autres reliquats des Empires coloniaux. Cette domination fut souvent imposée, comme l'exprime en 1901 la phrase du président Théodore Roosevelt, et s'est traduite par des interventions fréquentes et multiples, principalement en Amérique centrale dès le début du XX^e^ siècle au nom « d'un pouvoir international de police », comme au Nicaragua (1899) ou au Honduras (1903). Depuis la Seconde Guerre mondiale, la volonté d'émancipation de l'Amérique latine s'affirme, ce qui n'a pas été sans tension, dont les plus importantes ont concerné Cuba, toujours exclue par les États-Unis du Sommet des Amériques.

Fondamentalement, **ce qui est en jeu, c'est, face à l'hyperpuissance des États-Unis – plus de 6 fois le PIB du Brésil –, le potentiel d'autonomie de l'Amérique latine et sa capacité à rééquilibrer ce rapport de force.** Alors que G. W. Bush tissait les projets paternels de grand marché de l'Alaska à la Terre de Feu, la vague politique qui a multiplié les gouvernements de gauche a été perçue comme une affirmation de la différence sud-américaine par rapport aux États-Unis. Le début du XXIe siècle a vu se multiplier les « actes de résistance » à la tutelle des États-Unis : remboursement anticipé des emprunts contractés auprès du FMI par le Brésil et l'Argentine, affirmation d'un consensus de Buenos Aires (2003) qui serait l'alternative au consensus libéral de Washington (1989) imposé par le FMI, rejet du projet de zone de libre-échange américaine (ZLEA) lors du sommet de Mar del Plata (2005), activisme du président Hugo Chavez contre l'impérialisme américain au travers de l'Alba (Alternative bolivarienne pour les Amériques, en 2004). Comme l'anticipait A. Rouquié il y a plus de dix ans, « l'heure des chasses gardées et des arrière-cours semble bien révolue », l'Amérique latine, animée par des économies émergentes, ouvertes aux autres continents, « n'offre pas un contexte favorable aux tentations verticales, fussent-elles celles d'un panaméricanisme résurgent » (A. Rouquié, *Amérique latine, Introduction à l'Extrême Occident*, Seuil, 1998).

Cette problématique ne doit pas occulter enfin les **rapports de force existant au sein de l'Amérique latine**, comme en témoignent les tensions au sein du Mercosur (le Brésil 5 fois le PIB de l'Argentine, 50 fois celui de l'Uruguay) ou les débuts très laborieux de l'UNASUR (échec du sommet de Quito en septembre 2009 visant à mettre en place des mécanismes de sécurité régionaux). L'activisme du président brésilien Lula ne fait pas l'unanimité et la présence, au Sommet de l'Amazonie de Manaus en novembre 2009, de deux chefs d'État seulement sur les huit que compte l'Organisation du traité de coopération amazonienne en dit long sur les mésententes régionales – et ce en dépit de l'importance de la question en débat, le rôle du poumon vert amazonien dans la lutte contre le réchauffement climatique.

Dans ce contexte, la création de la CELAC (communauté d'États latino-américains et caribéens) fin 2011 révèle surtout une volonté d'autonomie vis-à-vis de l'influence des États-Unis ; Cuba préside ce forum en 2013.

## Des faits au croquis

La légende est organisée autour de l'idée de la domination des États-Unis et de sa contestation aujourd'hui. Le plan a pour objectif de montrer à la fois que les États-Unis rayonnent dans tous les domaines de la puissance, mais aussi que la résistance au *leadership* américain s'organise. Cette résistance est nouvelle par sa diversité et son ampleur, ce qui fait l'intérêt du sujet.

Pour répondre à la problématique, le croquis a choisi de ne pas adopter une démarche chronologique – mais on pourrait imaginer un titre différent et un rappel des interventions américaines passées – et en même temps se différencie nettement de l'exercice demandé au concours ESCP 2009 sur *Intégrations et fragmentations en Amérique* (voir exemple donné en première partie). Une fois de plus, le croquis n'est pas là pour tout dire, mais pour démontrer une idée, complémentaire de la dissertation, en montrant, localisant, spatialisant les données évoquées. La première partie, basée sur des repères statistiques, permet de relativiser l'affirmation latino-américaine : le déséquilibre entre les acteurs est toujours frappant. Les deux parties suivantes étudient les acteurs, leurs moyens d'action aujourd'hui. Exceptionnellement, le croquis déjà assez nourri ne propose pas une typologie, mais on pouvait imaginer d'en bâtir une avec pour gradient le lien plus ou moins étroit avec les États-Unis, du Venezuela à la Colombie.

# La terre en Amérique latine : mutations, mondialisation, mobilisation



**“Dans mon village de la région des Lacs, nous nous battons depuis huit ans contre une entreprise d’élevage de saumon qui s’est lancée, avec l’appui de l’État, dans un projet hautement contaminant, à seulement 25 mètres de nos maisons. Conséquence : l’eau et la terre sont contaminées, nos arbres fruitiers commencent à mourir, de même que notre bétail, qui est une source de revenus et de nourriture pour nous tous. Ces entreprises d’élevage de saumon sont dans leur grande majorité norvégiennes. En Araucanie, il y a aussi beaucoup d’entreprises étrangères forestières, et des sociétés minières, toutes des multinationales. Un peu plus loin dans une zone de rivières, ont commencé d’énormes travaux pour édifier cinq centrales hydroélectriques.”**

**Francisco Vera Millaquen, porte-parole d’une communauté chilienne Mapuche, Hulliche, celle de Pepiukelen, en décembre 2009.**

➤ Lexique

agriculture
DIAT
FMN
frontière
inégalités

## Présentation du document

Voilà une carte très (trop ?) dense de l’agriculture en Amérique latine qui, peut-être par l’abondance des faits représentés, a une légende qui est à elle seule un commentaire. Mais cette carte, somme toute, permet de prendre les trois dimensions du problème de la terre en Amérique latine : la possession du sol, le type de spécialisation, et l’insertion de l’agriculture dans le marché mondial.

## Intérêt

Cette carte est bien emblématique du triptyque : terre de violence (mobilisation pour la propriété des terres), terre de mutations (choix culturaux de plus en plus dictés par la mondialisation), terre de contrastes (minifundisme qui rejette et latifundisme qui exploite, pauvreté et richesse).

**“Ainsi nous pourrons satisfaire la faim de terres et l’appétit rageur de liberté qui se fait entendre aux quatre coins de la République comme la réponse à la sauvagerie des grands propriétaires terriens qui ont maintenu en plein XX^e^ siècle et au cœur de la libre Amérique un système d’exploitation que n’auraient pas pu supporter les serfs les plus infidèles du Moyen Âge européen.”**

**Emiliano Zapata, 1911**

## Analyse

### 1. Une agriculture de plus en plus insérée dans la mondialisation pour le meilleur et pour le pire

• **Les cycles de production**, comme au Brésil liés à la monoculture du sucre du Nordeste (XVI^e^, XVII^e^) avant les cycles du café (XIX^e^), du caoutchouc (XX^e^), après ceux du *pau brasil* (XVI^e^) et du cacao (XVII^e^), ont très tôt permis les gains de devises mais aussi contribué au sacrifice des cultures vivrières au profit de cultures industrielles. Ces dernières, exportées sur les marchés d’abord européens, puis mondiaux, soumises aux cours erratiques, aux exigences élevées en sols (terres violettes pour le café), et en hommes (main-d’œuvre servile des *caboclos* par exemple) ont, comme au Brésil, exclu *feijo* (haricot noir) ou riz local et structuré des systèmes quasi féodaux de répartition des terres. Désormais, c’est au travers du cycle du soja que s’exprime le mieux cette volonté de s’inscrire dans une sorte de DIAT (division internationale agricole du travail) avec le « tout soja » qui conquiert des États entiers comme le Rondonia, le Mato Grosso sans épar-

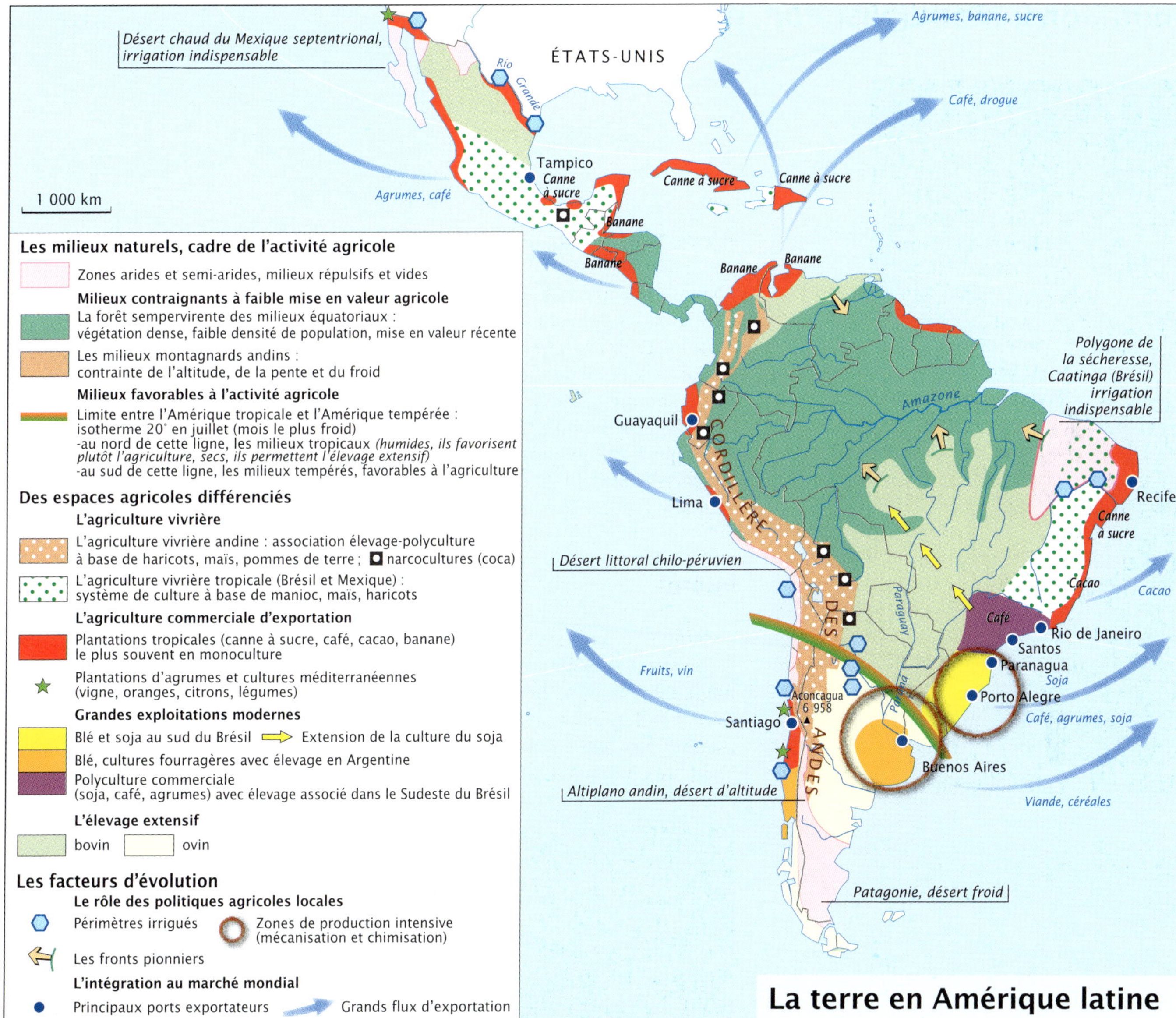
Désert chaud du Mexique septentrional, irrigation indispensable
ÉTATS-UNIS
Rio Grande
Agrumes, banane, sucre
Café, drogue
Tampico
Canne à sucre
Canne à sucre
Canne à sucre
Agrumes, café
1 000 km
Banane
Banane
Banane
Banane
Polygone de la sécheresse, Caatinga (Brésil) irrigation indispensable
Amazone
Guayaquil
CORDILLÈRE DES ANDES
Lima
Recife
Canne à sucre
Désert littoral chilo-péruvien
Cacao
Cacao
Paraguay
Café
Rio de Janeiro
Santos
Paranagua
Soja
Fruits, vin
Aconcagua 6 958
Parana
Porto Alegre
Santiago
Café, agrumes, soja
Buenos Aires
Altiplano andin, désert d'altitude
Viande, céréales
Patagonie, désert froid
Les milieux naturels, cadre de l'activité agricole
Zones arides et semi-arides, milieux répulsifs et vides
Milieux contraignants à faible mise en valeur agricole
La forêt sempervirente des milieux équatoriaux : végétation dense, faible densité de population, mise en valeur récente
Les milieux montagnards andins : contrainte de l'altitude, de la pente et du froid
Milieux favorables à l'activité agricole
Limite entre l'Amérique tropicale et l'Amérique tempérée : isotherme 20° en juillet (mois le plus froid)
-au nord de cette ligne, les milieux tropicaux (humides, ils favorisent plutôt l'agriculture, secs, ils permettent l'élevage extensif)
-au sud de cette ligne, les milieux tempérés, favorables à l'agriculture
Des espaces agricoles différenciés
L'agriculture vivrière
L'agriculture vivrière andine : association élevage-polyculture à base de haricots, maïs, pommes de terre ; narcocultures (coca)
L'agriculture vivrière tropicale (Brésil et Mexique) : système de culture à base de manioc, maïs, haricots
L'agriculture commerciale d'exportation
Plantations tropicales (canne à sucre, café, cacao, banane) le plus souvent en monoculture
Plantations d'agrumes et cultures méditerranéennes (vigne, oranges, citrons, légumes)
Grandes exploitations modernes
Blé et soja au sud du Brésil
Extension de la culture du soja
Blé, cultures fourragères avec élevage en Argentine
Polyculture commerciale (soja, café, agrumes) avec élevage associé dans le Sudeste du Brésil
L'élevage extensif
bovin
ovin
Les facteurs d'évolution
Le rôle des politiques agricoles locales
Périmètres irrigués
Zones de production intensive (mécanisation et chimisation)
Les fronts pionniers
L'intégration au marché mondial
Principaux ports exportateurs
Grands flux d'exportation
La terre en Amérique latine

gner les équilibres naturels, sans se poser la question de l'extraversion (routes insuffisantes Sinop/Paranagua 2 299 km, ports excentrés comme celui de Paranagua) et surtout sans pitié pour le haricot noir, le *feijo*, victime de ces choix plaqués. On pourrait en dire autant du choix controversé des biocarburants, éthanol de maïs ou canne à sucre.

• Des pays comme le Mexique ont aussi **du mal à concilier leur désir d'autosuffisance alimentaire** (programme de 1980 appuyé sur un programme de production d'engrais basé sur une pétrochimie nationale) **et la tentation du marché de proximité américain**. Une partie de l'espace de production a été détournée vers des productions de légumes, de primeurs destinées au marché nord-américain. Un pays comme le Chili a trouvé aussi dans l'exportation agricole des niches très dynamiques (kiwi, arbres fruitiers, raisin de table) au détriment de cultures locales.

• Que dire enfin de **la culture illicite de la coca**, certes emblématique pour Evo Morales, mais qui asservit les paysans, crée des mafias, des clientélismes, fait survivre des groupes armés où les idéaux castristes ou maoïstes ont laissé place à d'obscurs trafics et manipulations (en Colombie ou au Pérou). La cocaïne arrive même à déstabiliser le nord du Mexique avec les affrontements des *zetas* des cartels du Golfe et du Pacifique, où les règlements de compte sont au rythme des trafics (plus de 70 % de la cocaïne consommée par le marché américain y transite).

## 2. Une agriculture de plus en plus contrastée

• **L'Amérique latine, c'est la confrontation du «trop grand et du trop petit»** (B. Charvet) avec un système extrême de capitalisme agricole, d'agronégoce des plantations : modèle plaqué très lié aux conditions locales naturelles, *terras roxas* brésiliennes pour le café, sols riches de la pampa (céréales), sols forestiers des contreforts humides des Andes pour les bananes, hévéas de l'Amazonie à partir des forêts humides, autant de productions pour des marchés extérieurs aux modes de consommation parfois versatiles. L'agriculture y est destructrice (minière), dominée par l'agrobusiness, FMN ou producteurs locaux comme les *paulistas* de l'État de Sao Paulo, les *fazenderos* du café ou *estancieros* de l'élevage argentin. La grande exploitation extensive demeure mais le latifundisme (système extensif détenant un pouvoir sur la terre et les gens) est condamné à moyen terme à évoluer, car se pose le problème des tenanciers, du minifundisme gaspillant la force de travail et victime de l'extorsion de la rente foncière. Il faut se garder de globaliser les situations : font exception, par exemple, des régions prospères peuplées d'Européens comme au sud du Parana, Santa Catarina, Rio Grande do Sul, représentants des classes moyennes peu marquées par l'empreinte coloniale, ou au Costa Rica grâce au café dans le cadre des moyennes propriétés viables : les *fincas* qui ont 5 à 10 ha.

• **L'Amérique latine, c'est aussi une extrême variété de l'utilisation des sols** (Uruguay à 82 %, Chili à 20 %) sur fond de diversité hydrométrique, d'extrême diversité des milieux qui conditionne un rapport très variable à la terre :

– extension des prairies / milieux montagnards,

– avec la forêt tropicale, luxuriante, exubérante, défrichée au départ sur le littoral, avec des sols variables alluviaux comme les massapes du littoral du Nordeste (canne à sucre),

– les terres violettes pour café, sols appauvris après défrichement d'Amazonie, ou les zones arides sur la façade ouest,

– l'extension des prairies, savanes, steppes, une écharpe de la Patagonie aux *cerrados* brésiliens avec les exceptions précocement mises en valeur de la pampa et des campos de l'Uruguay et sud du Brésil,

– sans oublier les milieux montagnards, domaine d'une paysannerie nombreuse traditionnelle avec une science du terroir, un étagement en latitude sous les tropiques avec des terres chaudes jusqu'à 1 000 m (terres basses, *tierras calientes* souvent considérées comme malsaines, infestées) puis des terres tempérées étagées jusqu'à 2 000 m suivies de terres froides jusqu'à 3 000 m et des terres gelées (pommes de terre) (4 000 m) et enfin les *paramos* (moutons, lamas).

• **L'Amérique latine ce sont enfin « des terres sans hommes pour les hommes sans terre »** (B. Charvet), des espaces pionniers, des fronts de conquête comme en Amazonie vouée à l'élevage et à la culture expansionniste du soja, nouveau cycle après celui du caoutchouc.

### 3. Une terre revendiquée

• **L'Amérique latine est le laboratoire des réformes agraires** ; la plus ancienne avant celle de la Russie des Soviets a eu lieu au Mexique, dès l'adoption par Zapata de la charte de Ayala (1911) et, chaque jour, les populismes ou les alternances politiques s'inscrivent dans le débat sur le foncier. En Bolivie, la Constitution accorde des terres aux Indiens, et au Paraguay, « l'évêque rouge » Fernando Lugo n'a pu balayer 45 ans de dictature du parti colorado qu'en prenant en compte le désir de terres.

• **Le problème indien se pose dans le cône sud de plus en plus en termes de confrontation** ; les peuples autochtones veulent récupérer le contrôle de tout ou partie de leurs terres ancestrales, à l'image des Kichwa de Sarayaku en Équateur, engagés dans un combat contre les prédateurs de leur sous-sol, compagnies multinationales qui bafouent la propriété de la surface du sol reconnue par l'État. Les Mapuches au Chili se mobilisent aussi pour des terres revendiquées depuis le XIXe, menacées par de grands propriétaires des villes et des compagnies hydroélectriques.

• Au-delà des indigènes, **les petits paysans réclament eux aussi leurs droits** et depuis 25 ans, le mouvement des sans-terre est très actif sur le front des occupations de terres laissées en friches par leurs propriétaires (au Brésil, 350 000 familles en ont bénéficié depuis 1985).

## Portée de la carte

À l'heure où l'émergence s'évalue en tonnes d'acier, en puissance des fonds souverains, en capacité à exporter des produits industriels, n'est-il pas utile de penser aussi qu'il peut exister, à côté des NPI, des nouveaux pays agricoles et que le Brésil par exemple, sera la ferme du XXIe siècle, dépassant les États-Unis dès 2020, et que l'agriculture chilienne a valeur d'exemple sur certains marchés ?

N'est-il pas utile de rappeler que dans les pays en développement, comme le disait Nehru, « tout peut attendre excepté l'agriculture » ? La priorité dans la lutte contre la pauvreté, particulièrement en Amérique latine, continent des extrêmes, est la terre.

N'est-il pas enfin riche d'enseignement que de voir combien la mondialisation peut être certes une nécessité, mais aussi un danger si elle n'est pas maîtrisée ? Le devenir de la forêt amazonienne comme de la *milpa* mexicaine dépend des capacités à concilier l'inévitable insertion dans le marché mondial, mais aussi le respect des objectifs d'autosuffisance alimentaire. Avenir, difficile il est vrai, à tracer avec d'autres lettres que des lettres de sang.

# Les nouveaux registres de la puissance du territoire américain

## 1. Une nébuleuse d'activités dans une Amérique qui évolue vers une nouvelle économie des services

**Facteurs naturels dynamisant l'économie**

- Climat subméditerranéen (façade sud-ouest) ou subtropical (façade sud-est)
- Ligne de plus de 180 heures d'ensoleillement en décembre
- Ligne 0° en janvier
- Bassins de gaz de schiste

**Facteurs scientifiques polarisant le tertiaire**

- U Pôles universitaires
- Technopôles

**Facteurs économiques et financiers**

- Mégalopoles existantes ou en cours de formation : «une nation de citadins» (P.George)
- Les trois États majeurs : 30 % du PIB (New York, Californie, Texas)
- Pentagone
- Crédits du complexe militaro-industriel
- $ Marchés financiers

## 2. Un espace structuré par et pour le tertiaire

**Des aménagements de transports**

- Axes principaux
- Hubs

**Recherche et innovation technologique**

- CALIFORNIE Cyber États, États abritant plus de trois cybercities y adjoindre les États de la *Mégapoloplis* (Massachusetts Connecticut, New Jersey, Delaware etc)
- Brain drain
- Services exportés (cinéma, services financiers...)

**Des réaménagements de centres urbains**

- CBD
- Zones littorales réhabilitées (waterfronts, riverfronts aménagés)

**Des aménagements ludiques**

- Zones touristiques
- Parcs naturels
- Parcs d'attraction
- Complexe de Hollywood

## 3. Un espace tertiarisé très hiérarchisé

- **Un tertiaire décisionnel dominant : le cœur**
- **Un tertiaire supérieur associé à une reconversion**

**Des fonctions urbaines de commandement hiérarchisées**

De Main street aux villes mondiales

- Ville globale
- Villes mondiales
- Grandes métropoles
- Métropoles de 2e rang

**Un tertiaire domestique**

Tertiaire de distribution à vocation nationale et mondiale

- *Amazon* Lieux de naissance des géants
- **Des zones sous tertiarisées**

# Les nouveaux registres de la puissance américaine

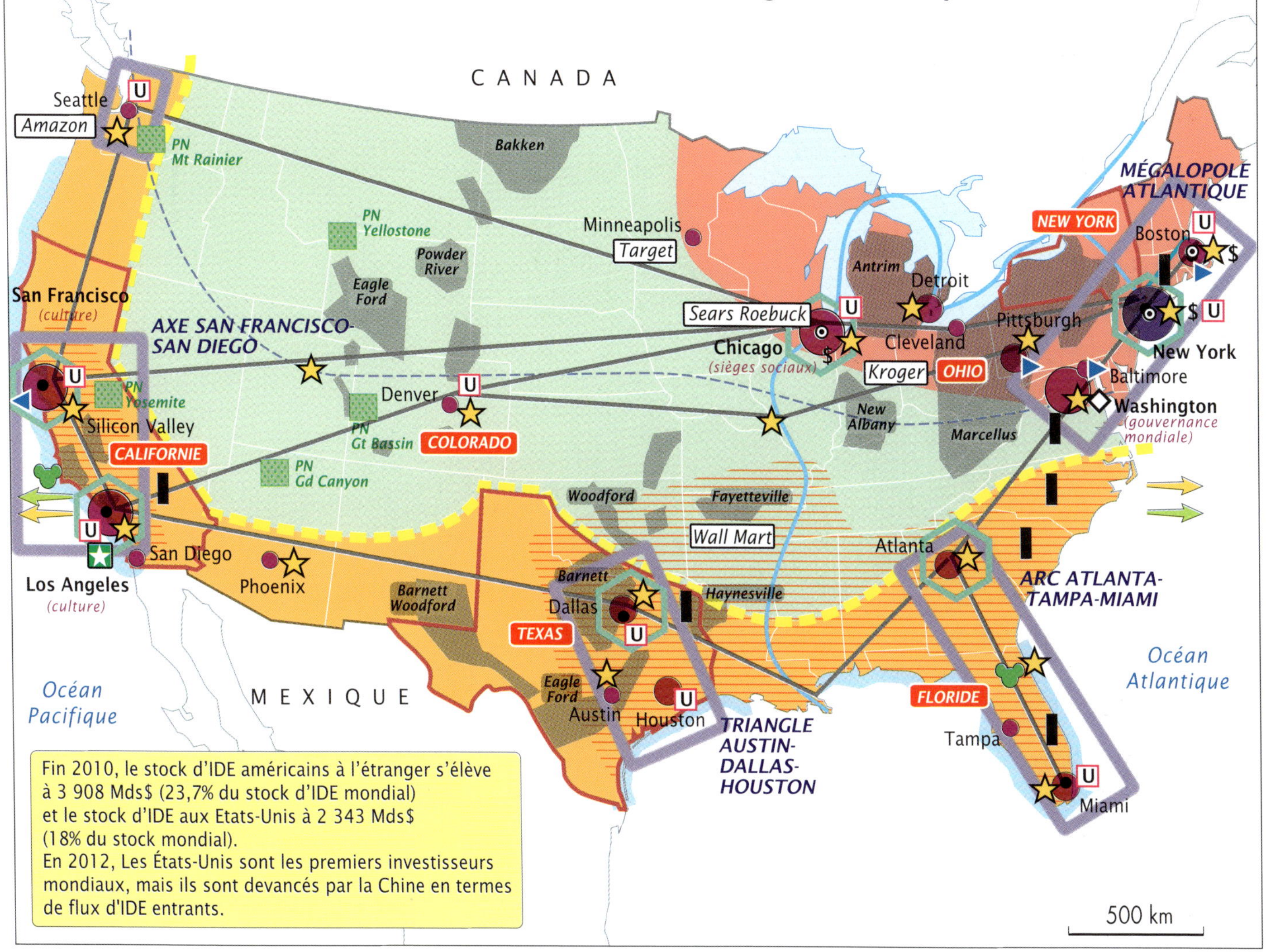

> **“Les États-Unis constituent un vaste marché où les opportunités sont considérables, où les garanties juridiques apportées à la création de valeur sont non moins grandes et où tous les facteurs économiques favorables à la création et à l'innovation sont renforcés par la croyance en la puissance politico-stratégique des États-Unis. Ces derniers sont donc à la fois un grand marché et une grande puissance et ces deux facteurs se renforcent mutuellement”**
>
> **Zaki Laïdi, « Le début du déclin américain », *Esprit*, février 2009**

> **“Désormais challengée par des alternatives culturelles – indienne, chinoise, latino-américaine, arabe – moins complaisantes que celle d'une Europe qui avait fini par intérioriser servilement sa propre subordination intellectuelle, l'Amérique apparaîtra sans doute plus nettement pour ce qu'elle fut : non pas le point oméga de l'évolution des sociétés humaines mais un programme optionnel dont la crise de 2008 suggère qu'il était fondé à terme sur un déséquilibre fondamental et non durable”**
>
> **Zajec, *La nouvelle impuissance américaine*, L'œuvre, 2011.**

### ➤ Lexique

mégalopoles
mégalopolis
dynamique spatiale
puissance

## De l'énoncé à l'idée directrice

### Il est de bon ton de conjuguer au présent la somme des crises que les États-Unis ont à affronter depuis 2001

- Sanctuarisation des 9 millions $km^2$ du territoire américain remise en cause par les attentats du 11-Septembre.
- Crise d'un modèle de croissance centrée sur la baisse de la fiscalité et la déréglementation libérale de la sphère financière, et abysses d'une dette fédérale dont le montant atteint en 2013 les 100 % du PIB et, en incluant le stock de dettes total (ménages, entreprises, État(s)) 85 % du PIB mondial !
- Crise de deux des vecteurs traditionnels de croissance du marché intérieur : l'automobile et le logement.
- Crise du crédit et de l'appareil bancaire plombé par des produits dérivés toxiques, et des fonds spéculatifs non régulés (*shadow banking* dont les encours dès 2010 approchent les 20 000 milliards de dollars).
- Crise politique liée aux blocages de l'exécutif sous la pression de l'opposition républicaine et des lobbies.
- Bref, après le diagnostic sans appel de E. Luttwak sur le « turbocapitalisme américain » mis à genoux, une *nouvelle impuissance américaine* (O. Zajec) ?

Pourtant, sans aller jusqu'à célébrer un XXI$^{e}$ siècle américain programmé et certain, il faut exhumer ce ressort biologique d'une Amérique capable de se réinventer.

### Les États-Unis synthétisent les capacités d'une puissance mutante

Sans abandonner bien sûr les registres classiques de la puissance brute (il n'est qu'à suivre l'évolution du budget militaire américain, 700 milliards de dollars à comparer aux 88 milliards chinois), les États-Unis savent rebondir sur de nouveaux registres :

- Loins de l'arme alimentaire classique (embargos et aide alimentaire plus mercantile que philanthropique, PL485 de 1954), ils se mobilisent autour de la domination des sciences du vivant (biocratie), la recherche dans des universités agricoles très pointues (Purdue, Indiana) où OGM et biotechnologies sont les armes du futur.
- Loin de céder au fatalisme du déclin énergétique, les Américains font cohabiter des recherches pointues dans les énergies vertes comme en Californie, et la libération de nouvelles énergies fossiles (le pétrole de schiste devrait à terme donner aux États-Unis une possible autonomie énergétique, déjà 83 % en 2013).
- Loin d'abandonner le registre militaire (près de 1 000 bases dans le monde) ils s'installent comme un des pays les plus avancés dans la

technologie des drones (65 orbites de surveillance permanentes en 2013).

• Loin de renoncer à la progression d'un secteur tertiaire au cœur de l'ère de la société d'abondance et du post-industriel, les États-Unis n'ont cessé de valoriser les services aux entreprises, les services financiers, les services informatiques. La pression des réseaux américains est désormais planétaire, et face au chinois Alibaba, les Yahoo, Google, Twitter comptent des centaines de millions de membres et parfois provoquent des dérapages à la mesure de leur puissance (cf. Twitter qui, le 26 avril 2013, propage une fausse information sur un attentat à la maison blanche...).

### Le territoire est par définition optimisé face à la concurrence internationale

C'est peu de dire qu'il n'y a pas d'aménagement du territoire aux États-Unis. L'égrainage de quelques mesures anticrise dans les années 1960 (*Appalaches programm*) ou des initiatives des *small governments* (les États) ne sauraient constituer une charte fédérale d'aménagement du territoire. Pourtant le territoire américain a une extraordinaire vitalité :

• Des régions en crise comme la *Waterbelt* ont su se réadapter, même si des municipalités comme Détroit sont synonymes de détresse et rappellent plutôt Craddock, ville perdue sur « la route » décrite par Cormac Mac Carthy.

• Des régions sont gagnantes dans la hiérarchie mondiale, au rang desquelles la Californie, 8e puissance économique mondiale.

• Des villes américaines ont désormais statut incontesté de villes globales, capables d'être le baromètre des modes, des mutations, des rapports de force mondiaux, de New York à Los Angeles, éclipsant la faillite de l'été 2013 de Détroit.

• Des *hubs* sont de loin les plus compétitifs du monde face aux géants chinois : Atlanta, Los Angeles, Chicago s'imposent, effaçant la faiblesse des équipements portuaires – 8 des 10 premiers ports mondiaux sont chinois – ou font école, comme Memphis pour Federal Express.

Les anciens registres de la puissance ne sont pas pour autant négligés : force de la monnaie véhiculaire, des productions agricoles (soja, blé), de la création d'emplois après les crises, du maintien d'une forte vitalité démographique : les États-Unis sont dans la course. Dans le chimérique G2 Chine-Amérique, le territoire américain peut encore donner des leçons.

## Des faits au croquis

La carte devra porter cette sédimentation de facteurs de puissance.

Bien sûr on ne pourra négliger les zones de crise comme les *rustbelts*, les *smokestacks* et autres *sunset industries* qui font les délices des styles journalistiques dans les copies.

Il faudra dessiner un catalogue construit des nouveaux visages de la puissance que les Américains mobilisent désormais : vitesse, information, savoir, en égrainant les hauts lieux significatifs des nouvelles hiérarchies du pouvoir (cf. Alvin Toffler, *Les nouveaux pouvoirs*).

Il suffira enfin d'isoler les régions gagnantes pour comprendre l'incroyable vitalité d'un territoire où aucun espace n'est définitivement condamné (le Texas, en péril en 1985 dans le contexte du contre-choc pétrolier, est aux avant-postes de la reconquête par les pétroles de schiste). On y verra la trame spatiale d'une « nation » qui se veut « indispensable » de Clinton à Obama, d'une nation où est née l'aventure capitaliste (Tocqueville), cette « ardente ambition de faire fortune », et où s'écrit « la route du futur » (B. Gates).

La carte ne doit pas s'écarter de ce chemin, ce qui ne veut pas dire que le candidat ne puisse sur son croquis dresser les faiblesses de l'espace productif américain, les incertitudes d'une puissance qui n'a plus les moyens d'être le gendarme du monde au risque de n'être qu'un shérif malgré lui et de ne plus avoir comme « l'Occident le monopole de l'Histoire » (H. Védrine).

# L'organisation du territoire brésilien : « oublier Belindia » ?



## 1. Les facteurs d'organisation de l'espace brésilien

### Le poids de l'histoire

- 1 Les capitales politiques successives
- Le cœur des cycles économiques successifs
  - 1 Cycle du sucre au XVII^e^ siècle
  - 2 Cycle de l'or au XVIII^e^ siècle
  - 3 Cycles du café et du caoutchouc aux XIX^e^ et XX^e^ siècles

### Les ressources naturelles et les contraintes climatiques

- Le polygone des sécheresses
- Limite méridionale de la forêt amazonienne
- Hydrocarbures
- Principaux gisements de minerais

### Le réseau urbain (population en 2010, en millions d'habitants)

19 — 11 — 5 — Entre 2 et 4

## 2. Un territoire à aménager et à ménager

### L'aménagement

- La transamazonienne
- Le front pionnier
- Extension de la culture du soja
- Les migrations internes
- Barrage hydroélectrique (Belo Monte en construction)
- Voies navigables en cours d'équipement
- Brasilia — Brasilia (1960)
- Grand port en construction

### Un territoire à ménager

- Zone naturelle fédérale protégée en Amazonie
- Front pionnier : une déforestation aujourd'hui contrôlée et ralentie
- Fortes densités

## 3. Les cinq Brésils *(d'après H. Théry)*

### Poids des régions dans le PIB et la population en 2009

% dans la population nationale — 14 | 16 — % dans le PIB national

### Les grandes régions du Brésil

- L'ancien centre : plantations sur la côte, agriculture vivrière et élevage à l'intérieur
- Le centre : le Sudeste, 55 % du PIB national
- Le cœur, foyer industriel et tertiaire
- Les marges intégrées
- Les marches, conquête récente de la grande culture (soja)
- L'espace pionnier, forêt amazonienne

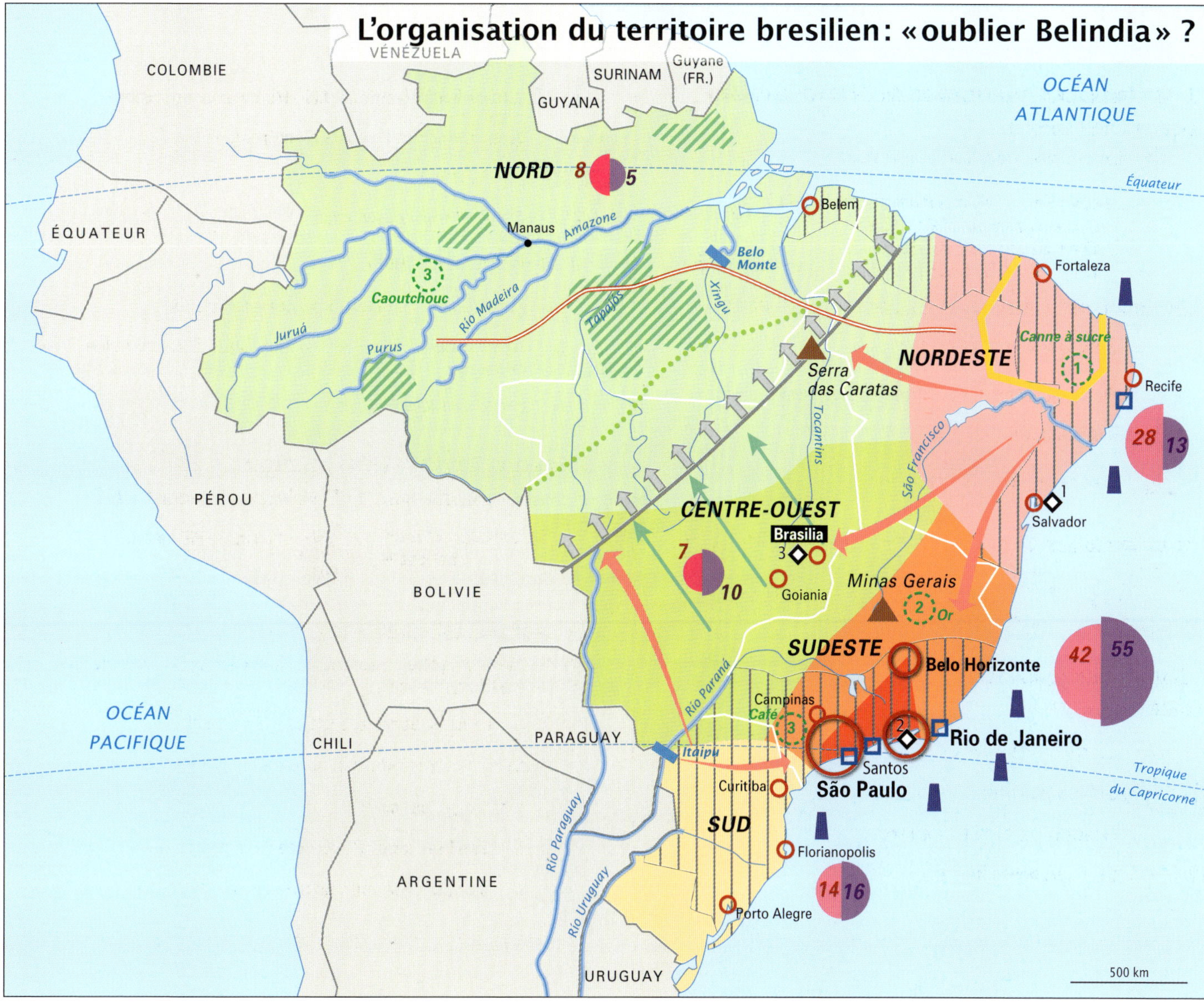
L'organisation du territoire bresilien: «oublier Belindia» ?
VÉNÉZUELA
COLOMBIE
SURINAM
Guyane (FR.)
GUYANA
OCÉAN ATLANTIQUE
NORD
8
5
Équateur
Belem
ÉQUATEUR
Manaus
Amazone
Belo Monte
Fortaleza
3
Caoutchouc
Xingu
Juruá
Rio Madeira
Tapajós
Canne à sucre
Purus
NORDESTE
1
Recife
Serra das Caratas
Tocantins
São Francisco
28
13
PÉROU
CENTRE-OUEST
1
Salvador
Brasilia
3
7
10
Goiania
Minas Gerais
BOLIVIE
2
Or
SUDESTE
42
55
Belo Horizonte
Rio Paraná
Campinas
Café
3
OCÉAN PACIFIQUE
CHILI
PARAGUAY
2
Rio de Janeiro
Itaipu
Santos
Tropique du Capricorne
Curitiba
São Paulo
SUD
Rio Paraguay
Florianopolis
ARGENTINE
14
16
Rio Uruguay
Porto Alegre
URUGUAY
500 km

> **“L'espace élargit l'âme et le regard, il donne à l'homme qu'il entoure et qui l'habite courage et confiance pour se lancer en avant ; où il y a de l'espace, il n'y a pas seulement le temps, mais aussi l'avenir. Et l'homme qui vit dans ce pays sent au-dessus de lui le battement puissant de ses ailes.”**
>
> **Stephan Zweig, *Brésil, terre d'avenir*, 1941**

➤ Lexique

aménagement du territoire
frontière
front pionnier
pays émergent
territoire

## De l'énoncé à l'idée directrice

Le Brésil est un pays immense, presque un continent dans le continent. Un peu plus de 8,5 millions de $km^2$ et 196 millions d'habitants. Contrastant avec le reste de l'Amérique latine éclatée en Républiques indépendantes, il doit son unité tout à la fois à l'absence de relief clivant cet ensemble et à l'histoire qui en fit la seule colonie portugaise. La construction de ce territoire national s'est faite à la fois par une action politique continue visant à repousser la limite prévue par le traité de Tordesillas en 1494 et par une impressionnante dynamique pionnière liée aux découvertes minières ou au déplacement des éleveurs. Lorsqu'est signé le traité de Madrid en 1750 qui délimite les empires portugais et espagnols, le Brésil a presque partout atteint ses frontières actuelles (presque, l'Acre est un État rattaché en 1903). Ici, à la différence des colonies espagnoles, c'est **l'État qui précéda la nation**, c'est en effet l'héritier de la couronne du Portugal qui proclama pacifiquement l'indépendance en 1822.

Si la géographie a donné au Brésil une remarquable homogénéité avec le bouclier brésilien présentant sur des milliers de kilomètres le même paysage, les types de ressources et les formes de peuplement ont multiplié les différences et les contrastes. Le géographe Hervé Théry parle à ce sujet d'une **économie d'archipel**. Des îlots de peuplement, noyaux denses occupés à des dates différentes, sont séparés par des zones d'occupation plus lâches. Les cycles économiques, même s'ils se chevauchèrent, permettent ainsi de comprendre le rythme de cette occupation de l'espace : le sucre fit la prospérité du nord-est aux XVI$^e$ et XVII$^e$ siècles, l'or celle du Minas Gerais au XVII$^e$ et début XVIII$^e$, puis le café s'installa dans le sud-est, le caoutchouc en Amazonie fit la fortune de Manaus ou de Belem. La capitale elle-même migra : Salvador de Bahia, capitale du sucre, fut supplantée par Rio de Janeiro en 1763, elle-même dépossédée par Brasilia de ses fonctions politiques en 1960. Dans le même temps, alors que l'Empire était centralisateur, la République proclamée en 1899 s'affirma décentralisatrice, choisissant comme nom officiel *Les États-Unis du Brésil* (transformé depuis en *République fédérative du Brésil*).

La structure régionale du Brésil porte cette histoire. Le déplacement du centre de gravité du Brésil a laissé derrière lui des régions qui apparaissent comme des épaves de cycles antérieurs. Ainsi le Nordeste est synonyme d'extrême pauvreté. Le surnom de **Belgindia** – ou l'évocation d'une Suisse dans un Pakistan – met l'accent sur le dualisme du pays opposant globalement le sud, les « Paulistes » habitants de la capitale économique Sao Paulo, au Nordeste, région la plus pauvre, avec notamment l'État du Pernambouc. On peut opposer ainsi un centre développé – autour du triangle Sao-Paulo, Belo-Horizonte et Rio – à une périphérie qui s'apparente au reste du pays.

**Mais la vision de ce territoire brésilien en archipel rend-elle compte aujourd'hui de la réalité de ce pays émergent ?** De moins en moins. En effet, l'espace brésilien, s'il est toujours inégalement peuplé, est aujourd'hui unifié et quadrillé. Les progrès des transports, la création d'un marché national, la pénétration des médias, l'affirmation de la capitale politique Brasilia ou le dynamisme des fronts pionniers amazoniens tendent à **rééquilibrer l'espace national**. Un certain esprit aventurier, des migrations nombreuses traduisent encore un rapport particulier au territoire. Celui-ci est immense, ses ressources également et elles sont là pour être exploitées. Après des siècles d'usage prédateur s'impose doucement l'idée que ces ressources sont finies et que le milieu doit être préservé. En attendant, les *no man's land* se réduisent. Le projet – discuté – du barrage de Belo Monte en Amazonie doit développer l'une des régions les plus pauvres du pays. Comme l'écrit Alain Rouquié, « la locomotive n'est plus seule et les wagons ne sont plus vides. On peut même se demander si un Nordeste sous-développé et pauvre est toujours aussi nécessaire comme réservoir de main-d'œuvre au service de l'industrialisation du Sud ». Les inégalités se lisent désormais à de nouvelles échelles, au sein des États, des métropoles.

Le Brésil a pour lui un territoire exceptionnellement favorable et un peuple dont l'unité est frappante d'un bout à l'autre du pays. Fait remarquable dans le contexte de la mondialisation, **il a commencé à réduire les inégalités** prouvant que l'émergence économique ne s'accompagne pas forcément d'une augmentation de celles-ci ou d'une polarisation des activités sur quelques territoires. L'enjeu pour ce pays émergent, c'est tout simplement de devenir émergé.

> **"Avec un sens de la formule acéré, Celso Furtado a pu dire que son pays était semblable à ce qu'aurait été l'Empire britannique à l'époque de la reine Victoria si l'Afrique, l'Inde et la Grande-Bretagne avaient été réunies sur le même territoire. L'économiste Edmar Bacha a forgé de l'association imaginaire de la Belgique et de l'Inde un cliché spectaculaire, Belindia, qui a fait fortune. D'autres ont évoqué « une Suisse dans un Pakistan ». Ces raccourcis approximatifs n'épuisent pas la réalité : ils la dénoncent."**
>
> **ALAIN ROUQUIE, *Le Brésil au XXI^e^ siècle, naissance d'un nouveau grand*, Fayard, 2006.**

## Des faits au croquis

Comparativement aux autres pays de taille semblable (la Chine, les États-Unis, le Canada), le Brésil a la chance de ne pas comporter de vastes zones totalement répulsives, ni de craindre d'accidents naturels majeurs. Il a ainsi un **territoire extraordinairement favorable à l'homme** : partout de l'espace, du soleil, presque partout de l'eau et des sols convenables et un sous-sol riche. Le croquis doit d'abord mettre en valeur ces richesses, exploitées progressivement, mises en valeur au fil des siècles et du peuplement. Cette histoire pèse encore dans l'organisation de l'espace et n'est pas finie : il y a toujours un front pionnier, mieux contrôlé sans doute que par le passé, mais la mise en valeur du territoire se poursuit.

D'où l'importance de la thématique de **l'aménagement du territoire**. Les Brésiliens ont longtemps considéré – un peu comme les Américains – que les ressources de leur pays étaient immenses, donc infinies, d'où des pratiques prédatrices et une faible sensibilisation aux questions environnementales. Les choses changent. Certes, le pouvoir entend utiliser le territoire comme levier de développement. Le barrage de Belo Monte sur le fleuve Xingu dans l'État amazonien du Para (qui devrait être le 3^e^ au monde après celui des Trois Gorges en Chine et d'Itaipu à la frontière Brésil – Paraguay) doit permettre d'approvisionner en électricité 20 millions de foyers. Le président Lula rêvait de pouvoir détourner une partie des eaux du Sao Francisco pour les besoins du Nordeste. Mais les autorités brésiliennes sont désormais conscientes que l'aménagement de ce territoire encore ouvert doit ménager ses ressources, tout en équilibrant les régions. La justice ainsi retarde l'achèvement du barrage de Belo Monte pour permettre la consultation des populations indigènes, de même que Petrobras qui va exploiter le pétrole « pré-sal » au large de Rio prend en compte la protection des réserves maritimes et la prévention contre les risques d'éventuelles marées noires.

Classiquement, le croquis s'achève par une **typologie** qui reprend ici celle d'Hervé Théry (*Le Brésil*, A. Colin, 2000). Certes le Brésil change, mais si l'on peut oublier les simplifications de type Belindia, les grandes lignes de l'organisation de l'espace demeurent.

# Le Boeing 787 Dreamliner : un meccano mondial



> **“C’est l’art avec lequel une entreprise mobilise et réorganise son héritage à l’intérieur d’une économie ouverte qui, selon nous, distingue les perdants des gagnants. [...] Les innombrables manières d’organiser une entreprise sont le fruit des nouvelles technologies numériques grâce auxquelles les ressources, les organisations et les marchés de consommation du monde entier peuvent être combinés de mille et une façons pour construire des entreprises qui n’étaient même pas imaginables il y a dix ans. Cette approche modulaire permet aujourd’hui aux chefs d’entreprise de faire leur choix parmi toute une gamme de possibilités de réorganisation et de délocalisation. Grâce à la modularisation, on peut fragmenter le système de production et le répartir aux quatre coins de la planète. Comment profiter au mieux de ces options ? C’est une question stratégique de la première importance. [...] Pour une entreprise, l’une des décisions les plus délicates à prendre concerne la proportion de sous-traitance à laquelle elle doit recourir. Quel doit être son degré de collaboration avec ses fournisseurs ?”**
>
> **Suzanne Berger, *Made in monde*, Points Seuil économie, 2006.**

### ➤ Lexique

aménités
délocalisation
division internationale du travail
entreprise
FMN
facteurs de localisation
facteurs de production
high-tech

## Présentation du document

Boeing, firme créée en 1916 à Seattle, est une entreprise emblématique de la puissance industrielle et technologique des États-Unis comme des interactions permanentes entre l’économie et l’État (au cœur du complexe militaro-industriel : l’entreprise est leader mondial dans le secteur de la défense). La carte proposée permet d’approcher l’internationalisation de la firme, non par ses ventes — les avions civils équipent toutes les compagnies aériennes du monde —, mais par le processus de production du dernier-né de la firme, le Boeing 787 Dreamliner, un avion de ligne long courrier capable de transporter jusqu’à 300 passagers avec une autonomie de 14 à 15 000 km. C’est l’occasion de constater la formidable adaptation de la firme à la mondialisation dans le contexte concurrentiel lié à la montée en puissance du consortium aéronautique Airbus, créé en 1970 et aujourd’hui intégré dans le groupe EADS.

## Intérêt

La carte décrit les nouvelles stratégies productives des entreprises insérées dans cette mondialisation : la recherche du meilleur prix de revient pousse à une externalisation croissante de la production. Or le Boeing 787 après les premiers vols commerciaux débutés par la compagnie Japonaise All Nippon Airways (ANA) en 2011, a connu des déboires techniques. Les défaillances liées aux batteries électriques ont conduit les autorités de sécurité aérienne à interdire de vol entre janvier et avril 2013 les avions déjà livrés. Une telle interdiction est sans précédent : est-elle en rapport avec la stratégie de production retenue et mise en valeur par le document ?

# Le Boeing 787 Dreamliner : un meccano mondial

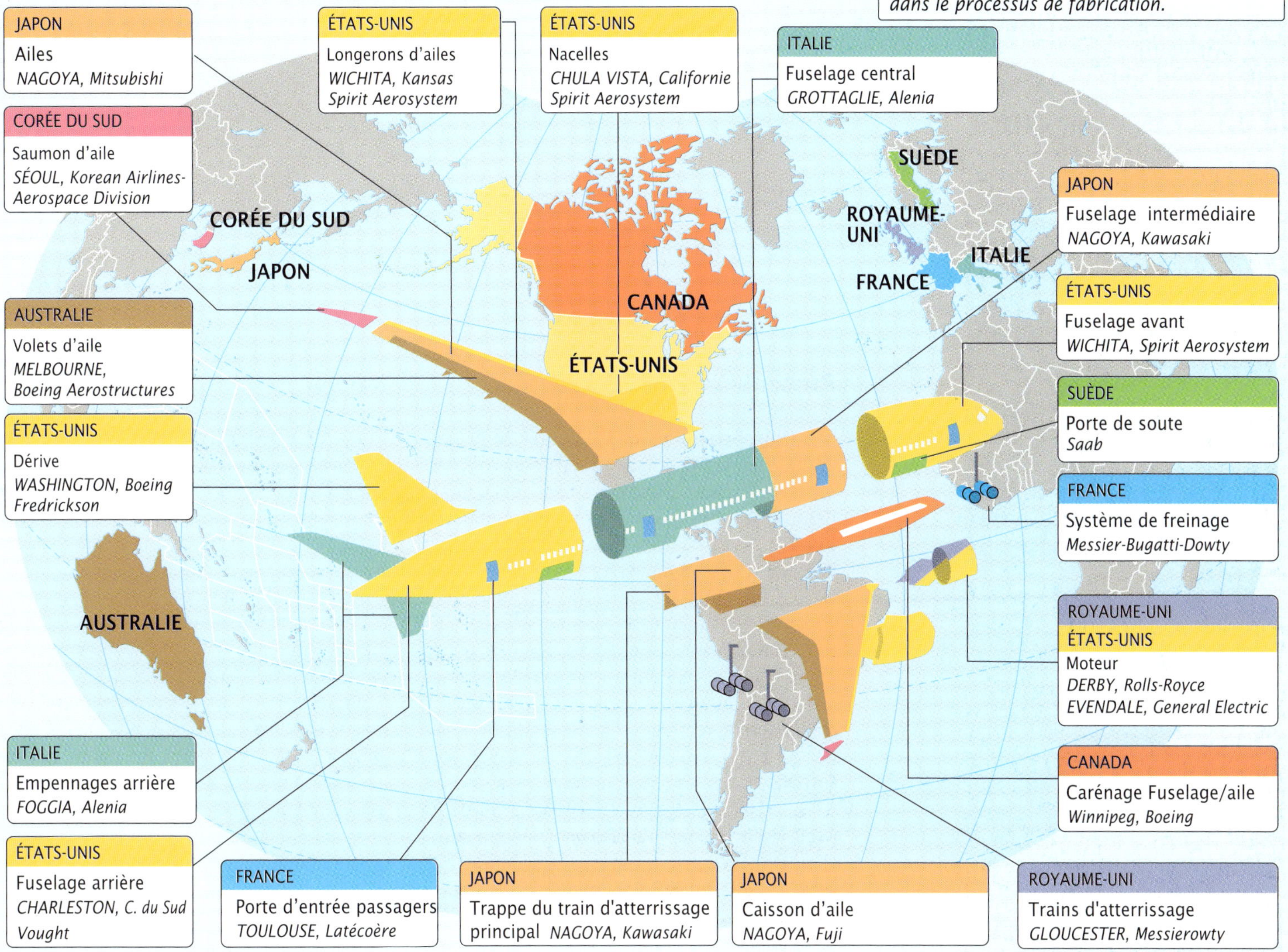


*Sources : Boeing, Les Échos janvier 2013.*

## Analyse

Au cœur du processus de fabrication montré par la carte, il y a la recherche permanente de compétitivité. Comment produire des avions à la fois remarquables par leur technologie et leur sûreté, économes en carburant donc légers – Boeing annonce une consommation de 20 % inférieure à celle d'un Airbus 330 ou d'un Boeing 777 – et qui aient une vraie compétitivité prix ?

Le document montre la réponse apportée par Boeing : sur la production du Dreamliner, Boeing a choisi de se singulariser par une plus forte externalisation que Airbus (qui externalise à environ 50 %) en confiant 70 % de la production à des sous-traitants un peu partout dans le monde.

### Une FMN exploitant la mondialisation.

Un tel taux de sous-traitance est une première. Cette externalisation massive profite d'une part au Japon – Mitsubishi fournit les ailes – à l'Europe, et singulièrement à la France : à Zodiac les toboggans d'évacuation, les systèmes de gestion de l'eau et des déchets, à Thalès les systèmes de conversion électrique, à Michelin les pneumatiques, à Messier-Dowty les trains d'atterrissage, à Latécoère les portes passagers etc. La forte représentation française est liée aux nombreux sous-traitants d'Airbus dans l'hexagone et au potentiel d'innovation. Les pratiques d'externalisation ne sont pas propres à Boeing. Elles sont liées à l'évolution du capitalisme financier et à la recherche constante de valeur pour l'actionnaire. Il s'agit ici d'un outil de gestion stratégique : l'entreprise se focalise sur son cœur de métier et utilise la sous-traitance pour des activités pour lesquelles elle fera jouer la concurrence entre fournisseurs et pourra imposer une pression sur les prix d'autant plus grande que les enjeux en termes de marchés sont colossaux. Le prix catalogue – en pratique toujours plus bas – d'un Boeing 787 peut dépasser les 200 millions de dollars !

Bien sûr, cette externalisation spectaculaire au niveau planétaire est liée à l'abaissement des coûts de transports, à l'utilisation des TIC qui permettent une gestion en temps réel. Une nouvelle division internationale du travail se met en place qui a pour but d'exploiter les avantages de chaque territoire et de penser différemment la chaîne productive. Comme l'analyse S. Berger dans *Made in monde*, la mondialisation a complètement modifié les stratégies des entreprises et a ouvert considérablement le champ des possibles : il existe mille et une manières de combiner les différentes tâches productives en tenant compte de la disponibilité et du coût des facteurs de production, des compétences spécifiques, des marchés à conquérir. Boeing possède par exemple six centres de recherches hors des États-Unis dont le dernier fut ouvert en 2013 au Brésil. Toute l'intelligence du management est dans l'art de la combinaison choisie et dans la dose définie d'externalisation.

On pourra relever au passage, ce qui ne se voit pas ici, que la firme « délocalise » au sein même du territoire américain. Dans le cas des lignes d'assemblage du 787, Boeing a choisi systématiquement de privilégier des sites situés en dehors de ses implantations traditionnelles (État de Washington). C'est parce que le coût du travail y est moins élevé et la législation sur les syndicats très souple que la firme s'est installée à Charleston, dans l'État de Caroline du Sud.

### Une stratégie gagnante ?

Le succès commercial du Boeing 787 est unique dans l'histoire de l'aviation par le nombre de commandes engrangées avant même le premier vol (840, mais avec des réductions allant jusqu'à 1/3 du prix). Réussite commerciale et coopération industrielle internationale apparaissent ainsi liées, l'un des facteurs de la domination monopolistique de Boeing sur le marché japonais est l'importance de la sous-traitance concédée à ce pays.

Plus concrètement, l'intérêt de ces pratiques pour Boeing est multiple. On peut citer la capacité à mieux maîtriser un fournisseur externe qu'une unité interne du fait de moyens de pression plus lourds sur les délais, les prix, la qualité ; la souplesse et la flexibilité en cas d'augmentation ou de diminution d'activité : le prestataire s'adapte et non Boeing qui n'a pas à licencier ou embaucher ; la maîtrise des coûts qui permet de gagner en compétitivité puisque tout est au préalable défini par contrat avec l'entreprise partenaire ; enfin la capacité à bénéficier de compétences et d'une expertise que Boeing n'a pas, il peut faire appel aux meilleurs spécialistes pour chaque domaine pointu.

L'externalisation n'est pas une simple sous-traitance mais bien un pilotage par l'entreprise donneuse d'ordres et ceci est particulièrement vrai dans le cas de la production aéronautique. La spécificité de cette industrie réside à la fois dans la forte concentration du secteur, d'où la forte dépendance des sous-traitants vis-à-vis du nombre très limité de prescripteurs, dans la prédominance des questions de sécurité, donc de qualité, et enfin dans l'importance des enjeux financiers.

### Une stratégie qui montre ses limites ?

Toute fonction externalisée est une compétence que l'entreprise n'a pas en propre. Boeing devient à cet égard dépendant de ses prestataires, et le contrat aussi précis soit-il ne garantit pas totalement la qualité de la prestation. Les limites de l'externalisation ont semblé atteintes pour l'Airbus A 380, comme pour le Dreamliner lorsque les deux entreprises n'avaient plus les moyens de maîtriser les délais de lancement annoncés. Si la compagnie nippone ANA a commandé ses premiers 787 en 2004, la première livraison s'est faite avec 3 ans de retard (premier vol commercial fin 2011) ce qui montre les limites du pilotage par l'avionneur de l'ensemble de la chaîne productive.

Les déboires techniques qui ont accompagné l'histoire de ce tout jeune avion montrent surtout les limites de ce système. Si les retards étaient liés à des difficultés techniques qui apparaissaient notamment lors de l'assemblage de pièces ou d'éléments sous-traités, ces difficultés ont continué après le début de l'exploitation commerciale. En janvier 2013, des incidents multiples, notamment sur le système électrique (batteries japonaises assemblées par Thalès), conduisent à la décision de clouer au sol l'ensemble des 787 livrés dans le monde. Une décision aussi spectaculaire que coûteuse pour l'entreprise Boeing contrainte à des investigations nouvelles et l'indemnisation de ses clients !

Enfin il y a un décalage entre les coûts estimés et les coûts finaux de production de l'appareil. Les innovations nombreuses et à marches forcées, les difficultés à gérer une externalisation très poussée, le poids finalement trop élevé de l'appareil par rapport aux estimations, les pénalités de retard, les recherches et ajustements nécessaires en 2013 ont provoqué des surcoûts importants. Alors que l'externalisation devait abaisser les coûts de quelques milliards, les surcoûts sont évalués en dizaines de milliards de dollars. Ne dit-on pas d'ailleurs que Boeing ayant choisi de casser les prix, la rentabilité de cet avion ne sera atteinte au mieux qu'en 2030, après plusieurs centaines d'avions vendus ?

## Portée de la carte

L'exemple du Boeing 787 est spectaculaire. En réalité, derrière cet exemple, c'est la stratégie des FMN globales que l'on retrouve. La DIPP est devenue ordinaire, comme l'atteste également la production de l'Iphone par Apple. Simplement, le niveau de qualification des sous-traitants de Boeing débouche sur des liens étroits, une stabilité grande, des sous-traitants peu nomades, au contraire de bien d'autres exemples de modularisation de la chaîne productive.

# ASIE

Au sens premier, le mot « **Asie** » dérive de l'assyrien *assur* qui signifie levant ou Est. Le mot Orient recoupe cette étymologie puisqu'en latin il vient du verbe *oriens,* se lever. Les géographes arabes comme Al-Idrisi situent la séparation entre Occident et Orient sur un méridien traversant l'Irak : Orient s'identifie alors à tout ce qui est à l'Est de Damas. L'Asie s'étend des steppes glaciales de Sibérie à la jungle tropicale indonésienne, des rives de la Méditerranée au Pacifique, c'est le continent le plus vaste, le plus peuplé et aujourd'hui celui qui connaît la plus forte croissance économique. À ce titre, l'Asie orientale est souvent présentée comme le nouveau centre du monde, encore faudrait-il s'interroger sur le sens d'une telle affirmation... À l'évidence néanmoins, la crise économique débutée en 2008 a permis de réaffirmer le rôle de la Chine comme locomotive de la croissance mondiale.

**L'Asie méridionale et orientale** possède d'indéniables traits communs : par ses traits physiques et humains, elle se distingue des steppes et déserts de l'Asie centrale, de la Sibérie russe, de l'Asie occidentale désormais qualifiée de Moyen-Orient. C'est l'Asie des grands fleuves qui descendent des hautes terres du Tibet et de l'Himalaya (Ho Hang Ho — fleuve jaune —, Yang Tse, Mékong, Brahmapoutre, Gange, Indus). C'est aussi l'Asie des moussons, des grandes péninsules et des archipels. Cette Asie concentre la plus grande masse démographique du monde avec plus de 3 milliards d'hommes, qui ont des sociétés hydrauliques sophistiquées permettant, depuis longtemps, des densités très élevées.

**L'Asie orientale** regroupe les ensembles : Chine, Japon et Corée ou Asie du Nord-Est et l'Asie du Sud-Est. Beaucoup de pays y sont riverains du Pacifique même si Mongolie et Laos sont enclavés.

**L'Asie du Sud-Est** correspond aujourd'hui à **l'Asean**, au départ en 1967 front commun anti-communiste et à l'arrivée, coalescence par le bas de nations émergentes d'Asie soit aujourd'hui 10 pays : Birmanie ou Myanmar, Brunei, Cambodge, Indonésie, Laos, Malaisie, Philippines, Singapour, Thaïlande, Viêt-Nam. L'école française d'Extrême-Orient désigna en 1901 sous l'appellation, désormais un peu connotée et dépassée, d'« **Insulinde** », l'Asie du Sud-Est insulaire.

**L'Asie des moussons** — nommée ainsi par le géographe français J. Sion dans les années vingt — désigne les régions marquées par ce couple climato-civilisationnel : l'Asie méridionale et orientale.


➤ Croquis de synthèse

Géopolitique de l'Asie méridionale et orientale : l'Asie de tous les dangers ? page 210
L'Extrême-Orient et la mer : le rôle des littoraux dans l'organisation des territoires en Asie orientale page 214
La Chine face aux risques : la croissance économique au péril de l'environnement page 222
Les territoires de l'Union indienne et la mondialisation page 226
Le Japon : nouveaux défis page 230

➤ Cartes commentées

Le Japon et l'Asie orientale : un passé qui ne passe pas ? page 206
Le monde utile vu de Chine page 218
Shanghai, incarnation de la modernité chinoise page 234

**L'Asie méridionale** recouvre l'ancien empire britannique des Indes sauf la Birmanie.

**L'Asie Pacifique** est un terme utilisé par les Japonais dans les années 1960 pour désigner l'Asie orientale, il s'agit là sans doute d'une version édulcorée et déculpabilisante du panasiatisme japonais traduisant le rêve japonais de retrouver une influence régionale. La façade pacifique devient néanmoins une réalité très significative lorsque le littoral chinois s'ouvre et se transforme, ce qui fait dire à W. Lord, sous-secrétaire d'État de Bill Clinton, que « si la tendance actuelle se poursuit, le XXIe siècle sera celui du Pacifique. »

Les **NPI d'Asie** sont pour le CEPII (Centre d'études prospectives et d'informations internationales) la Corée du Sud, l'Indonésie, la Malaisie, les Philippines, Taiwan, Singapour et la Thaïlande (on réservera à Hong-Kong Taiwan, Corée du Sud et Singapour le terme de NPI de la première génération communément appelés « dragons ») des pays dont le PIB/hab PPA en 2011 varie de 4 140 dollars (Philippines) à 43 000 dollars (Singapour). Ces derniers chiffres ont de quoi rendre relativement périmée cette appellation qui faisait surtout sens dans les années 1970 et 1980 ; désormais l'Asie orientale rassemble des pays développés comme Singapour, qui a dépassé le Japon en termes de revenu par habitant, des pays émergents comme la Malaisie ou la Thaïlande et d'autres, comme les Philippines, dont on dira simplement qu'ils sont en développement.

**L'Asiatisme** s'efforce de promouvoir l'idée de communauté de valeurs dans les pays asiatiques. Forte des succès économiques du Japon et de ses émules, la doctrine met en avant le droit des communautés qui prime ceux des individus et la famille unité de base de la société. Elle valorise la discipline personnelle (travail, épargne, endurance) condition de l'ordre social et de la croissance. Elle exalte la communauté nationale organique plutôt que contractuelle et dont l'ordre repose sur un consensus ordonné et garanti par l'État, plus que par la loi. Utilisé au début des années 1990 par des hommes politiques comme Mahathir, Premier ministre malais, l'asiatisme vise à affirmer alors la spécificité de la croissance asiatique, par rapport à l'Occident surtout.

| Asie | Asie Orientale et Pacifique | Asie Méridionale |
|---|---|---|
| 48 millions de km² sans la Russie | 15 millions km² | 4,5 millions km² |
| 4 300 millions d'habitants sans la Russie (2013) | 2180 millions d'habitants (2013) | 1660 millions d'habitants (2013) |
| | IDH (2012) : 0,683 | IDH (2012) : 0,558 |
| | PIB/hab PPA : 7 360 $ (hors pays développés de la zone) | PIB/hab PPA : 3 320 $ |
| Fécondité : 2,2 enf./f. | Fécondité : 1,7 enf./f. | Fécondité : 2,7 enf./f. |

Données 2011 sauf mention particulière. Sources : cf. p. 77

# Le Japon et l'Asie orientale : un passé qui ne passe pas ?



**“Si Nous avons déclaré la guerre aux États-Unis et à la Grande-Bretagne, c'était, en réalité en vue d'assurer la souveraineté du Japon et d'asseoir sa position en Asie orientale. Loin de Nous toute idée de porter une atteinte quelconque à la souveraineté des autres pays, ou de songer à un agrandissement territorial.”**

**Empereur Hiro-Hito, appel diffusé à la nation japonaise le 15 août 1945.**

**“La Société japonaise pour la réforme des manuels d'histoire a pour objectif de publier des livres donnant une image « positive » de l'histoire du Japon, et d'équilibrer les ouvrages actuels qui, selon les termes de son président Nishio Kanji, « décrivent comme des faits la propagande des anciens pays ennemis ». Selon *Nouvelle histoire*, — livre officiel destiné aux élèves du secondaire — la guerre en Asie est donc présentée comme une guerre de libération contre les anciennes puissances coloniales, et le massacre de Nankin, bien que mentionné, est édulcoré.”**

**Valérie Niquet, *Chine-Japon : l'affrontement*, Perrin, 2006.**

## Présentation du document

Le Japon n'a eu de cesse, depuis l'ère Meiji (1868), de s'affirmer comme la grande puissance de l'Asie orientale. La carte proposée montre l'expansion puis la domination japonaise en Asie orientale dans la première moitié du XX$^{e}$ siècle, jusqu'à la défaite japonaise du 2 septembre 1945. Une étude de carte historique n'impose pas une méthode particulière. Simplement, l'étude des enjeux de la carte se nourrit du recul que nous avons aujourd'hui, et l'explication a pour but de montrer en quoi cette représentation permet d'éclairer le présent. La domination japonaise imposée à l'Asie du Sud-Est aboutit à la constitution d'une « sphère de coprospérité asiatique » clairement délimitée sur la carte. Cette appellation est cohérente avec la position exprimée par Hiro-Hito dans son appel à la nation en août 1945, où il rappelle que son pays n'a jamais cherché « à porter atteinte à la souveraineté des autres pays ». Les choses sont-elles si simples ? Cette page de l'histoire japonaise s'est-elle close avec la capitulation qui a suivi l'utilisation de l'arme atomique à Hiroshima le 6 août 1945 et à Nagasaki le 9 août 1945 ? Étudier la relation du Japon avec ses voisins, c'est forcément s'interroger sur la place qu'y occupe l'histoire.

➤ Lexique

échelle
impérialisme
puissance
représentation

# Le Japon et l'Asie orientale : un passé qui ne passe pas

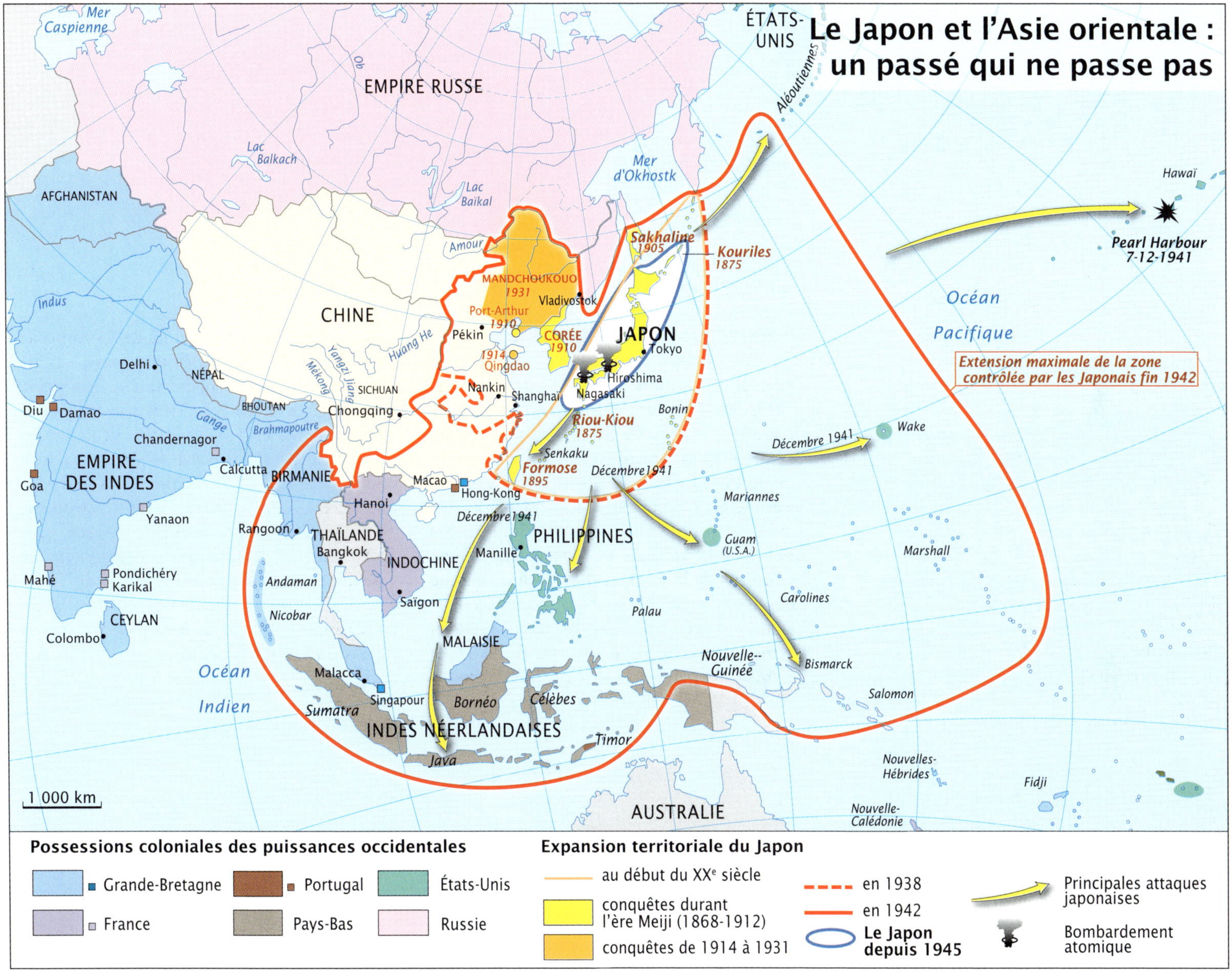

## Intérêt

Le titre fourni permet de comprendre la problématique axée sur l'importance du contentieux lié au passé entre le Japon et ses voisins. L'observation de la carte doit s'attacher d'abord à son échelle et à l'espace retenu : centrée sur l'Asie orientale et le Pacifique, elle invite à insister sur les relations privilégiées du Japon avec son environnement. Plusieurs pays apparaissent périphériques : Australie, URSS, États-Unis alors qu'ils sont des interlocuteurs parfois majeurs du Japon. Cette observation peut conduire aussi à établir un rapprochement avec des cartes plus contemporaines, montrant par exemple les investissements du Japon depuis les années 1980 : les flèches qui représentent l'expansion militaire japonaise dans la première moitié du siècle, ne sont guère différentes de celles qui représentent les flux financiers en provenance du Japon. Le parallèle doit-il aller plus loin ? Le premier impérialisme peut-il permettre de parler d'un second ? Le commentaire proposé met l'accent d'abord sur **cette histoire impériale du Japon**, dégage ainsi l'asymétrie des rapports mis en place pour montrer pourquoi, en Asie, **la Seconde Guerre mondiale apparaît inachevée**, comme un passé qui ne passe pas...

## Analyse

### Faire jeu égal avec les Occidentaux

La formidable expansion territoriale du Japon en Asie du Sud-Est, révélée par la carte, s'inscrit entre deux dates : 1895 (occupation de Formose-Taiwan) et l'été 1942, date à laquelle le pays atteint les limites de son expansion maritime. Elle débute à la faveur de conflits initiés contre la Chine (1894-95) puis contre la Russie (1905) et marque une rupture avec les siècles antérieurs. En effet, le Japon fut, par le passé, très influencé par la civilisation chinoise et le poids politique de l'Empire du Milieu et sut entretenir avec la Corée des relations étroites et pacifiques. Mais la présence et l'expansionnisme européen en Asie orientale furent ressentis comme un choc et une menace. Le Japon y réagit en optant pour l'occidentalisation et la modernisation (ère Meiji) mais aussi en développant un nouveau nationalisme. Les réformateurs japonais se pensaient comme un pont entre Orient et Occident et finalement, la volonté d'apparaître comme une nation moderne les conduisit à « quitter l'Asie pour rejoindre l'Occident », slogan qui exprimait dès la fin du XIXe siècle le choix de jouer le même jeu que les Occidentaux, celui de la course aux colonies. C'est naturellement au détriment de la Chine et de la Corée, nations dont le pays se sentait le plus proche, que cet expansionnisme s'exerce d'abord : la Corée est annexée en 1910 et la « guerre de Quinze ans » avec la Chine débute en 1931 en Mandchourie.

### Sphère de coprospérité ou d'oppression ?

L'attaque sur Pearl Harbour le 7 décembre 1941 qui découle de tensions croissantes avec les États-Unis, conduit les Japonais à une domination territoriale de toute l'Asie du Sud-Est. Ils y trouvent minerais, pétrole, nourriture nécessaires à leur effort de guerre. Lorsque les batailles de Midway et de Guadalcanal à l'été 1942 stoppent cette expansion, le Japon domine des territoires allant des îles Kouriles aux Indes néerlandaises, de la Birmanie britannique aux îles du Pacifique. Le terme de « sphère de coprospérité » correspond à la volonté d'obtenir l'appui d'autochtones, en leur faisant miroiter une pseudo-indépendance et une intégration économique. Mais la *Conférence de la plus grande Asie*, qui réunit en 1943 à Tokyo des représentants de divers pays occupés, masque mal la réalité, celle d'une oppression et d'une domination violente. La carte ne doit pas cacher non plus le fait que l'impérialisme nippon a une forte dimension anti-chinoise. C'est l'opposition de l'ancien élève face à l'ancien maître. La brutalité des troupes de l'Armée impériale est connue : le sac de Nankin en décembre 1937 a fait 100 000 à 300 000 victimes, les civils et les militaires de la diaspora chinoise ont été les victimes de ces crimes plus que les autres ethnies asiatiques. Ainsi s'explique, dit la politologue K. Postel-Vinay, une nippo-phobie aujourd'hui clairement plus marquée en Asie du Nord-Est qu'en Asie du Sud-Est.

## Portée de la carte

L'histoire peut ainsi permettre de comprendre la place du Japon en Asie aujourd'hui. Certes, la carte qui insiste sur la Guerre du Pacifique ne dit pas tout. La politique d'occidentalisation du Japon avait entraîné, avant même le recours à une politique de force, une rupture nippo-asiatique ; celle-ci a été cristallisée par la guerre froide, le Japon avec son allié américain s'opposant à la renaissance de l'influence politique chinoise. **Les contentieux** de la période décrite par la carte **n'ont depuis pas été réglés**. Les représentations que chaque pays se fait de l'histoire ne sont pas convergentes, elles sont même conflictuelles, particulièrement entre Chine, Corée et Japon. La question se cristallise autour du contenu des manuels scolaires, de la reconnaissance des crimes de guerre commis par les Japonais (déportation des jeunes femmes coréennes, massacre de civils etc.). L'année 2012 aura été marquée par de fortes tensions sino-japonaises à propos des îles Senkaku revendiquées par la Chine. Le problème n'est pas la réalité du Japon d'aujourd'hui, nation pacifiste, mais le discours d'une partie de sa classe politique. Certains continuent d'exprimer librement des vues négationnistes sur la guerre de Quinze ans et la visite de Premiers ministres (J. Koizumi) au cimetière de Yasukini où sont enterrés des criminels de guerre reste perçue comme provocation de la part de ses voisins.

Au fond, la question majeure posée par la carte est celle-ci : **le Japon, du fait de son passé impérialiste, peut-il prétendre un jour jouer un rôle important dans une future coopération régionale** ? Les conservateurs ne voulant pas s'aliéner l'appui de la droite nationaliste s'en sont tenus à une gestion « amnésique » de l'histoire. Ce faisant, ils ont freiné la pleine intégration du Japon à son environnement régional, faisant sans aucun doute le jeu de la Chine. Le parti démocrate du Japon (PDJ) au pouvoir de 2009 à 2012 n'a pas su changer la donne. Depuis, Shinzo Abe, Premier ministre conservateur est tiraillé entre ses positions volontiers nationalistes (il souhaite l'abandon de l'article 9 de la Constitution qui interdit le recours à la guerre) et la nécessité d'apaiser les relations avec la Chine.

## 1. Les acteurs : une Asie multipolaire… donc équilibrée

**• Une hiérarchie de puissances**

- Les trois principaux acteurs
- Les nouveaux pays développés : NPI de la première génération
- Puissances régionales et/ou pays émergents secondaires
- L'Asie centrale, une zone aux richesses convoitées
- Le Moyen-Orient, une région engluée dans les conflits
- La Russie, une puissance européenne qui regarde l'Asie
- Des pays marginalisés, au statut de PMA (sauf pour la Mongolie)

**• Un face à face ancien**

- Bases et facilités militaires pour les États-Unis
- CHINE États communistes

## 2. Des tensions géopolitiques et des rapports de force inégaux

**• Des ambitions**

- CHINE La Chine : extension de son influence et principales revendications
- Importantes communautés chinoises de la diaspora, relais de son influence
- INDE L'Inde, une volonté de rayonnement en Asie du Sud
- JAPON Subordination du Japon aux intérêts géopolitiques américains : l'alliance nippo-américaine

**• Des zones de tensions, voire de conflits**

- Principaux conflits interétatiques passés
- Litiges territoriaux et tensions actuelles interétatiques
- Des tensions intra-étatiques
- CORÉE DU NORD Un État-voyou sous surveillance
- Détroit stratégique
- Voie maritime stratégique

## 3. Équilibre des puissances et coexistence pacifique s'imposent en Asie du Sud et de l'Est

**• Les facteurs de puissances sont inégalement répartis**

- CHINE INDE Puissance démographique supérieure à un **milliard d'habitants**
- Pays possédant l'arme nucléaire

Le pouvoir économique : PIB 2011, en milliards de dollars

- $ supérieur à 5000
- $ entre 1 000 et 2 000
- $ entre 300 et 900
- $ inférieur à 300

**• Des associations permettent le dialogue**

**ASEAN** (Association des Nations d'Asie du Sud-Est)

- Pays membre (dix pays)
- Pays associé dans le forum **ASEAN + 3** (Chine, Corée du sud, Japon)
- RUSSIE* Pays membre de l'Organisation de Coopération de Shanghai (six pays)
- Pays asiatique de l'**APEC** (Coopération économique Asie-Pacifique)
- **SAARC** (Association sud-asiatique de coopération régionale)

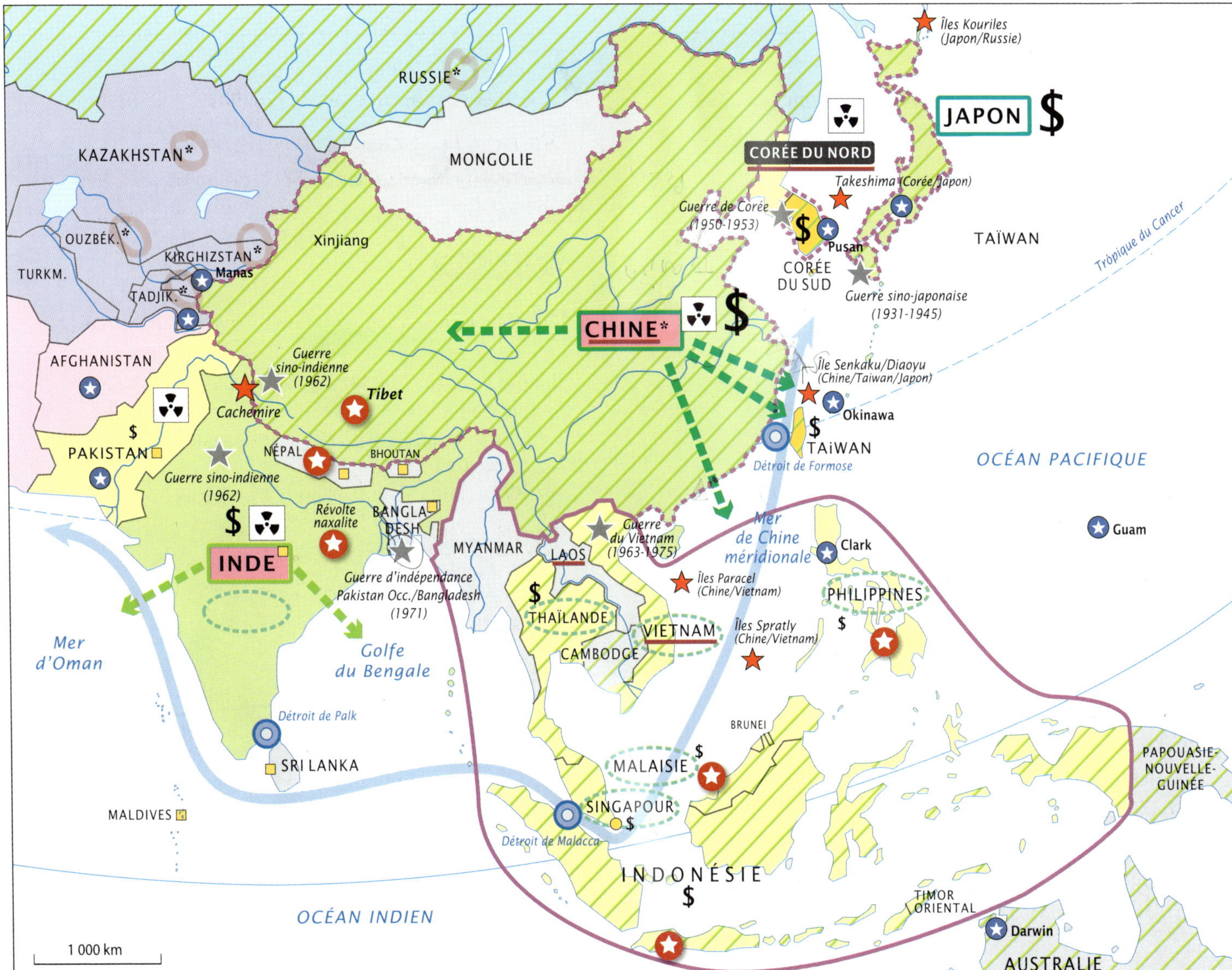

Îles Kouriles (Japon/Russie)
RUSSIE*
KAZAKHSTAN*
MONGOLIE
JAPON $
CORÉE DU NORD
Takeshima (Corée/Japon)
Guerre de Corée (1950-1953)
$
Pusan
TAÏWAN
OUZBÉK.*
KIRGHIZSTAN*
Manas
Xinjiang
TURKM.
TADJIK.*
CORÉE DU SUD
Guerre sino-japonaise (1931-1945)
Tropique du Cancer
CHINE* $
AFGHANISTAN
Guerre sino-indienne (1962)
Tibet
Île Senkaku/Diaoyu (Chine/Taiwan/Japon)
Cachemire
Okinawa
$
PAKISTAN
NÉPAL
BHOUTAN
$
TAIWAN
Détroit de Formose
OCÉAN PACIFIQUE
Guerre sino-indienne (1962)
$
Révolte naxalite
BANGLA DESH
Mer de Chine méridionale
Guerre du Vietnam (1963-1975)
Guam
MYANMAR
LAOS
Clark
INDE
Guerre d'indépendance Pakistan Occ./Bangladesh (1971)
Îles Paracel (Chine/Vietnam)
$
PHILIPPINES
THAÏLANDE
Îles Spratly (Chine/Vietnam)
$
Mer d'Oman
Golfe du Bengale
VIETNAM
CAMBODGE
Détroit de Palk
BRUNEI
SRI LANKA
MALAISIE $
PAPOUASIE-NOUVELLE-GUINÉE
MALDIVES
SINGAPOUR $
Détroit de Malacca
INDONÉSIE $
TIMOR ORIENTAL
OCÉAN INDIEN
Darwin
1 000 km
AUSTRALIE

**"Les relations de Washington et de Pékin seront une des questions stratégiques majeures du XXIe siècle, comme le sera celle de l'identité de la première puissance régionale : sera-ce l'Inde, la Chine ou encore le Japon ? […] Si l'histoire devait reculer au XXIe siècle, nul doute que l'Extrême-Orient serait un bon candidat."**

**Thérèse Delpech, *L'ensauvagement, le retour de la barbarie au XXIe* siècle, Grasset, 2005.**

## De l'énoncé à l'idée directrice

L'Asie méridionale et orientale ne rassemble pas seulement des pays émergents capables de faire bouger les grands équilibres économiques mondiaux, c'est aussi un espace stratégique, porteur de dangers pour le XXIe siècle. Certes, à première vue, **la multipolarité asiatique peut sembler un gage de paix**. L'Inde, la Chine et le Japon n'ont pas les mêmes attributs de puissance, mais l'incapacité de l'un de ces trois pays à en posséder tous les leviers empêche toute dérive impériale. La Chine mène la course en tête : population, territoire, puissance militaire, capacité productive, diplomatie appuyée par un siège permanent au Conseil de sécurité de l'ONU, réserves financières (plus de 3 200 milliards de dollars) et bientôt potentiel scientifique. L'Inde ne peut rivaliser avec elle, sa puissance est d'une échelle moindre même si les projections démographiques lui assurent la place de n° 1 mondial vers 2030 ou avant. Son économie, soumise aux mêmes goulets d'étranglement que la Chine (faiblesse des infrastructures, dépendance énergétique, insuffisance du marché intérieur…) est moins en mesure d'y répondre. Le Japon, quant à lui, ne concourt pas sur les mêmes tableaux. Ne dominant ni par la démographie, ni par son territoire, encore moins par sa diplomatie – même s'il ne faut pas sous-estimer sa puissance militaire –, c'est par son économie, son aptitude à dominer la division internationale du travail asiatique en étant donneur d'ordres, son potentiel scientifique, voire

**Repères statistiques**

| | Japon | Inde | Chine | Indonésie | Bangladesh | Pakistan | Philippines | Corée Sud |
|---|---|---|---|---|---|---|---|---|
| Population 2011 (M) | 128 | 1 241 | 1 346 | 238 | 151 | 177 | 96 | 49 |
| Superficie (km²) | 378 000 | 3,3 M | 9,6 M | 1 904 000 | 144 000 | 796 000 | 300 000 | 99 000 |
| PIB 2011 (mds $) | 5 860 | 1 880 | 6 980 | 845 | 113 | 210 | 213 | 1 110 |

Source : *Images économiques du Monde*, 2013.

➤ Lexique

frontières
États-nations
géopolitique
puissance

le soutien politique des États-Unis que le Japon s'affirme aussi comme acteur de premier plan. Se limiter à ces trois acteurs ne permet toutefois pas de comprendre la géopolitique régionale, la puissance nucléaire de l'Inde a en écho celle du Pakistan par exemple, et la sécurité de Taiwan dépend des États-Unis.

Ces acteurs n'ont pas su éteindre **les facteurs de tensions et de rivalités très nombreux dans l'ensemble de la région**. L'histoire pèse encore lourdement sur les relations interétatiques régionales et l'on a pu dire que ni la Seconde Guerre mondiale, ni la guerre froide n'étaient vraiment terminées en Asie. Les relations sino-japonaises souffrent de ce passé, les réunifications en suspens — Taiwan, la Corée — sont liées à des oppositions idéologiques figées aux lendemains de la guerre. La période des indépendances a légué aussi nombre de séquelles. La région se singularise par le nombre important de territoires toujours convoités par plusieurs États, sans qu'un arbitrage accepté par toutes les parties ait permis l'apaisement : Cachemire, îles de la mer de Chine méridionale, îles Kouriles, îlot de Takeshima, îles Senkaku nommées Diaoyu et revendiquées par les Chinois... À cela s'ajoutent des mouvements séparatistes ou indépendantistes qui déstabilisent certains États : Pakistan oriental devenant le Bangladesh en 1971, Tibet réduit au silence, indépendance du Timor oriental (2002), guérilla séparatiste au nord de Sumatra (Aceh) et aux Philippines, et la région n'est pas épargnée par des formes de terrorisme islamique (mouvement en Indonésie de la Jeemah Islamiya responsable des attentats de Bali en 2002).

Multiplicité des acteurs donc et multiplicité des territoires en rivalité, l'Asie est en danger et la Chine inquiète... (J.-L. Domenach). **Le salut passera-t-il par le développement ?** Les nationalismes céderont-ils le pas face aux nécessités économiques de l'échange ? La recherche de la croissance, outil du développement pour des populations encore confrontées à la pauvreté, a conduit à l'ouverture des frontières, au commerce, aux migrations, au dialogue. Amorcé en Asie du Sud-Est, embryonnaire en Asie méridionale, ce dialogue peut permettre une géopolitique apaisée. L'exemple taiwanais est très significatif à cet égard ; le risque d'une confrontation sino-américaine est réel, mais la Chine semble choisir non l'épreuve de force mais le pragmatisme : à défaut d'intégration politique immédiate, l'intégration économique progresse à grands pas. C'est d'ailleurs l'affirmation de l'Empire du Milieu, ruinant un fragile équilibre des puissances qui modifiera le plus sûrement la géopolitique régionale au XXI$^{e}$ siècle.

## Des faits au croquis

Ce croquis de géopolitique est un exemple qui peut être affiné, précisé en fonction du libellé précis de la dissertation demandée sur cette région asiatique (relations entre deux ou trois de ces acteurs, rapports de force et/ou hiérarchies de puissance incluant plus nettement des aspects économiques etc.) De manière classique pour un sujet de géopolitique, la légende a choisi par le plan retenu d'abord de montrer en posant les acteurs, en identifiant les tensions et rivalités entre eux, en situant les territoires concernés. Mais la légende démontre aussi une idée et pose bien une réponse en insistant pour finir sur la réalité d'une coexistence pacifique entre puissances qui n'ont pourtant pas surmonté tous leurs désaccords. Le plan de la légende est d'abord descriptif, présentant les acteurs, puis identifiant les tensions et rivalités entre eux, en situant les territoires concernés. On a là, autour de ce tryptique « acteurs, territoires, rivalités » l'essence de toute étude géopolitique. La troisième partie permet de dépasser le stade de l'inventaire et de dégager l'hypothèse qu'en dépit des multiples désaccords, une coexistence pacifique s'impose dans la région.

# L'Extrême-Orient et la mer : le rôle des littoraux dans l'organisation des territoires en Asie orientale



**1. Les façades maritimes sont les lieux de l'ouverture, au cœur des stratégies de modernisation et d'insertion dans les échanges mondiaux**

Les **dix premiers** ports mondiaux pour le **trafic conteneur en 2011** (sept sont chinois)

Les principaux ports : trafic 2011 (en millions de tonnes)

- plus de 400
- de 100 à 400

Grandes routes maritimes

Détroit stratégique

1. Détroit de Malacca
2. Détroit de la Sonde
3. Détroit de Lombok
4. Détroit de Formose

**Chine** **10,4%** Grandes puissances exportatrices pourcentage des exportations mondiales, en 2011 *(source OMC)*

Commerce intrarégional

Les principaux aéroports

**2. Les littoraux concentrent donc les régions les plus dynamiques ...**

Métropoles de plus :

- de 10 millions d'hab.
- plus de 5 millions d'hab.

Principales places boursières.

Régions économiquement dominantes : fortement peuplées et concentrant les activités

Principales façades maritimes

Zones franches (zones économiques spéciales) : attraction d'IDE, production manufacturière

Des synergies (triangle ou pôle de croissance) porteuses entre plusieurs États

**3. ... au prix d'inégalités et de déséquilibres croissants qui nuisent à la cohésion des territoires**

Des régions dont la croissance est tirée vers une métropole dynamique ou par la proximité avec les zones littorales

La saturation des régions littorales : forte à très forte **pollution générale**

Des régions délaissées, enclavées, littoraux non équipés

Migrations rurales vers les régions plus dynamiques (avant le ralentissement économique de 2008-2009)

***Go West Policy*** chinoise pour développer les régions intérieures

Une Méditerranée asiatique en développement

Des litiges territoriaux pour le contrôle d'espaces maritimes

# Les littoraux, un rôle structurant dans l'organisation des territoires en Asie orientale

**Les 15 premiers ports asiatiques en 2011, en millions de tonnes, avec rang mondial**

| | | |
|---|---|---|
| 1 | Shanghai (Chine) | 727 |
| 2 | Ningbo (Chine) | 691 |
| 3 | Singapour | 531 |
| 4 | Tianjin (Chine) | 451 |
| 6 | Guangzhou (Chine) | 429 |
| 7 | Qingdao (Chine) | 375 |
| 8 | Dalian (Chine) | 338 |
| 9 | Tangshan (Chine) | 308 |
| 10 | Qinhuangdao (Chine) | 287 |
| 11 | Hong Kong (Chine) | 277 |
| 12 | Busan (Corée du Sud) | 270 |
| 13 | Yingkou (Chine) | 261 |
| 14 | Rizhao (Chine) | 252 |
| 16 | Shenzen (Chine) | 223 |
| 19 | Nagoya (Japon) | 171 |

N.B. Pusan et Busan désignent la même ville, ce dernier nom étant désormais retenu.

Source : *Images économiques du Monde*, 2013

➤ Lexique

dynamiques
façade maritime
flux
littoral
territoires

## De l'énoncé à l'idée directrice

Longtemps, l'Asie maritime est apparue comme relativement marginale face à la puissance des liens transatlantiques. En 1980, le port de Rotterdam avait un trafic trois fois supérieur à celui de Singapour, et près de cinq fois supérieur à celui de Shanghai. Aujourd'hui, ce dernier est en tête des classements mondiaux qui montrent le poids considérable désormais des ports asiatiques (15 sur les 20 premiers) et donc des façades maritimes de l'Asie orientale.

Importance des archipels, côtes découpées, grands deltas, système de vents réguliers et alternés de la mousson facilitent les contacts maritimes et commerciaux depuis longtemps. **L'Asie contemporaine renoue avec une tradition et une civilisation marchande millénaire** qui a vu s'épanouir sur ses côtes comptoirs et cités marchandes, et une société de commerçants, souvent chinois, tisser des réseaux commerciaux et financiers en marge des États. Aujourd'hui, les dynamiques de l'Asie maritime reposent à la fois sur :

- une exceptionnelle position de carrefour, entre océan Indien et océan Pacifique, entre monde américain et monde asiatique ;
- sur de puissants systèmes maritimo-industriels au Japon, dans les Quatre Dragons, en Chine ;
- sur la capacité de la région à capter et à émettre des flux qui alimentent la société de consommation mondiale ;
- enfin sur un contrôle complet des filières maritimes : flottes commerciales et compagnies d'armement puissantes (comme le taiwanais Evergreen), appareil portuaire performant (le classement des premiers ports à conteneurs place Shangai en tête et 6 ports chinois sur les 10 premiers), construction navale et fabrication de conteneurs et priorité nouvelle à la marine dans le système de défense chinois.

**La mer est bien au cœur du miracle asiatique**. L'extraordinaire dynamisme des ports chinois l'atteste : 15 ports chinois – sans compter Hong-Kong – dépassent aujourd'hui les 100 millions de tonnes de trafic. Leurs échanges sont variés : exportations de produits manufacturés par conte-

**“Xia hai”, “plonger dans la mer”, désigne le fait de se lancer dans les affaires dans la Chine de Deng Xiaoping...**

neurs et importations de matières premières mais aussi échanges fluvio-maritimes de la rivière des Perles et du Yangzijiang, approvisionnements des provinces du Sud par le Nord en charbon et céréales etc. La puissance et le dynamisme économique se mesurent à l'aune des façades maritimes : la baie de Tokyo concentre 6 ports et constitue sans doute le premier complexe portuaire mondial. En Thaïlande ou au Viêt-Nam, le développement de Chebang ou Saïgon illustre et accompagne le démarrage économique, tandis que la Malaisie profite de la saturation du site de Singapour. Ainsi il faut différencier l'Asie du Nord-Est où les territoires sont marqués par de puissantes façades maritimes reliées à des hinterlands dynamiques, et l'Asie du Sud-Est où les trafics portuaires sont plus limités et l'effet structurant des littoraux moins important.

**Ports et façades maritimes structurent les territoires** : lieux d'échanges et de production, les États y ont précocement créé des zones franches qui accueillent des entreprises souvent étrangères. Ces ports, points nodaux des flux intenses qui parcourent l'Asie, sont aussi des métropoles qui se développent. Ces économies ouvertes, voire extraverties, ont provoqué des recompositions et des fragmentations territoriales. L'ouverture du régime communiste chinois s'est traduite par le renforcement du gradient côtier (les provinces littorales réalisant près des 2/3 du PIB). Par contre, au sein des archipels du Sud-Est asiatique, le contraste est moins celui entre littoral et intérieur qu'entre celui entre des îles peuplées et dynamiques et d'autres plus marginalisées par rapport aux courants d'échanges actuels.

## Des faits au croquis

Le croquis a donc pour objectif de montrer que le miracle asiatique, s'il est largement lié au développement des façades maritimes, s'est accompagné d'une différenciation accrue entre les territoires. Il est un complément indispensable à la dissertation car non seulement il permet de localiser les espaces maritimes, les ensembles portuaires, mais il permet de préciser cette notion de façade maritime. Il permet de comprendre ce qu'est l'arrière-pays (*hinterland*) d'un port mais également le rôle de son avant-pays, de ses routes maritimes. Le croquis révèle, plus que tout discours, le contraste saisissant entre l'Asie du Nord-Est et l'Asie du Sud-Est et conduit à relativiser l'unité de la façade asiatique du Pacifique.

On remarquera que les parties de la légende n'ont pas systématiquement de sous-parties : il n'y a pas de règle et d'obligation en la matière, l'essentiel est toujours de construire un raisonnement. Le plan insiste d'abord sur les dynamiques, c'est-à-dire sur l'activité économique polarisée autour des ports à l'origine de flux vers l'avant ou l'arrière-pays. Cela permet de mettre en évidence que les régions littorales attirent hommes, capitaux, activités, et enfin que cette dynamique par l'échange extérieur conduit à des inégalités, à une saturation de l'espace... bref atteint ici et là ses limites. L'enjeu pour les États est ainsi de lutter contre des déséquilibres inquiétants, de diffuser la croissance du littoral vers l'intérieur (cf. la *go west policy* chinoise).

> “Le plus grand péché est de céder à ses convoitises, la plus grande faute est de ne pas savoir se contenter. Le plus grand malheur est de vouloir toujours acquérir...”
>
> LAO TSEU

> “La main-d’œuvre n’est rien en Chine : une journée y vaut trois sous, aussi les Chinois peuvent-ils, au sortir de la forme, appliquer leur papier feuille à feuille entre les tables de porcelaine blanche chauffées au moyen desquelles ils le pressent et lui donnent ce lustre, cette consistance, cette légèreté, cette douceur de satin qui en font le premier papier du monde. Eh bien ! Il faut remplacer les procédés chinois au moyen de quelque machine. On arrive par les machines à résoudre le problème du bon marché que procure la Chine, le bas prix de sa main-d’œuvre.”
>
> BALZAC, *Les illusions perdues*, (1837-1843)

➤ Lexique

IDE
façades maritimes
territoires
zones franches

## Nature du document

Un planisphère en rupture totale avec l’idée d’un empire du milieu frileux, se protégeant de la barbarie extérieure et une illustration d’un enrichissement chinois depuis 1980 – mot d’ordre *Xia hai!,* « s’enrichir », c’est-à-dire littéralement... « se jeter à la mer » qui passe par la marche vers la mer, c’est-à-dire l’ouverture. La puissance chinoise ne s’arqueboute plus sur un « compter sur ses propres forces » (mot d’ordre du « grand bond en avant », 1958-1962) mais ambitionne la conquête du grand large au rythme de ses IDE, de ses instituts Confucius, de sa voracité en matières premières et en énergie et de ses interventions de plus en plus à visage ouvert en Afrique, en Amérique Latine et en Europe comme un leader des BRICS.

## Analyse

### Des performances accélérées conjuguées au superlatif

**Entre 1990 et 2010 le niveau de vie moyen de la population a été multiplié par 4** grâce à une croissance spectaculaire de 7 % par an. La Chine représente à elle seule 13 % du PIB mondial et vient de dépasser le Japon en 2010, 4 ans après avoir ravi le 3e rang à l’Allemagne, et devrait doubler les États-Unis dans une dizaine d’années. En 50 ans elle a creusé l’écart : son PIB a été multiplié par 46, celui de l’Inde par 12, celui de l’Afrique par 7, et en pouvoir d’achat le PIB chinois dépasse 7 500 dollars en 2010.

Dans un mouvement général qui fait que les pays émergents en 2011 contribuent pour la première fois plus que les pays de l’OCDE à l’économie mondiale, la Chine est bien le leader pour ne pas dire le **principal contributeur au basculement du monde vers l’Asie** : par ses exportations (1er rang mondial depuis 2009, 2 050 milliards de dollars en 2012 !) par ses excédents (1er rang mondial 230 milliards de dollars en 2012) ses réserves de change (la moitié de son PIB !).

Elle est capable de **s’imposer dans des domaines qui n’étaient pas *a priori* ceux de sa compétence** : l’industrie automobile la consacre aujourd’hui un acteur décisif, par son marché, sa production (19,6 millions de véhicules particuliers et utilitaires assemblés en 2012, soit le quart de la production mondiale). Ses capacités d’investissements à l’étranger croissent de 10 milliards de dollars par an pour dépasser 85 milliards de dollars en 2012, soit il est vrai seulement 3,8 % des IDE mondiaux, mais à comparer aux 5 milliards de 2004... Elle pousse désormais ses pions de partout en faisant de l’Europe la première cible de ses investissements, en sécurisant ses approvisionnements pétroliers avec des groupes comme la CNPC au Soudan et au Nigéria, en activant des sommets annuels Chine/Afrique

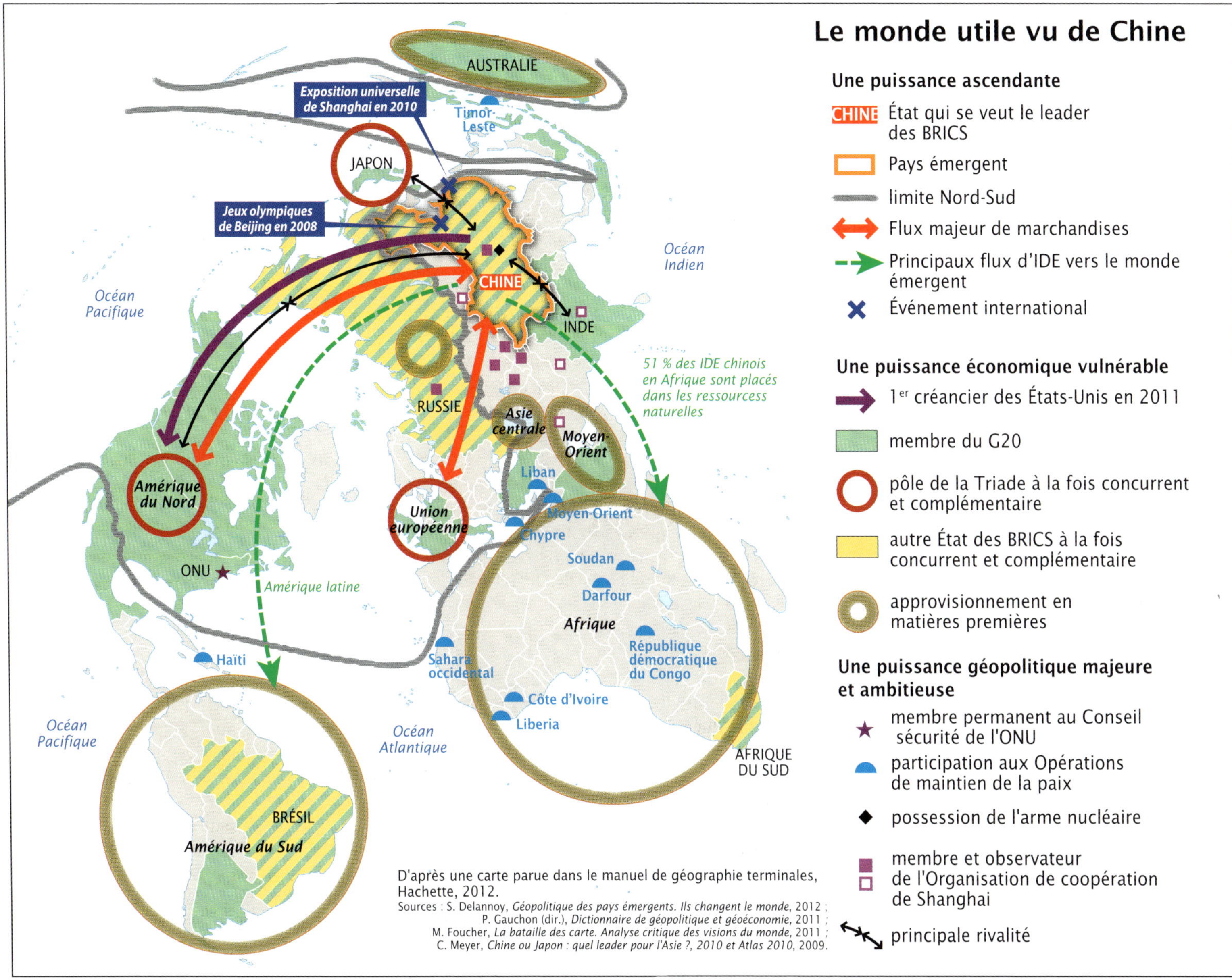


D'après une carte parue dans le manuel de géographie terminales, Hachette, 2012.
Sources : S. Delannoy, *Géopolitique des pays émergents. Ils changent le monde*, 2012 ; P. Gauchon (dir.), *Dictionnaire de géopolitique et géoéconomie*, 2011 ; M. Foucher, *La bataille des carte. Analyse critique des visions du monde*, 2011 ; C. Meyer, *Chine ou Japon : quel leader pour l'Asie ?*, 2010 et *Atlas 2010*, 2009.

depuis 2006 et l'Union africaine depuis 2008 avec des accords de troc (armement/infrastructures) contre ressources naturelles, le tout sans ingérence dans la gouvernance des États.

## La place de la Chine dans le monde : une révolution ?

On pourrait parler d'**une réémergence** conforme à la théorie des cycles chinois : qu'on se souvienne que dès 1776 Adam Smith reconnaissait : « aucune partie de l'Europe ne peut rivaliser avec la Chine en termes de richesse ». Et on retiendra qu'avant le siècle de l'humiliation, en 1820, un tiers du PIB mondial était produit par la Chine contre 23 % pour l'Europe et 3 % pour le Japon.

Mais on ne peut oublier que **l'extérieur a été vécu comme une somme de traumatismes** : 1839 : ports forcés par les Occidentaux pour contraindre l'Empire à autoriser le commerce de l'opium (3 guerres), saccage du palais d'Été en 1860 avec ressentiments, l'extérieur (le Japon notamment) compromet la tentative pour créer un État moderne capable de rivaliser avec l'Occident après l'installation de la République de Sun Yat Sen (1911, avec ses 3 principes : nationalisme, démocratie et bien être du peuple) et les guerres intestines (Guomindang/PCC) ont été instrumentalisées par l'extérieur.

La Chine a longtemps fait prévaloir un **modèle autocentré** surtout après la rupture de 1960 avec l'URSS et l'adoption dès 1958 du grand bond en avant – utopie au pouvoir avec le « compter sur ses propres forces » – et la révolution culturelle de 1966. Même la diaspora suivait le mot d'ordre de Chou En Laï « ne sortez pas la tête ! »

## Une nouvelle voie chinoise : une stratégie gagnante ?

Le miracle de l'émergence chinoise est à décoder. Dans son analyse récente, *Chine, le nouveau capitalisme d'État*, Marie-Claude Bergère isole les ingrédients de la recette chinoise : entre le libéralisme intégral et sa victoire définitive prophétisée par F. Fukuyama et le dirigisme des pays de la sphère soviétique, une troisième voie s'est formatée. La Chine a rompu avec l'ancienne économie de commande mais le volontarisme étatique prévaut parallèlement à l'essor volcanique du secteur privé qui ne compte que pour 22 % dans la valeur ajoutée industrielle. Un capitalisme d'État, une économie de marché administrée avec un parti encore arbitre suprême surtout du tempo des réformes expliquent les performances d'une Chine apte à devenir une ou la puissance dominante.

La montée en puissance de la Chine tient à sa **capacité à maîtriser les 7 piliers de la sagesse... occidentale,** décrits par Kishore Mahbubani (*Le défi asiatique,* 2008) et ce parfois à contre-courant de son histoire.

• L'économie de marché depuis 1993 où constitutionnellement est adopté le concept d'économie socialiste de marché et depuis 2001 la Chine est à l'OMC (le 143e membre).

• La science et la technologie avec de nouvelles priorités, même si le rattrapage chinois peine au regard de la puissance passée et les 4 inventions décisives (compas, papier, imprimerie, poudre noire, outils de tous les pouvoirs), 1,15 million de chercheurs soit déjà plus de 80 % du potentiel américain.

• La méritocratie par le savoir avec dès 2010 le cap des 70 millions de diplômés universitaires franchis, et un *brain gain* potentiel de 440 000 étudiants à l'étranger.

• Le pragmatisme, véritable ADN de la Chine.

• La culture de la paix, qui lui fait envisager d'être d'abord une puissance régionale responsable et « attendre son heure » (Deng Xiao Ping).

• L'État de droit, laborieux, mais qui devrait, avec le nouveau secrétaire du PCC, Xi Jinping, faire un petit bond en avant, ne serait-ce que dans la marginalisation des droits (Hukou) favorables aux citadins et la lutte contre la corruption (80e sur 178 pays analysés par Transparency international).

• L'éducation devenue une priorité absolue de la nouvelle « société harmonieuse » souhaitée par les Chinois depuis le XVIIe congrès du PCC...

L'affirmation de la Chine est aussi à mettre en relation avec **une vitesse de réactivité inégalée** :

les progrès d'Internet où la barre des 540 millions d'internautes a été franchie au premier semestre 2013, les progrès des transports (en 2012, le TGV Pékin Canton cumule les records : 2 298 km, 35 gares en 6 provinces), la boulimie d'or noir importé (285 MT en 2013) qui stimule la recherche nucléaire (réacteurs nucléaires à haute température à lit de galets rêvés des Allemands dès 1960), l'aptitude à tirer quelque 500 millions de personnes hors de la pauvreté en un quart de siècle, la mise en place systémique d'un *soft power* depuis 2002 à travers les instituts Confucius (200 dans 90 pays en 2012) ou l'agence Chine nouvelle, balisent les craintes d'une sinodépendance du monde.

## Portée et critique : une sinodépendance du monde ?

À voir la carte de l'expansion chinoise dans le monde, on a bien sûr envie d'aller plus loin. On rentre là dans l'ordre des craintes d'un **Occident** qui a non seulement perdu « le monopole de l'histoire » (Hubert Védrine) mais est en train de perdre un à un les attributs de la puissance qui était la sienne aux XIX$^{e}$ et XX$^{e}$ siècles et plus concrètement, **qui abandonne ses positions de force** : au moment où l'emploi manufacturier recule de 25 % aux États-Unis, de 10 % dans la zone euro entre 2002 et 2010, la Chine « atelier du monde » devient première puissance manufacturière en 2011, capte 37,5 % de la croissance industrielle mondiale sur les 20 dernières années !

À force d'égrainer les défis chinois, on comprend cette perception **d'une mondialisation qui se déciderait à Pékin** : défi des standards – Linux, OGM... – par le seul effet du nombre (1 370 000 hab), défi monétaire avec l'avantage compétitif du yuan et son internationalisation dans les accords de *swaps* pour se substituer au dollar (Corée mais aussi Argentine), défi salarial (pression déflationniste exercée sur les salaires par Wal Mart et ses importations chinoises), défi environnemental qui conduit la Chine à être le premier producteur mondial de gaz à effet de serre sans s'astreindre à des objectifs chiffrés de réduction, même à la conférence de Durban 2012, défi commercial dans des niches industrielles (photovoltaïque) ou des produits de consommation de masse où des marques aux noms parfois occidentalisés s'imposent (Nice pour les détergents). Mais il faut raison garder à l'image du marché de l'automobile où 75 % du marché sont détenus par des marques étrangères et où seuls deux constructeurs (Changan 5$^{e}$ et Chery 10$^{e}$ en 2012) sont dans les 10 premiers constructeurs loin derrière Volkswagen GM ou Hyundaï Kia.

Ainsi **si la Chine part à la conquête du monde, elle doit d'abord partir à la conquête d'elle-même** pour consolider ses acquis. Rien ne dit que le management chinois soit des plus efficaces à l'extérieur (déboires de la firme de BTP chinoise Covec en Pologne pour la réalisation de l'autoroute Varsovie-Berlin) que la présence chinoise soit acceptée (manifestations en Algérie contre des salariés chinois concurrents ou en Afrique du Sud contre les audaces de rachat d'une des principales banques, la Standard Bank, pas plus que dans le vignoble de Bourgogne Gevrey Chambertin). Rien n'assure aux patrons chinois dont les 2/3 seraient membres du parti communiste – ce « fils du ciel » de 80 millions de fidèles – que centralisme, nationalisme d'un côté, conquête des marchés, et ouverture de l'autre puissent cohabiter durablement. Comment ne pas, comme J.-L. Domenach, « s'inquiéter d'une Chine » où la régulation de la hausse des rémunérations par la réserve de main-d'œuvre s'amenuise, car au « pays des enfants rares » la Chine a moins de jeunes, moins d'ouvriers, moins de femmes actives ?... Comment enfin ne pas voir dans les inégalités accrues, un coefficient de GINI à 0,61 (jugé par les observateurs « alarmant ») la trajectoire explosive d'une économie certes mondialisée mais de plus en plus éloignée de cette « société de moyenne aisance » espérée par Hu Jintao pour 2020 ? Avant même que de communiquer au monde un bulletin de victoires statistiques, de célébrer son irredentisme en mer de Chine (Senkaku, Paracels), de tester sa puissance au travers des embargos sur les terres rares, la Chine ne doit-elle pas penser à un « nouveau modèle de croissance » ?

# La Chine face aux risques : la croissance économique au péril de l'environnement



## 1. Des risques naturels élevés : un environnement hostile

- Séismes
- Désertification (vents de sable, dégradation des sols)
- Inondations fréquentes : atterrissement des fleuves
- Fonte des glaciers du château d'eau himalayen
- Typhons et cyclones

## 2. Des risques anthropiques : un environnement outragé

- Zones à haute pollution urbaine
- Villes les plus polluées
- Pluies acides liées à une industrialisation traditionnelle
- Usure des sols, déforestation
- G Point de départ de la grippe aviaire

## 3. Des risques politiques : un environnement sous tensions

**Un environnement extérieur non sécurisé**

Les tensions sino-indiennes : *territoires contestés*
Les tensions Corée-Chine : *le nucléaire et le mur de la faim*
Les tensions Chine-Taiwan : *le détroit de tous les dangers*
Les tensions nippo-chinoises : *les territoires revendiqués*
Les tensions en mer de Chine : *le gaz et le pétrole*

**Un environnement régional intérieur éclaté**

- La sinisation à pas forcés des peuples allogènes *(villes Han)*

Des ressources énergétiques et spatiales stratégiques protégées

P Pétrole — C Charbon — U Uranium

**Les risques d'éclatement : les trois Chines**

Le littoral : la frange ourlée du développement actuel ?
L'intérieur : les vestiges d'un mode de croissance dépassé?
L'Ouest : les périphéries sinisées mais rebelles

## 4. Le nouveau front chinois : la bataille des quatre maîtrises

**Maîtriser l'eau**

- Grands barrages et chantiers de barrages
- Canaux pour transférer l'eau
- Les barrières vertes, les nouvelles murailles de reforestation

**Maîtriser la contrainte énergétique**

- La Chine, 2e capacité mondiale en éoliennes
- Le nucléaire civil : l'alternative au pétrole

**Maîtriser la surchauffe des provinces côtières**

- Lignes à très grande vitesse (dont Pékin-Canton 2300 km)
- Nouveaux axes ferroviaires de développement
- Priorités intérieures

**Maîtriser les périphéries**

- RUSSIE Membres de l'OCS (organisation de coopération de Shanghaï)
- La «voie du ciel» avec l'Inde
- La fin des contentieux : l'Amour pacifié
- La ville symbole de toutes les évolutions *(première ville écologique)*

# La Chine face aux risques : la croissance au péril de l'environnement

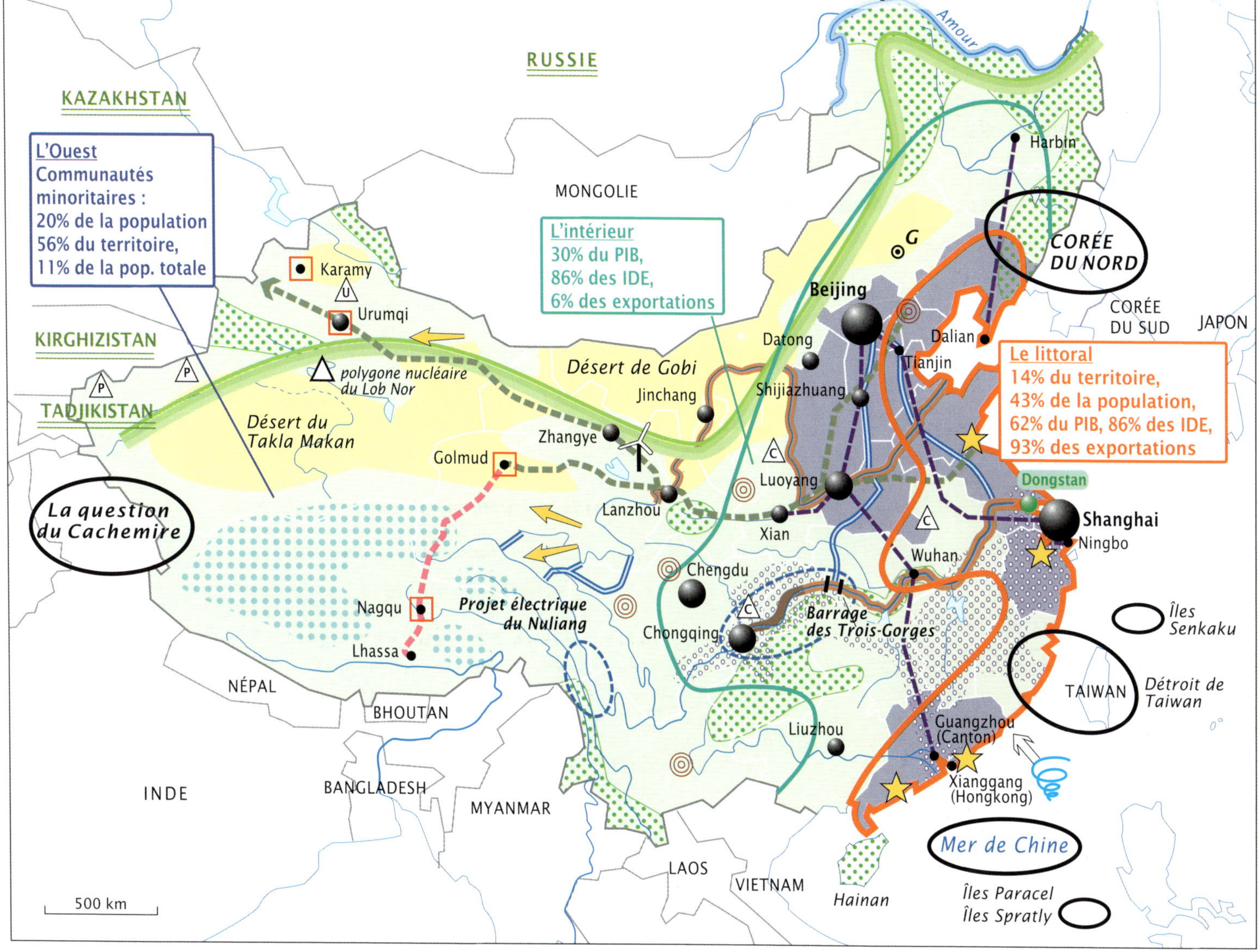

**"Si l'espoir d'un avenir entièrement vert est du domaine de l'utopie, la combinaison d'une prise de conscience au sujet de l'environnement, du développement de technologies moins polluantes, d'une réorganisation de la construction progressive d'une société civile en Chine, peut permettre d'atténuer les conséquences sociales d'une crise écologique qui sera, quelles que soient les mesures prises, de longue durée."**

**Frédéric Obringer, *Hérodote*, 2e trimestre 2007.**

**"La Chine est en train de devenir un syndrome, quelque chose entre la maladie sénile et le stade suprême du capitalisme. Évitons si possible que ce syndrome devienne notre cauchemar en même temps que celui des Chinois eux-mêmes."**

**P. Cohen, *La Chine, notre nouveau cauchemar*, Mille et une Nuits, 2005.**

➤ Lexique

environnement
pays émergent
risques

## De l'énoncé à l'idée directrice

L'émergence rapide de la Chine depuis la fin des années soixante-dix tient lieu de *success story* exceptionnelle pour tous les économistes (1er exportateur mondial dès 2009) : la martingale du succès tient à l'ouverture, la détente des contraintes collectives, la réhabilitation du profit, la bataille des cinq modernisations (industrie, agriculture, science, défense, et démocratie quelque peu oubliée), une transition vers un communisme de marché où le PCC sait utiliser à certains moments un nationalisme pour se relégitimer et réprimer tous les excès... Pourtant, cette Chine installée comme leader des pays émergents (9 % de croissance depuis 1979) inquiète et c'est là le cœur de la carte ; les risques, rançon de ce couple infernal : forte progression et forte prédation.

Mais à l'heure d'inventorier ces risques, le candidat peut s'enfermer dans trois approches très limitatives :

- une approche exclusivement écologique, par nature facile en Chine où, malgré les préoccupations récentes, le bilan écologique est calamiteux : premier pays émetteur de gaz à effet de serre, pollution de l'air record, pluies acides qui condamnent les antennes de Tchonking à être remplacées tous les 7 ans ;
- une approche uniquement anthropique qui efface dans ses excès le risque systémique au cœur même d'une nature excessive : séismes, inondations, désertification... Certes « l'homme n'est jamais bien loin en Chine » (F. Braudel) derrière ces excès, comme le tremblement de terre du Sichuan que les géologues chinois tendent à attribuer au travail de compression des roches par les barrages pharaoniques qui ont été construits ;

• une approche délibérément pessimiste qui risque d'éclipser que la Chine, en termes bruts (ne serait-ce qu'à cause de ses dimensions), mais aussi en termes de volonté affichée, essaye de maîtriser les dérives d'un modèle qui surconsomme de l'énergie, de l'espace, de l'eau. « La croissance harmonieuse » n'a pas été que décrétée au dernier sommet du PCC. Elle s'organise aussi autour de transferts financiers et de réalisations concrètes comme, à titre de symbole, la ville écologique de Dongstan.

## Des faits au croquis

C'est donc en fonction des observations précédemment faites que la carte s'efforcera de proposer :

• un tableau des **excès naturels**, difficiles à représenter il est vrai. Mais les origines des pandémies, les épicentres des séismes les plus meurtriers (dont celui de l'*annus horribilis* 1976), ou la fonte programmée des hauts glaciers de l'Himalaya, devraient être facilement représentés.

• Le candidat pourra ensuite saisir **les responsabilités humaines** dans ce territoire où justement, comme le disait F. Braudel, « l'homme compte si peu ».

• Il sera aisé par la suite de saisir **les risques liés à des périphéries conflictuelles**, car toute l'histoire de la Chine n'est somme toute qu'un rapport armé entre « l'Empire du Milieu » et les territoires barbares d'hier.

• Il faudra enfin montrer comment les politiques économiques retenues et volontaristes convergent vers la difficile maîtrise des excès.

• Une telle carte devra de toute façon éviter la dispersion en saisissant le principal risque, **l'éclatement de la Chine en trois ensembles** : le littoral, terre de tous les excès économiques – inflation, surchauffe, statut de soutiers modernes de la croissance des *mingongs,* sans droits, sans *hukou* (livret d'enregistrement de la résidence) – mais terre d'exploration et de modernisation ; **l'intérieur enchâssé**, tourné vers des industries passées et une agriculture payant un lourd tribut à la mondialisation, et **des nouvelles frontières, vitales pour sécuriser l'espace chinois**, mais victimes d'une sinisation forcée, contestée. Nul doute que l'esprit du croquis de synthèse est au cœur de cette carte difficile mais vitale pour sortir de la sino-dépendance, des bulletins triomphaux... comme ceux dressés par les Chinois pour la voie du ciel entre Golund et la Chine – cette ligne de chemin de fer ne cumule pour le *Quotidien du Peuple* pas moins de 5 records, outre l'altitude, la quantité de rails produite et posée en terres gelées dans le monde... !

## 1. Les territoires de l'Union indienne sont encore en partie fermés à la mondialisation

Les frontières fermées

Zones de tensions politiques

Le Cachemire

Insurrection naxalite (Bihar et Andhra Pradesh)

Attentat de Bombay, décembre 2008, un élément déstabilisant

Des installations portuaires peu développées

INDE La **SAARC*** : une faible dynamique régionale

PMA PMA à ses frontières, des pays en fort retard de développement

CHINE La Chine, longtemps rival et adversaire, devenue un partenaire récent

## 2. mais l'accentuation de l'ouverture depuis 1991 est réelle...

Des métropoles dominantes

plus de 10 millions d'habitants

de 5 à 10 millions

Pôles technologiques, exportateurs notamment de services

Zones franches et zones économiques spéciales (ZES)**, le long du littoral et à la périphérie des très grandes villes

Façades maritimes actives

Principaux flux commerciaux

Investissements directs à l'étranger en 2011 *(Cnuced, Rapport 2012)*

32 Mds $ IDE reçus

15 Mds $ IDE indiens à l'étranger

En 2012, l'Inde est le premier pays bénéficiaire des envois de fonds des travailleurs migrants
**70 milliards de dollars** *(Banque mondiale)*

## 3. ce qui crée des déséquilibres grandissants au sein du pays : les espaces indiens face à la mondialisation

Un essai de typologie schématique

**Des territoires intégrés**

Régions économiques dominantes et espaces en fort développement

Régions agricoles modernisées, productions exportatrices, et tissu de PME industrielles

**Des territoires marginalisés**

Campagnes très densément peuplées au développement limité

Inde centrale, région peu développée

Marges montagneuses ou arides, faiblement peuplées

* **SAARC** : association sud-asiatique pour la coopération régionale (en anglais, South Asian Association for Regional Co-operation) regroupe huit pays : Inde, Bangladesh, Bouthan, Népal, Pakistan, Sri-Lanka, Maldives.

** *Les zones franches de l'Inde entre ouverture à l'international et spéculation immobilière*, J. Grasset, F. Landy, Annales de géographie, 2007.

# La mondialisation, menace pour la cohésion territoriale de l'Union indienne

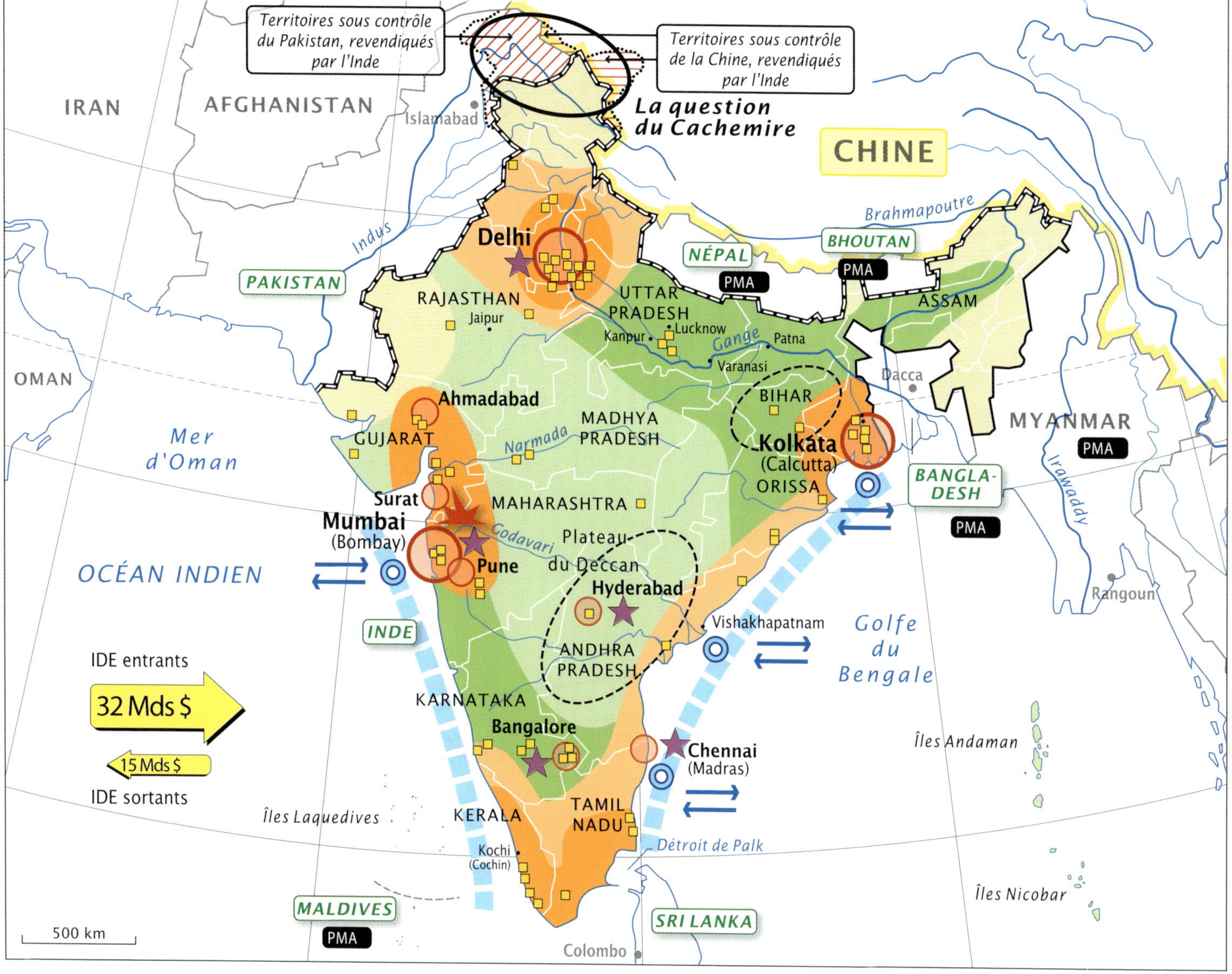

**"Comme toutes les bonnes histoires de Bangalore, la mienne commence loin de Bangalore. Aujourd'hui, je vis dans la Lumière, mais j'ai vu le jour et grandi dans les Ténèbres. Je parle ici d'une partie de l'Inde, au moins un tiers du pays, fertile, regorgeant de rizières, de champs de blé [...]. Ceux qui y vivent appellent cette vaste contrée les Ténèbres. Tâchez de comprendre, votre excellence. L'Inde est en réalité deux pays en un : une Inde de la Lumière et une Inde des Ténèbres. L'océan apporte la lumière à mon pays. Les régions situées à proximité de la mer vivent dans l'aisance. Tandis que le fleuve — le fleuve noir — apporte obscurité aux autres. Quel est ce fleuve noir ? [...] Le Gange, bien sûr... "**

**Extrait de Aravind Adinga, *Le Tigre blanc*, Buchet-Castel, 2008 (roman, Booker Prize 2008).**

## ➤ Lexique

axes de développement
dynamiques
inégalités
mondialisation
région
territoire
système-monde

## De l'énoncé à l'idée directrice

L'Union indienne est un État né en 1947 dont les frontières n'ont été depuis que très légèrement retouchées, notamment après le conflit avec la Chine en 1962. S'il existe un territoire indien, que la nation indienne reconnaît comme sien, **le pluriel employé dans l'énoncé, « les territoires », n'est pas anodin**. Il est justifié à plus d'un titre.

Lors de l'indépendance, Nehru choisit un compromis territorial : l'Union a une structure fédérale, elle comprend des territoires relevant directement de New Delhi, comme les anciens comptoirs Pondichéry et Goa, et des États (Pradesh) dans la continuité souvent des anciens États princiers.

Le pluriel rappelle aussi que dans ce territoire vaste de 3,3 millions de km$^2$ les modes de peuplement et les paysages sont infiniment variés.

Ce libellé se justifie également par la problématique du sujet. L'État indépendant avait cherché à réduire les inégalités existantes par une politique volontariste de déploiement d'activités industrielles à l'intérieur du pays. Depuis, la mondialisation contribue à renforcer les inégalités au sein du territoire indien, par un effet de polarisation des activités et des hommes sur les lieux les plus propices. Désormais, les déséquilibres anciens réapparaissent avec la concentration des activités sur le littoral aux dépens de l'*hinterland*. Des axes dynamiques apparaissent aussi vers l'intérieur comme Madras-Bangalore, Bombay-Pune ou encore autour de la capitale Delhi.

Enfin, à une échelle plus fine, les disparités peuvent être colossales à l'image des bidonvilles qui côtoient les quartiers d'affaires (*slum* de Dharavi à Bombay).

**L'accentuation de toutes ces inégalités permet donc de penser que l'Inde ne « brille » pas pour tous** (« L'Inde qui brille » était le slogan du parti nationaliste hindou BJP lors des élections de 2004). La cohésion du territoire est d'autant plus fragile que les régions les plus pauvres sont les plus dynamiques démographiquement : dans le demi-siècle à venir, la population du Kérala devrait croître de 24 %, celle de l'Uttar Pradesh de 140 % ! **Dans la plus grande démocratie du monde, l'État peut-il laisser croître les clivages**

**régionaux ?** La question est éminemment politique. Comme la Chine, l'Inde est confrontée à un dilemme fondamental : laisser s'accroître les inégalités en privilégiant la compétitivité des territoires intégrés, ou les réduire par de vigoureuses politiques publiques en misant et en espérant le développement d'une classe moyenne et d'une croissance plus autocentrée.

Depuis 2004, le leitmotiv du Premier ministre Manmohan Singh, leader du parti du Congrès, « rendre la croissance plus inclusive », c'est-à-dire plus égalitaire, lui fait écho.

## Des faits au croquis

Le croquis proposé a choisi de mettre en valeur le contraste entre les freins à l'intégration et les éléments illustrant l'ouverture indienne depuis 1991. Une typologie était nécessaire pour illustrer les inégalités territoriales. Même approximative et schématique, c'est une manière synthétique et irremplaçable de répondre à la problématique du sujet. La difficulté est de rendre compte de la complexité de l'organisation territoriale, alors que l'on ne peut aller à des échelles très fines d'analyse. Il fallait dégager à la fois les inégalités interrégionales et souligner les oppositions villes-campagnes.

Les contrastes hérités sont largement Nord-Sud : dans les États méridionaux, traditionnellement plus ouverts aux influences extérieures, les plaines littorales, densément peuplées, propices au commerce comme à une agriculture diversifiée, contrastent avec des régions intérieures comme le plateau du Deccan et ses bordures montagneuses aux sols plus ingrats. Le Nord hindiphone rassemble quant à lui les lieux du pouvoir politique, et une bourgeoisie rurale a permis le développement d'États comme le Pendjab ou le Haryana. Les dynamiques économiques actuelles renforcent ces fractures héritées. Les régions gagnantes de l'insertion croissante de l'Inde dans la mondialisation sont des enclaves du Nord-Ouest (Delhi-Pendjab), les zones littorales en particulier autour de Bombay, et la pointe méridionale, tandis qu'une vaste diagonale centrale et les petits États périphériques du Nord-Est n'enregistrent qu'une faible croissance, et constituent un cœur pauvre et densément peuplé.

Avec à peine 30 % de population urbaine, l'Inde est paradoxalement un pays encore rural qui dispose de métropoles puissantes. La mondialisation s'accompagne comme partout d'une métropolisation : gagnante, l'« oligarchie urbaine » (Frédéric Landy) des quatre grandes cités : Mumbai, Calcutta, Madras et New Delhi – dans le « quadrilatère d'or », avec 6 000 km d'autoroutes qui les unissent –, et des enclaves prospères, également bien reliées au système monde, attirant les IDE comme Bangalore, Hyderabad ou encore Pune et Gurgaon dans la banlieue de Delhi.

Par l'accentuation de ces contrastes, la mondialisation met à mal la cohésion territoriale de l'Union indienne. La région du Telangana, autour de la ville d'Hyderabad, partie la plus riche de l'État de l'Andhra Pradesh, a obtenu en 2009 la perspective de constituer bientôt le 29e État indien. Voilà qui semble montrer, pour reprendre les termes d'A. Adinga, que l'« Inde de la Lumière » choisit de s'éloigner de l'« Inde des Ténèbres ». Ce serait là un constat inquiétant pour l'avenir du pays. C'est un défi majeur pour le gouvernement.

## 1. Le défi urbain à l'aune d'un milieu difficile

### Une mégalopole macrocéphale

- Ville mondiale
- Autres métropoles majeures
- Limites de la mégalopole
- Métropole régionale
- Littoraux avec constructions de terres-pleins à vocation surtout industrielle

### Un milieu fragile : vivre dans l'éphémère…

- Épicentre du séisme du 11 mars 2011
- Volcans actifs

### Un accroissement des inégalités ?

- Partie de la mégalopole la plus attractive
- La mer intérieure : un littoral vital, très aménagé
- Zones qui se dépeuplent de manière rapide

## 2. Les nouveaux défis économiques dans un environnement bouleversé

### Un commerce extérieur en difficulté

- La Chine premier partenaire : premier partenaire commercial, balance déficitaire pour le Japon (20 Mds de dollars en 2011)
- 2 Port de premier rang mondial (classement mondial en 2011)
- 3,5 % 160 Mds $ % de dépenses en R&D en 2012, en % du PIB et en volume en milliards de dollars
- Des délocalisations anciennes
- T Toyota City
- Une insertion asymétrique dans la mondialisation
- Technopoles, cités scientifiques

### Se passer du nucléaire ?

- La centrale de Fukushima
- Autres centrales nucléaires japonaises
- Importations massives d'énergie (220 mt pétrole/an) et de matières premières

### Des infrastructures de transport remarquables : un atout

- Le Shinkansen, axe central de la mégalopole
- Shinkansen en construction
- Viaducs
- Aéroports internationaux
- Ensemble portuaire de la Baie de Tokyo : une des premières façades maritimes au monde

## 3. Les défis géopolitiques, crispation et impuissance

### Une puissance toujours isolée

- Des litiges territoriaux avec ses voisins immédiats
- CORÉE DU NORD L'inquiétant voisin nord-coréen : des menaces récurrentes.
- La ZEE du Japon : un espace aux ressources halieutiques vitales pour le Japon.

### L'indispensable allié américain

- Quartier général de l'armée américaine
- Bases militaires américaines au Japon

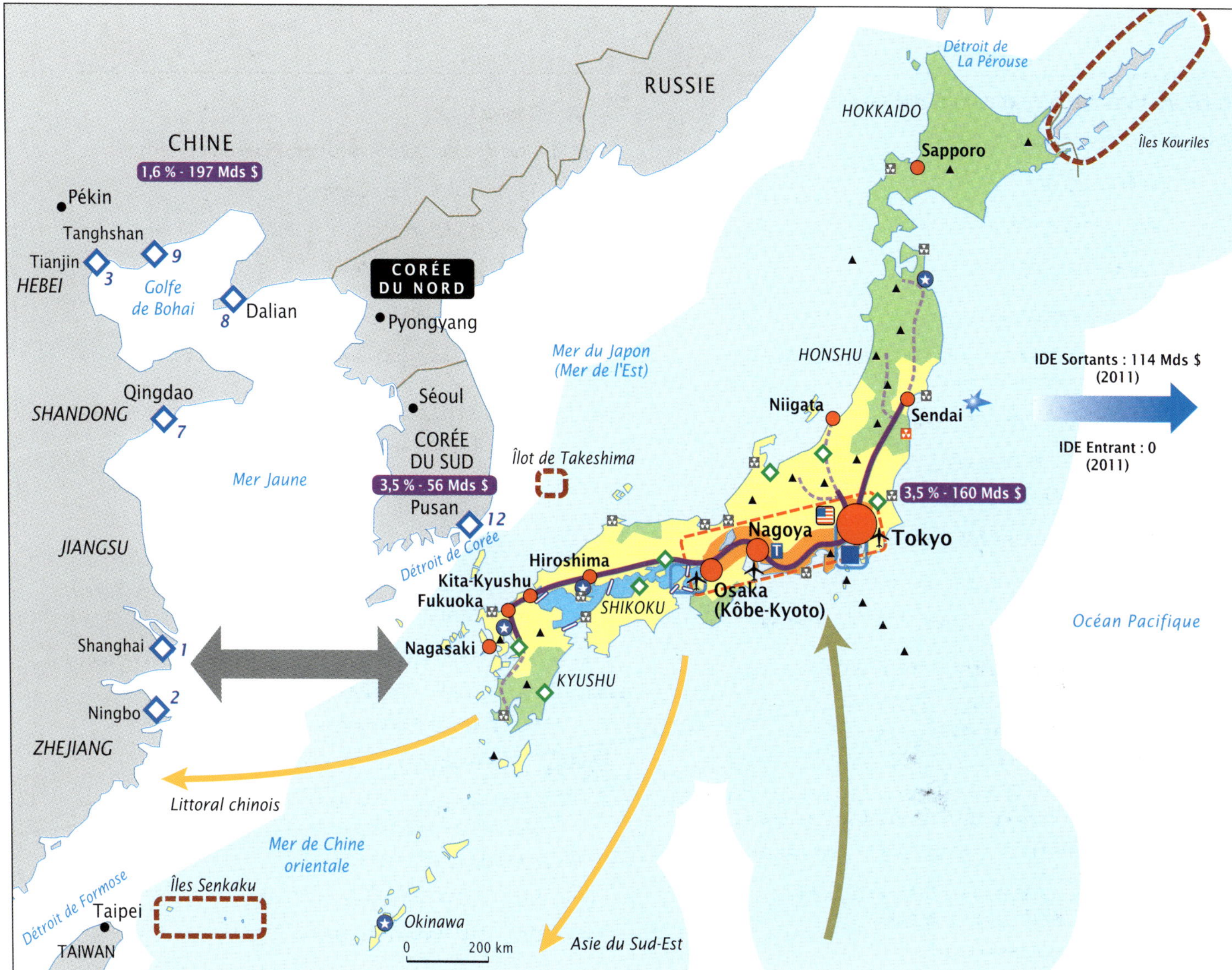

RUSSIE
CHINE
1,6 % - 197 Mds $
Pékin
Tanghshan
Tianjin
HEBEI
Golfe de Bohai
Dalian
CORÉE DU NORD
Pyongyang
Qingdao
SHANDONG
Séoul
CORÉE DU SUD
3,5 % - 56 Mds $
Pusan
Mer Jaune
Îlot de Takeshima
Mer du Japon (Mer de l'Est)
Détroit de Corée
JIANGSU
Shanghai
Ningbo
ZHEJIANG
Littoral chinois
Mer de Chine orientale
Îles Senkaku
Détroit de Formose
Taipei
TAIWAN
Okinawa
0 200 km
Asie du Sud-Est
Détroit de La Pérouse
HOKKAIDO
Sapporo
Îles Kouriles
HONSHU
Niigata
Sendai
IDE Sortants : 114 Mds $ (2011)
IDE Entrant : 0 (2011)
3,5 % - 160 Mds $
Tokyo
Nagoya
Hiroshima
Kita-Kyushu
Fukuoka
Nagasaki
SHIKOKU
Osaka (Kôbe-Kyoto)
KYUSHU
Océan Pacifique

"Le Japonais travaille beaucoup,
De son salaire, il épargne beaucoup, Après de longues années d'épargne, il construit sa maison,
Le tremblement de terre survient et détruit sa maison,
Le Japonais travaille beaucoup ; etc."

Apologue nippon rapporté par Christian Sautter dans son livre, *La France au miroir du Japon*, Odile Jacob, 1996.

"Le Japon, même si un certain nombre de voyants économiques et sociaux sont au rouge, a encore de belles longueurs d'avance devant ses voisins et désormais partenaires. Il les a dans les domaines de l'éducation supérieure et de la formation, de la protection sociale, du système des retraites, des salaires, de l'accès à la propriété, de l'accès à un confort de vie pour le plus grand nombre, de la démocratie politique, d'une réelle liberté de pensée et de parole, de circulation des personnes, et d'une plus grande justice sociale."

J.-F. Sabouret, *Japon, la fabrique des futurs*, 2011, CNRS éditions

➤ Lexique

aménagement du territoire
délocalisation
mégalopole
risques

## De l'énoncé à l'idée directrice

**Le Japon est une énigme**. Une énigme renouvelée. C'est un pays singulier en Asie qui n'a cessé de surprendre par sa capacité à affronter avec succès les défis pourtant colossaux qui se sont présentés à lui.

Refusant la domination occidentale, il fut le seul pays asiatique qui a su contester aux Européens leur suprématie, et ce en dépit de la faiblesse de ses atouts naturels. Il a démontré que l'on peut être moderne sans être occidental, ce que l'on retrouve dans l'expression de l'ère Meiji *wakon yôsai* – esprit japonais, techniques occidentales – qui signifie l'acceptation de la science de l'Occident tout en conservant un esprit national. Il surmonte donc le **choc né de la confrontation avec l'Occident** et s'affirme puissance dominante à l'entre-deux-guerres. Ruiné par ses choix politiques, il affronta le **choc de la défaite**, le traumatisme nucléaire et répondit à l'appel de son empereur Hiro-Hito qui, quelques jours après Hiroshima, s'adressait à lui en ces termes : « Unissez toutes vos forces en vue de la construction de l'avenir. Cultivez la droiture, ayez l'esprit large et travaillez avec une ardeur acharnée, afin de relever les fastes de l'Empire en vous mettant au rythme du progrès universel. » Il sut se relever et devenir la seconde puissance économique mondiale capable, croyait-on dans les années 1980, de menacer la suprématie États-unienne. Il fut « le premier en Asie à lancer une dynamique de la modernisation accélérée » (J.-F. Sabouret). Mais le Japon est **depuis vingt ans confronté à un troisième choc**. Il sombre dans une langueur durable à partir de 1990 alors que tous le voyaient au zénith, langueur dont on prédit sans cesse la disparition mais que l'impact du choc de la récession semble montrer qu'elle n'a pas disparu.

**Cette panne de croissance durable est lourde de défis, tout en constituant une énigme en soi**. Pourquoi un pays riche, au sommet de la DIT, situé dans la région du monde à la plus forte croissance connaît-il une croissance relativement atone – autour de 1 % par an depuis 20 ans ? Sans avoir à répondre à cette question qui met en cause l'essoufflement du modèle japonais, il est clair que le pays est confronté à de nouveaux défis.

- **Le premier est d'ordre économique**. Le modèle japonais de monoculture industrielle peine à rester compétitif dans une économie mondialisée. Les plans de relance à répétition de l'État tournent à vide, la dette publique est de 210 % du PIB et pour la première fois le Japon a connu un déficit de sa balance commerciale en 2011. Le déclassement du pays est relatif certes, mais patent en termes de compétitivité, de revenu par habitant et la Chine a pris sa place de seconde puissance économique mondiale.
- **Le second est politique** : les espoirs suscités par l'alternance politique en 2009 ont été déçus.

Le parti Démocrate n'a convaincu ni dans sa gestion de la récession économique, ni dans celle des conséquences du tsunami en 2011 (coûts directs estimés à 147 milliards d'euros dans une région aux avant-postes de l'industrie électronique et chimique de pointe). Le retour du parti libéral démocrate (PLD) en 2012 aux affaires semble montrer l'incapacité du milieu politique japonais à se renouveler.

• **Le troisième est social** : la société japonaise a certes fait preuve de son incontestable faculté de résilience lors de l'accident nucléaire de Fukushima, mais sa cohésion est mise à mal par la montée des inégalités, le malaise d'une partie de la jeunesse qui ne se retrouve pas dans le modèle social de ses pères, le balancement perpétuel entre tradition et modernité, les disparités géographiques qui s'accentuent. De plus, cette société est la plus vieille au monde, les plus de 65 ans devant représenter près du tiers de la population d'ici à 2030, le Japon pourrait passer sous la barre des 100 millions d'habitants à partir de 2050 environ.

• **Le quatrième est géopolitique** : le Japon a toujours une piètre diplomatie, réactive plus qu'active. L'expression est sévère, le constat est là : des relations difficiles avec tous ses proches voisins, un manque de leadership en Asie, une faible aura internationale, une dépendance vis-à-vis des États-Unis... Certes, le discours de Shinzo Abe, premier ministre depuis fin 2012 se veut plus ferme, cultivant le nationalisme d'une partie de son électorat, augmentant le budget militaire, mais sur le fond le pays reste fondamentalement très isolé.

Mais il ne faudrait pas trop vite déduire de ses défis nombreux un déclin. Le Japon est **une énigme, capable de se réinventer comme il l'a fait par le passé.** Il ne faut sous-estimer ni son potentiel technologique qu'il cultive et développe (3,5 % du PIB consacré à la R&D en 2012), ni son statut de premier créancier du monde et son patrimoine net à l'étranger (2 500 milliards de dollars en 2011), ni son *soft power* acquis grâce à une culture de plus en plus rayonnante. Le Japon ne serait-il pas, selon l'expression de J.-F. Sabouret, « la fabrique des futurs » en train d'inventer un nouveau modèle économique et social caractérisé par une faible croissance et le confort de vie pour le plus grand nombre, sans idéologie dominante et avec le souci d'un environnement à préserver ?

## Des faits au croquis

Proposer un croquis sur les défis du Japon contemporain implique de se demander en quoi ceux-ci ont une dimension territoriale. Cela permet d'une manière qui peut être complémentaire à l'analyse menée en dissertation de mettre l'accent sur les **contraintes du territoire japonais**. Certes, ces contraintes sont d'abord et toujours naturelles : risques sismiques élevés, volcanisme, étroitesse des plaines littorales... De même, le croquis peut montrer que la question des centrales nucléaires reste posée dans un pays sans ressources énergétiques propres et qui a choisi de redémarrer progressivement ses centrales, toutes arrêtées après l'accident de 2011. La **polarisation de l'espace** s'accentue, la moitié du territoire japonais se dépeuple nettement ne regroupant plus qu'un peu plus de 6 % de la population. *A contrario*, les mégapoles et singulièrement celle de Tokyo, déjà la première ville du monde avec près de 35 millions d'habitants en 2013 continuent d'attirer des habitants et de croître. La mégalopole se recompose au gré de mouvements migratoires internes entre les villes de Tokyo, Nagoya et Osaka. Le gouvernement pratique cependant des politiques **d'aménagement du territoire**, ne lésinant pas sur de lourdes infrastructures et dotant l'archipel d'infrastructures de transport très performantes.

L'intérêt de la carte est enfin de resituer le Japon dans son **environnement régional**. Elle montre ainsi son isolement du fait des litiges territoriaux avec ses voisins, mais aussi l'opportunité que représente cette Asie du Nord-Est dynamisée par le marché chinois et tirée en avant par une émulation scientifique entre les pôles japonais, sud-coréens, et de plus en plus chinois.

# Shanghai, incarnation de la modernité chinoise

**"Entre les traditions mandarinale de Pékin et compradoriale (marchande) de Canton, [Shanghai] représente une autre tradition créée par un siècle et demi de vicissitudes, celle d'une occidentalisation maîtrisée, adaptée aux moyens et aux fins d'une société qu'elle transforme tout en étant transformée par elle, celle d'une modernité à laquelle aspirent plus d'un milliard de Chinois et dont ils sont en train de faire l'apprentissage."**

**M.-C. Bergère, *Histoire de Shanghai*, Fayard, 2002.**

➤ Lexique

axes de développement
échelle
métropole
modernisation

## Présentation du document

Shanghai est une ville au statut de municipalité provinciale (dépendant directement du pouvoir central), bénéficiant d'une position exceptionnelle, à la charnière de la Chine du Nord et de la Chine du Sud, à l'embouchure du Yangzi, puissant fleuve chinois qui parcourt d'ouest en est le pays. Avant la prise du pouvoir par les communistes en 1949, Shanghai était le centre industriel et commercial le plus important de la Chine, le moteur du changement, déjà un foyer de modernité. Endormie, volontairement délaissée pendant la période maoïste, la ville ne connut de renouveau qu'à partir de 1990 quand la politique d'ouverture menée depuis 10 ans conduisit le pouvoir, aux mains d'anciens maires de Shanghai comme le Président Jiang Zemin, à vouloir rééquilibrer le dynamisme des régions du Sud en redonnant de la vigueur à l'ancienne métropole économique. En 20 ans, les transformations de la ville illustrées par cette carte inspirée de l'*Atlas de la Chine* dirigé par T. Sanjuan sont spectaculaires. Ce qui est en jeu ici, c'est la capacité de la ville à devenir une métropole d'envergure mondiale cumulant tous les symboles de la modernité tout en restant profondément chinoise et en rayonnant de plus en plus à l'intérieur de la Chine, bref, à être ce que les Chinois appellent « la queue du Dragon » dynamisant toute la vallée du Yangzi.

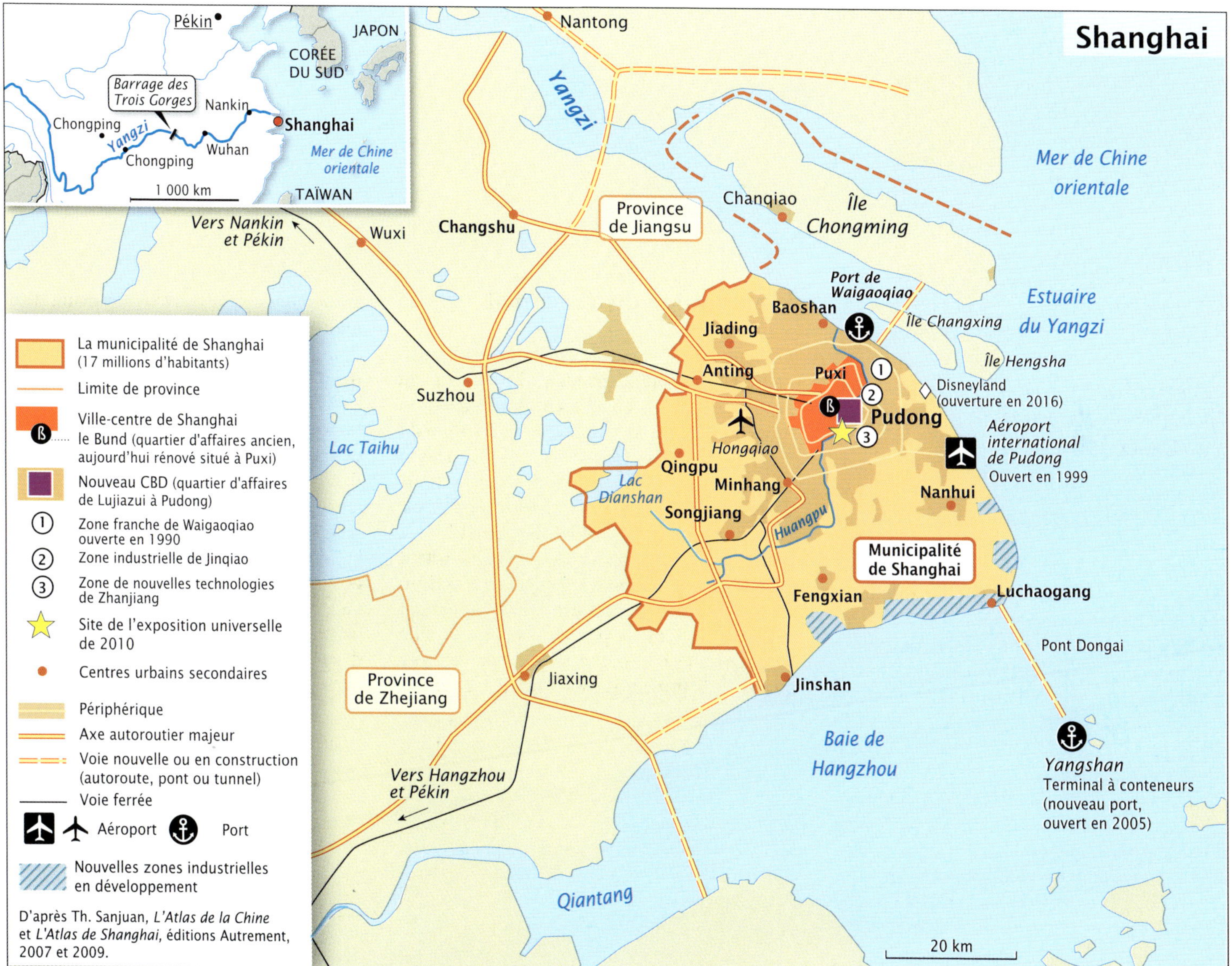

Shanghai
Pékin
JAPON
CORÉE DU SUD
Barrage des Trois Gorges
Nankin
Shanghai
Chongping
Yangzi
Chongping
Wuhan
Mer de Chine orientale
1 000 km
TAÏWAN
Nantong
Yangzi
Mer de Chine orientale
Changqiao
Île Chongming
Province de Jiangsu
Vers Nankin et Pékin
Wuxi
Changshu
Port de Waigaoqiao
Estuaire du Yangzi
Baoshan
Île Changxing
Jiading
Île Hengsha
Anting
Puxi
Disneyland (ouverture en 2016)
Suzhou
Pudong
Aéroport international de Pudong
Ouvert en 1999
Lac Taihu
Hongqiao
Qingpu
Lac Dianshan
Minhang
Nanhui
Songjiang
Huangpu
Municipalité de Shanghai
Fengxian
Luchaogang
Pont Dongai
Province de Zhejiang
Jiaxing
Jinshan
Baie de Hangzhou
Yangshan
Terminal à conteneurs (nouveau port, ouvert en 2005)
Vers Hangzhou et Pékin
Qiantang
20 km
La municipalité de Shanghai (17 millions d'habitants)
Limite de province
Ville-centre de Shanghai
le Bund (quartier d'affaires ancien, aujourd'hui rénové situé à Puxi)
Nouveau CBD (quartier d'affaires de Lujiazui à Pudong)
1 Zone franche de Waigaoqiao ouverte en 1990
2 Zone industrielle de Jinqiao
3 Zone de nouvelles technologies de Zhanjiang
Site de l'exposition universelle de 2010
Centres urbains secondaires
Périphérique
Axe autoroutier majeur
Voie nouvelle ou en construction (autoroute, pont ou tunnel)
Voie ferrée
Aéroport
Port
Nouvelles zones industrielles en développement
D'après Th. Sanjuan, L'Atlas de la Chine et L'Atlas de Shanghai, éditions Autrement, 2007 et 2009.

## Intérêt

L'originalité du document proposé réside dans le fait qu'il s'agit d'une carte urbaine, à une échelle donc relativement grande et inhabituelle par rapport à celles couramment proposées. Cela implique la capacité à situer le document dans un cadre régional, à passer ainsi d'une échelle à l'autre pour exploiter tout l'intérêt des informations ici fournies. Par ces changements d'échelle du local au mondial, il faut faire parler le document ; la méthode ne diffère pas d'un autre commentaire de carte et on pourrait imaginer de travailler sur d'autres métropoles comme Rio de Janeiro, Mumbay ou Los Angeles de la même façon. En s'appuyant sur la problématique fournie par le titre, il est possible de dégager rapidement quelques idées. Shanghai est à la fois une des premières métropoles mondiales et une ville profondément chinoise dans un pays dont les agglomérations ont connu des transformations extraordinaires dans un laps de temps très court. La modernité y a fait irruption brutalement surtout à partir de 1990 et s'est traduite par de profondes transformations du paysage urbain. En quoi la ville est-elle symptomatique du renouveau asiatique et de l'émergence chinoise ? C'est la question à laquelle le commentaire doit répondre.

## Analyse

### Une modernisation à marches forcées

La transformation la plus spectaculaire que l'on perçoit sur le document, c'est le changement d'échelle de la ville, qui entraîne une profonde transformation de son paysage. Plus précisément son site premier, correspondant sur la carte à la ville centre, est la rive gauche du fleuve Huangpu peu avant que celui-ci ne rejoigne l'estuaire du Yangzi. Or aujourd'hui, l'agglomération, qui compte 25 millions d'habitants, étend son emprise jusqu'à la province du Jiangsu à l'ouest, à la rive du Yangzi au nord et a débordé sur la rive gauche du Huangpu dans le nouveau quartier de Pudong. Cette croissance urbaine très forte s'est accompagnée de destructions des anciens quartiers nommés *lilong* et de constructions de tours ; Shanghai offre désormais ce paysage vertical commun aux centres villes des plus grandes métropoles mondiales. Son urbanisme relève du tour de force, **les Chinois ont accompli ici en un temps très court des politiques d'aménagement qui se sont déroulées sur plusieurs décennies dans les pays développés**, ce qui n'a pas été sans lourdes contraintes pour les habitants déplacés vers la périphérie. La ville, comme les autres métropoles chinoises, traduit les bouleversements d'une société en mutation très rapide, et les écarts de revenus se creusent dans un contexte d'explosion de la société de consommation. Shanghai s'affirme comme le lieu où se dessinent toutes les nouvelles tendances et son centre devient réservé aux populations les plus aisées. Mais cette capacité à se conformer aux standards internationaux s'accompagne d'une attention récente au patrimoine (musée de Shanghai célébrant l'âge d'or de la ville).

### Pour devenir une métropole mondiale

Son dynamisme et sa modernité s'expriment dans les infrastructures et l'urbanisme. Ponts et tunnels désenclavent les quartiers de la rive droite du Huangpu longtemps délaissés. Face au Bund qui symbolisait la Shanghai coloniale des années 1920, est construit le quartier d'affaires de Lujiazui, sorte de Manhattan shanghaien dont certains monuments comme « la Perle de l'Orient » ou la tour de la télévision sont devenus célèbres. S'y concentrent les sièges sociaux ou représentations économiques nationales et les institutions financières (Bourse de Shanghai passée en mai 2009 devant la City londonienne en capitalisation boursière). Le nouvel aéroport international de Pudong, le port de Waigaoqiao sur le Yangzi doublé du port en eau profonde de Yangshan plus au sud (Shanghai 1er port mondial), des zones industrielles ouvertes aux investisseurs étrangers, des universités (Fudan, Jiaotong, Tongji) et pôles technologiques : **tout concourt à faire de la ville l'une des «villes globales»** (S. Sassen) **au rayonnement mondial**. L'organisation de l'Exposition universelle de 2010 fut l'occasion de le démontrer. Si la ville entend devenir une métropole de services, son potentiel industriel est déjà remarquable (un tiers de la production automobile chinoise, la moitié de la construction navale...).

### Au service du développement chinois

Mais il faut resituer la carte dans un espace plus vaste pour comprendre que Shanghai n'est pas une enclave isolée. Elle joue un rôle régional, en dominant la longue vallée du Yangzi, dynamisée déjà par le Barrage des Trois Gorges, et son influence s'étend jusqu'à Chongqing. Elle récupère en quelque sorte ainsi une aire régionale qui lui avait été confisquée à partir de 1950. Sa croissance a conduit à une redistribution des activités en périphérie, au développement de villes satellites (comme Jiading, Qingpu, Songjiang, Nanhui etc. sur la carte) qui canalisent l'urbanisation de son territoire. La mégapole, bien reliée à son arrière-pays par un réseau d'autoroutes et de voies ferroviaires, illustre, soutient, porte la montée en puissance du pays. Si elle a connu les mêmes processus d'urbanisation accélérée que les autres grandes villes chinoises, elle les exprime à un degré inégalé. Il y a une évidente rupture avec la période maoïste et on peut parler de renouveau pour la ville qui, en écho aux années 1920, est la métropole littorale la plus apte à incarner une modernité chinoise face au défi occidental.

## Portée de la carte

Comme l'écrivait dès 1999 Pierre Gentelle à son propos, «si des décennies perdues ne se rattrapent pas, les décennies à venir peuvent assurer un développement triomphal» (*Chine et «Chinois» outre-mer à l'orée du XXI^e^ siècle*) : quinze ans plus tard, le pronostic semble se révéler juste, et la ville est en passe de réussir son premier pari, devenir le centre du monde économique chinois, dominant au passage la place de Hong-Kong.

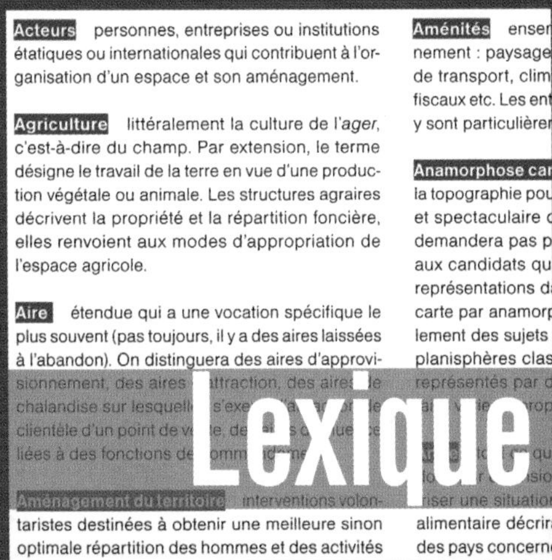


# 100 termes

## fréquemment utilisés dans les énoncés, les problématiques, les légendes des cartes

# Lexique

> **"Derrière les mots sont les concepts, les idées, les sentiments, les allusions, tout ce qui donne du sens en incorporant les apprentissages et la culture..."**
>
> Roger Brunet, *Les mots de la géographie, Dictionnaire critique*, Reclus- Documentation française, dernière éd. 2009.

**Acteurs** personnes, entreprises ou institutions étatiques ou internationales qui contribuent à l'organisation d'un espace et son aménagement.

**Agriculture** littéralement la culture de l'*ager*, c'est-à-dire du champ. Par extension, le terme désigne le travail de la terre en vue d'une production végétale ou animale. Les structures agraires décrivent la propriété et la répartition foncière, elles renvoient aux modes d'appropriation de l'espace agricole.

**Aire** étendue qui a une vocation spécifique le plus souvent (pas toujours, il y a des aires laissées à l'abandon). On distinguera des aires d'approvisionnement, des aires d'attraction, des aires de chalandise sur lesquelles s'exerce l'attraction de clientèle d'un point de vente, des aires d'influence liées à des fonctions de commandement.

**Aménagement du territoire** interventions volontaristes destinées à obtenir une meilleure sinon optimale répartition des hommes et des activités sur le territoire par des politiques sectorielles et spatiales. L'objectif est souvent de réduire les inégalités de développement des territoires, d'aménager des zones pionnières, de redistribuer les activités de zones saturées, d'assurer une cohésion sociale et territoriale.

**Aménités** ensemble de qualités d'un environnement : paysage socioculturel, infrastructures de transport, climat (héliotropisme), avantages fiscaux etc. Les entreprises à haute valeur ajoutée y sont particulièrement sensibles.

**Anamorphose cartographique** déformation de la topographie pour montrer de manière évidente et spectaculaire certains phénomènes. On ne demandera pas par chance ce type d'exercice aux candidats qui se contenteront de voir ces représentations dans leurs ouvrages. Mais une carte par anamorphose n'est pas exclue formellement des sujets Ecricome (que l'on songe aux planisphères classiques avec le PIB des États représentés par des parallélogrammes dont la taille varie en proportion du PIB).

**Arme** tout ce qui sert à attaquer et à défendre, donc par extension tout outil qui permet de maîtriser une situation. Plus spécifiquement, l'arme alimentaire décrira les capacités de production des pays concernés, leur aptitude à imposer des clientélismes par le soutien des exportations, permettant parfois des ventes au-dessous des coûts de production réels, les pressions pour imposer des modèles culturaux de production et culturels de consommation, et l'utilisation d'embargos, de pressions internationales, pour imposer des choix conformes au pays détenteur du *food power*.

**Axes de développement** phénomène de croissance linéaire à partir d'un ou de plusieurs pôles de croissance, le long d'axes de transports multiples. Ils servent dans l'aménagement du territoire à structurer des espaces régionaux.

**Balkanisation d'un État, d'un territoire** émiettement des territoires par référence à l'éclatement des Balkans, à la fin du XIX^e^, en entités politiques distinctes, qui seront la base du conflit de la Première Guerre mondiale (le concept s'applique utilement aujourd'hui à l'Irak, au Caucase, à l'Afrique australe, à l'Europe centrale et orientale...).

**Bassin d'emploi** marché régional ou local de travail représentant une zone géographique où l'on peut changer de travail sans changer de résidence.

**Biens de consommation** biens satisfaisant immédiatement les besoins des consommateurs. Lorsqu'ils sont durables, ils sont destinés à un usage répété (livres, meubles, automobiles), non durables, ils concernent la consommation quotidienne.

**Bilan** penser à l'origine du mot qui désignait un carnet de banquiers et négociants, où ceux-ci portaient ce qui leur était dû, ce qu'ils devaient. Donc, un bilan doit toujours partir des objectifs, de ce que l'on espérait pour évaluer à l'aune de la qualité et de la quantité le point d'arrivée au terme de mutations à décrire.

**Centre/périphérie** le centre est le lieu à partir duquel s'exerce le pouvoir sur des territoires plus ou moins vastes, les périphéries sont comprises comme des territoires sous influence, dominés. Le modèle centre/périphérie est descriptif mais non explicatif des relations de domination/dépendance qu'il met en évidence.

**Civilisation/culture** T. Todorov (*La peur des Barbares*, R. Laffont, 2008) insiste sur la nécessité de distinguer les deux sens du mot civilisation selon que celui-ci est employé au singulier ou au pluriel. Dans le premier cas, la civilisation est le contraire de la barbarie. Est civilisé, écrit-il « celui qui sait reconnaître pleinement l'humanité des autres ». Au pluriel, parler des civilisations revient à désigner les cultures qui reposent sur une mémoire et des règles de vie communes, qui sont tournées vers le passé et vers le présent. Donc « on ne peut avancer dans la voie de la civilisation sans avoir au préalable la pluralité des cultures. »

**Concentration géographique** choix de localisation sur un nombre limité de sites pour regrouper les activités d'une branche et développer des synergies d'une filière de production. Les buts recherchés sont des économies d'échelle, des économies de coûts de transports, des spécialisations régionales.

**Conflit** choc, combat, lutte, antagonisme... Le terme est souvent privilégié et préféré à celui de guerre pour désigner les affrontements contemporains, on parle des conflits africains, ou du conflit du Moyen-Orient : des euphémismes qui voudraient montrer que la pratique de la guerre – recours à la lutte armée – n'est pas systématique. Bien distinguer les conflits interétatiques (israélo-arabe ou entre les deux Corée) et intraétatiques (Colombie), mais souvent les deux se combinent (Grands Lacs en Afrique, ou Cachemire impliquant les puissances régionales). Les politologues distinguent les conflits de haute intensité, qui mettent en jeu des puissances de premier plan, risquent de s'étendre, menacent la paix et la stabilité planétaire, et les conflits de basse intensité qui restent confinés à un territoire, une région donnée (et souvent n'émeuvent guère la communauté internationale).

**Construction européenne** c'est le processus diplomatique, juridique et économique par lequel certains États du continent européen ont décidé d'unir leurs moyens pour résoudre des problèmes communs. « Toute la construction de l'Europe est une longue transition vers plus d'Europe » (Jacques Delors).

**Croissance/crise/dépression/récession** en économie, la croissance est l'augmentation des biens et des services produits et rendus, elle est mesurée par l'évolution du PIB. Par opposition, la crise est le moment du cycle économique qui voit s'interrompre cette expansion, c'est un retournement brutal de la conjoncture économique, « une structure ancienne qui disparaît sans que la situation nouvelle ne soit encore là » (A. Gramsci). La récession selon la définition américaine décrit une crise d'une économie qui fait face à deux trimestres consécutifs de croissance négative en volume (ex : France en 1974 après le choc pétrolier, 1993 à l'aval de la réunification allemande, 2008 à la suite de la crise financière immobilière et énergétique).
La **dépression** est une contraction de cycle économique qui combine trois paramètres la durée (plus d'un an), la diffusion de la crise, l'ampleur de la rupture manifestée par la baisse du volume de la demande, de la production, des revenus réels et la progression du chômage.

**Délocalisation** opération par laquelle une entreprise cesse de produire sur place et fait fabriquer dans un autre pays, au sens strict dans une autre unité de fabrication substitut à celle qui produisait dans le pays d'origine. La sous-traitance n'est pas de la délocalisation. Initiée dans le textile, puis les constructions électroniques, les délocalisations concernent désormais les services (logiciels, centres d'appel).

**Démographie** du grec *demos,* peuple, et *graphein,* écrire. Étude quantitative de populations ou collectivités humaines : description statistique des effectifs, de la composition par âge, de la répartition par sexe, de l'activité professionnelle ; description dynamique de la mortalité, de la natalité, de la fécondité et des mouvements migratoires.

**Développement** Yves Lacoste a proposé de définir le développement comme la situation des États dont la croissance économique supérieure à la croissance démographique permet une amélioration des conditions de vie et les investissements nécessaires pour accentuer et pérenniser cette situation. L'économiste François Perroux en 1966 formulait à peu près la même idée en proposant la définition suivante : « Le développement est la combinaison des changements mentaux et sociaux d'une population qui la rendent apte à faire croître cumulativement et durablement son produit réel global ».

**Développement durable** c'est celui qui répond aux besoins du présent sans sacrifier les capacités des générations futures à répondre à leurs propres besoins (*Rapport Brundtland, notre avenir à tous*, 1987). Appliquée à l'entreprise, la notion impliquerait d'associer les trois perspectives : *profit* (efficacité économique), *planet* (défense de l'environnement) et *people* (relations humaines de solidarité dans l'entreprise).

**Diaspora** dispersion, dissémination contraintes le plus souvent d'une ethnie, d'une communauté dans le monde (Juive à l'origine, à partir de la chute de Jérusalem en 70 apr. J.-C.), libanaise, indienne, arménienne... mais gardant des liens culturels voire financiers forts avec le pays d'origine.

**Division internationale du travail, DIT** répartition à l'échelle du monde des différentes spécialisations productives. On distingue souvent la DIT classique ou ancienne DIT, fondée sur l'échange de produits de base par les PVD contre des produits manufacturés émanant des pays du Nord, de la nouvelle DIT qui, à partir des années 1970, traduit l'émergence industrielle de nouveaux pays du Sud en commençant par les NPI asiatiques. Aujourd'hui, la production d'un bien est souvent un « jeu de *lego* » (S. Berger, *Made in monde*, Seuil, 2006) dont les différentes pièces sont réparties sur la planète. On parle de division internationale des processus productifs (DIPP), de fragmentation du système de production ou encore de modularisation associée souvent à des externalisations de tâches dans des pays tiers, ou *outsourcing*.

**Dynamiques** ce terme très fréquent dans les énoncés implique des évolutions économiques, politiques, géographiques, mais liées par une logique, répondant à un objectif, ce sont des forces orientées vers un progrès, un développement à appréhender dans le temps et l'espace.

**Échanges** sans autre qualificatif, désigne les flux internationaux de biens, de services et de capitaux, mesurés par la balance des paiements et pourquoi pas culturels et humains. L'étude du commerce extérieur plus restrictive permet de cerner importations et exportations de biens c'est-à-dire de marchandises.

**Échelle** la notion d'échelle est au cœur du raisonnement géographique, et pourtant le terme est souvent utilisé à contre-sens. L'échelle indique le rapport entre la surface représentée sur la carte et la surface réelle sur le terrain. Une carte à grande échelle fournit donc de nombreux détails, à une échelle locale, au contraire un planisphère est une carte à très petite échelle. Il faut donc éviter la confusion avec un sens courant (« agir à grande échelle ») qui est à l'opposé.

**Économie dominante** on ne peut que partir de l'approche de F. Perroux qui décrit une économie dominante « comme un espace économique national qui, en raison de sa dimension, de son pouvoir de négociation, de la nature de ses activités, exerce sur le reste du monde des effets asymétriques qui ont tendance à renforcer son pouvoir ». C'est le propre des grandes puissances au début du XX^e^ (États-Unis, Allemagne, Royaume Uni, France, Russie), des superpuissances (États-Unis, URSS) pendant la guerre froide, de l'hyperpuissance (États-Unis) aujourd'hui... (et des deux États qui domineront le XXI^e^ : États-Unis et Chine ?).

**Énergie** on distinguera les **énergies fossiles** contenues dans des combustibles formés par la fossilisation progressive au cours des temps géologiques de matières organiques (surtout végétaux). On compte parmi ces énergies le pétrole, le gaz naturel, le charbon. Elles ne sont pas renouvelables à l'échelle de temps humain.
Les **énergies renouvelables** se reconstituent en permanence à un rythme au moins égal à celui de la consommation. On compte parmi elles les énergies d'origine solaire, éolienne, hydraulique, géothermique. Lorsqu'elle est issue de végétaux renouvelés, la biomasse fait partie des énergies renouvelables.

**Enjeux** partir de la définition classique : ce que l'on peut gagner ou perdre au cours d'une bataille. Dès lors, décrire les enjeux implique d'analyser les rapports de force, de dégager les hiérarchies, d'identifier les gagnants et les perdants, de saisir les mutations susceptibles d'intervenir en cas de solution ou d'impasse face à un problème. Par exemple, les enjeux de la crise financière actuelle sont : réformer la finance internationale pour gagner en transparence et stabilité, donner leur juste place aux pays émergents dans l'ordre économique mondial, et dégager un modèle de croissance où la finance n'est plus le moteur mais le produit de la croissance.

**Entreprise** unité juridique de production de biens ou de services. Plus précisément, lieu d'optimisation de moyens matériels financiers et humains (capital, travail) pour produire ou transformer ou distribuer des biens et services dans le but de réaliser un profit. La diversité des entreprises conduit à les classer par taille (familiale, multinationale...), selon la nature de leur activité (commerciale, industrielle, artisanale, agricole) ou encore leur statut juridique (individuelle ou société), leur rapport à l'État (publique ou privée).

**Environnement** définit le milieu physique aménagé par l'homme qui s'analyse en termes de ressources, de risques, de contraintes.

**Espace géographique** notion clé de la géographie, dont l'étymologie inclut la notion de « pas » compris comme unité de mesure de longueur. C'est un espace à trois dimensions, altitude, longitude, latitude, où l'homme trouve ses ressources et agit. Cet espace est fondamentalement discontinu, anisotrope, différencié, maillé, marqué par des rapports de forces, des gravitations, des attractions... (cf. centre/périphérie). L'espace terrestre correspond à la surface du globe soit 510 millions de km². Il se définit comme un système de relations (pour F. Perroux, des relations géoéconomiques entre points, lignes, surfaces, volumes où les hommes, les choses et groupes de choses caractérisés économiquement par ailleurs trouvent leur place) et un produit social organisé (aménagement, valorisation, vécu, perception).

**Espace numérique** est une représentation de l'espace virtuel créé par le *web* d'internet (*World Wide Web*, pouvant être traduit par « grande toile d'araignée mondiale »), qui a trois grandes fonctions : échange commercial, échange ludique et échange d'informations.

**État** la racine *sta* évoque la stabilité, la présence. Ce terme central dans la représentation cartographique désigne une société politique résultant de la fixation sur un territoire délimité par des frontières d'un groupe humain présentant des caractères plus ou moins marqués d'homogénéité culturelle et régi par un pouvoir institutionnalisé. Bien sûr, il recouvre aussi les éléments centraux de l'administration, la forme de gouvernement et l'ensemble des pouvoirs publics par opposition aux citoyens. « L'État est l'autorité souveraine s'exerçant sur l'ensemble d'un peuple et d'un territoire déterminés autrement dit délimité par des frontières » (Y. Lacoste, *De la géopolitique aux paysages*, A. Colin, 2003).

**État-nation** lorsque les frontières de l'État englobent une même et unique nation. La nation définit un groupe d'hommes établis sur un territoire défini qui forme une communauté politique et se caractérise par une communauté d'origine, d'histoire, de culture, de traditions et parfois de langue, qui a la conscience de son unité et une volonté de vivre ensemble (définitions de Voltaire à Renan). C'est « un ensemble géopolitique fondé sur des représentations historiques, sur un territoire et le plus souvent sur une langue » (Y. Lacoste, *De la géopolitique aux paysages*, 2003).

**Façades maritimes** c'est une région littorale dont le développement économique est lié à la présence de la mer et qui se caractérise par un ensemble portuaire dynamique relié à un *hinterland* actif.

**Facteurs** éléments constitutifs d'un phénomène. Un **facteur limitant** est un élément qui bloque le développement d'un système comme le manque d'eau par rapport à l'agriculture. Les **facteurs naturels** recouvrent l'environnement et les composantes d'un territoire : sol, sous-sol, topographie, climat, accessibilité...

**Facteurs de localisation** éléments qui déterminent des localisations en fonction des impératifs d'approvisionnement en matières premières, de l'obtention de débouchés, de la mobilisation de main-d'œuvre et de la mobilité des biens et des hommes. On appellera industries libres (*footloose industries*) des industries qui ne répondent pas à des facteurs limités et impératifs de localisation.

**Facteurs de production** ils comprennent les biens et services utilisés dans le processus de production d'un bien ou d'un service : le travail (emploi des hommes), le capital (machines, équipements, bâtiments, logiciels, matières premières), l'information comprise notamment comme l'accès au savoir, à la technologie. Ces facteurs sont considérés comme substituables, ou complémentaires.

**Flux** écoulement, car ce terme a la même étymologie que fleuve. Des cartes de flux représentent des cartes de circulation de biens, de personnes avec une origine, un trajet, une destination. Les flux se représentent par des bandes hiérarchisées par rapport à l'ampleur des flux (mesurés en tonnages/km, tonnes, personnes/an, capitaux, volumes, véhicules/jour...).

**FMN** firmes multinationales, également appelées firmes transnationales. L'ONU a proposé en 1973 de définir comme FMN des firmes qui déploient leur stratégie à l'étranger, et dégagent un chiffre d'affaires de plus de 500 millions de dollars en effectuant au moins un quart de leur activité à l'étranger et ce au travers de filiales de production ou de distribution présentes dans au moins 6 pays. Aujourd'hui, on les définit sans critère statistique. Apparues à la fin du XIX$^{e}$, ce sont des entreprises de grande taille dont l'organisation et la gestion sont le plus souvent centralisées mais qui développent leur activité productive (industries, services, commerce) grâce à des filiales implantées dans plusieurs pays. Leur principale caractéristique est d'essence géographique. Pour L. Carroué, la FMN « est le fruit d'un système capitaliste territorialisé à base nationale » et elle se définit « par sa capacité à maîtriser l'organisation d'activités complexes dans une échelle multinationale. » (*Géographie de la mondialisation*, A. Colin, 2002). Leurs stratégies sont multiples : approvisionnement, contournement de barrières douanières, réexportation en bénéficiant d'avantages comparatifs, transfert et partage de compétences. Leur nombre s'établit à près de 80 000, avec 10 fois plus de filiales. Celles-ci employaient 72 millions de personnes en 2012 (CNUCED).

**Fragmentation** division, éclatement, segmentation. S'oppose à l'intégration.

**Fret** marchandises transportées par voie aérienne, routière, ferroviaire, postale, maritime, mais aussi coût de leur transport.

**Front pionnier** avancée de défricheurs, de migrants, de colons s'installant dans des terres peu ou pas peuplées, avec pour but une mise en valeur directe et rapide. Plus que d'une ligne, il s'agit d'une bande de territoire, d'une frange. Cette zone de contacts, de transition se développe souvent dans le non droit, la violence, les trafics et forgeant des valeurs de démocratie directe. Elle peut concerner plusieurs États dans des relations parfois conflictuelles (Brésil et voisins). Le front pionnier procède par sauts successifs le long d'axes laissant derrière lui des enclaves non mises en valeur. Les fronts s'intègrent ou restent des zones périphériques exploitées puis délaissées.

**Frontière** ligne, tracé délimitant précisément le contact entre deux États, deux ensembles. Elles sont donc politiques. Aux États-Unis, le terme a plutôt le sens de front pionnier, ce fut la limite d'avancée de la civilisation blanche vers l'ouest au détriment des populations indiennes. M. Foucher appellera « **dyade** » des frontières communes à deux États contigus.

**Géopolitique** selon Yves Lacoste, la géopolitique est l'analyse de toutes sortes de rivalités de pouvoir pour des territoires (*De la géopolitique aux paysages, Dictionnaire de la géographie*, A. Colin, 2003). Pour comprendre ces rivalités, il faut tenir compte des représentations contradictoires qu'ont les protagonistes. L'étude géopolitique qui se cristallise autour de la compréhension de ces conflits implique donc d'identifier les territoires concernés, les acteurs en présence, et les enjeux de ces tensions.

**Géostratégie** terme souvent associé au terme précédent pour désigner des processus de maîtrise ou de domination de territoires à des fins multiples (peuplement, exploitation, préservation de territoires).

**Géoéconomie** elle analyse les stratégies d'ordre économique – notamment commercial – décidées par les États et les entreprises dans le cadre de politiques destinées à acquérir non pas le contrôle de territoires mais de suprématies technologiques et commerciales. Si « la géopolitique étudie la relation de puissance de l'homme en tant qu'acteur de son destin, l'espace et le territoire nourricier, la géoéconomie est avant tout le fait des États et des grandes entreprises » (F. Lorot, fondateur de la revue *Géoéconomie*, 1997).

**Gouvernance mondiale** processus continu de coopération et d'accompagnement entre États, de mise en place d'institutions officielles qui régissent un ordre mondial.

**Groupes** la gouvernance de l'économie mondiale multiplie désormais les **groupes** de concertation et d'action susceptibles de peser sur les organes traditionnels (FMI, Banque Mondiale, OMC). Ainsi, se sont constitués successivement, et avec, il faut le dire, des recoupements nuisibles à la clarté de leur action, différents forums et groupes d'action interétatiques institutionnalisés (G3, G10...), interétatiques informels (G2) ou privés (G 30, *think tank* débattant de la conjoncture financière).

**Hiérarchie** elle décrit l'organisation d'un ensemble dont chacun des termes se trouve dans une situation ascendante de pouvoirs ou de situations. Cet ordre donne lieu à des **rapports de force,** concept qui oblige à réfléchir à la notion de puissance relative et absolue en liaison la plupart du temps avec des jeux d'échelles géographiques (puissance régionale, mondiale, superpuissance etc.).

**High-tech** anglicisme toléré pour industrie de pointe à forte valeur ajoutée, s'appliquant à l'industrie (électronique), l'agriculture (biotechnologies), la médecine (résonance magnétique), le quaternaire (tertiaire supérieur de recherche), l'art (ingénierie).

**Impérialisme** politique d'un État visant à réduire d'autres États sous sa dépendance politique, économique, ou culturelle.

**Industrie** activité économique produisant un bien matériel plus ou moins complexe. Si l'on inclut ainsi les activités extractives – énergie, mines – et manufacturières, on exclut habituellement le secteur du BTP – bâtiment, travaux publics. On peut les caractériser par les biens produits (industries lourdes, de biens d'équipements, de biens de consommation..) ou par leur degré de technicité (industrie de haute technologie...).

**Inégalités** disparités et différences. La mondialisation tend à accroître les inégalités entre les territoires, comme au sein des sociétés. Le statisticien italien C. Gini a proposé de mesurer l'inégale distribution des revenus dans une société sur une échelle allant de 0, l'égalité parfaite, à 100, l'inégalité maximale (parfois exprimée sur une échelle de 0 à 1).

**Intégration** qui tend à l'unité, c'est aller vers l'unique (le candidat en sait quelque chose !). L'**intégration régionale** est le fait que des États appartenant à une même région du monde concluent entre eux des accords pour améliorer leurs liens. C'est donc l'effacement progressif des frontières entre pays voulant s'associer dans une démarche de coopération économique (la zone commerciale de libre-échange est souvent le premier objectif), voire politique.
L'**intégration économique** : constitution d'un système marqué par des échanges, des rapports variés, des flux internes, des spécialisations régionales, des relations de bloc face à l'extérieur. Ex : les mécanismes d'intégration régionale en cours (de l'Union européenne à l'Unasur), les formes d'intégration économique accompagnant les fusions entre entreprises (Renault-Nissan etc.).

**Interface** zone de contact et d'interactions privilégiées entre deux espaces de nature et de qualité différentes.

**Investissements** dans le cas d'une entreprise, dépenses en vue d'augmenter la capacité de production, l'efficacité des méthodes, la formation des hommes.

**Investissements directs (IDE)** investissement d'une entreprise dans un autre pays que celui dont elle est originaire, soit par le rachat total ou partiel d'une entreprise (*a minima* 10 % du capital), soit par la création d'un ou plusieurs établissements parfois en *joint-ventures* (capitaux mixtes).

**Investissements indirects (ou de portefeuilles)** achat d'obligations ou d'actions dont l'objectif est de placer efficacement son capital et non d'acquérir un bien ou une partie d'un bien concret.

**Limite** terme polysémique. Une limite géographique est une frontière, une délimitation territoriale. Le mot signifie aussi une borne posée, un seuil maximal, une possibilité extrême à un moment donné en fonction de circonstances historiques précises.

**Littoral** zone de contact entre la terre et la mer ; interface entre deux mondes, le continent et la mer. Cette zone est plus ou moins étroite, c'est la région sous l'influence directe ou indirecte de la mer.

**Matières premières** tout produit de base de l'agriculture, des forêts, de la pêche ou tout minéral que ce produit sorte sous sa forme naturelle ou qu'il ait subi une première transformation pour une vente en quantité importante sur le marché international. Avec audace, on peut aussi y intégrer les matériaux issus de laboratoires produits en quantités réduites et à haute valeur ajoutée : polymères, fibres de carbone et semi-conducteurs, bases de l'industrie électronique, ne pourraient-ils pas être aussi considérés comme des matières premières?
**Terres rares**: groupe de 15 métaux largement répandus sur l'écorce terrestre, dont le traitement est particulièrement polluant, et devenus indispensables pour l'économie «verte» : le néodyme, aimant surpuissant, le terbium pour les lampes basse consommation et les écrans plasma, le lithium pour les batteries électriques.

**Mégalopolis** définie par Jean Gottmann (1962) comme une région urbaine de plusieurs dizaines de millions d'habitants comprenant plusieurs métropoles et grands centres urbains et s'étendant sur plusieurs centaines de kilomètres. Les caractéristiques communes de ces régions tiennent à la présence de métropoles de rang international, à une fonction de carrefour (situation souvent portuaire), ayant une influence mondiale, avec une forte représentation des activités à haute valeur ajoutée : finances, hautes technologies...

**Mégapole** comme «mégalopolis», le terme vient du grec (*mega* : grand, *polis* : ville ou cité), le superlatif en moins (*mégalopolis* : la plus grande des villes). Pour l'ONU, il s'agit de villes dont la taille dépasse 8 millions d'habitants, sans nécessairement avoir les fonctions de commandement associées.

**Métropole** le mot vient de *mater* et *polis* et désignait chez les Anciens Grecs les villes ayant été à l'origine de colonies. Aujourd'hui, on réservera ce mot aux villes importantes exerçant une fonction de commandement, possédant un certain rayonnement, à la tête d'un réseau urbain plus ou moins étendu. À ne pas confondre avec les termes de *mégapole* et *mégalopole*. On parle de métropolisation de l'espace pour désigner la polarisation des hommes et des activités sur un nombre relativement limité de noyaux urbains, bien reliés entre eux par des infrastructures de transport..

**Migration de population** (de *migrare* : changer) changement de résidence et de conditions d'existence d'individu(s), pour une certaine durée (plus d'un an), soit interne (à l'intérieur d'un même État), soit international avec passage de frontière. Le tourisme sera donc exclu d'un sujet sur les migrations internationales, sauf mention explicite.
**Les migrations temporaires** sont quotidiennes ou pendulaires, alternantes, hebdomadaires, saisonnières (tourisme). L'exode est une migration massive.

**Modernité** la modernité est le caractère de ce qui est moderne, c'est-à-dire actuel, contemporain, bénéficiant des progrès récents, appartenant au temps présent. La modernisation est donc un processus se déroulant sur la longue durée, allant au-delà de la simple croissance, utilisant les der-

## ➤ Les groupes

**G2** États-Unis, Japon condominium informel pour une cogestion de l'économie monde, scellé à la fin du boom Heisei japonais, en 1991, entre G. Bush et Kiichi Miyazawa, bien vite laminé par la crise japonaise. Le nouveau G2 ne sera-t-il pas dans un proche avenir le binôme États-Unis/Chine ?

**G3** **Inde, Brésil, Afrique du Sud (IBSA)** coalise 3 pays émergents pour représenter les intérêts du Sud à l'OMC au Doha Round. Cette structure demeure sous la forme de réunion informelle de ces 3 représentants de l'émergence de trois continents. Dès Cancun (2003) est né de ce groupe un G20 de 20 membres puis 22 **(G20+)** puis 25 pour, depuis 2005, réunir 19 membres attachés à lutter contre les subventions agricoles des États-Unis et de l'Union européenne et le protectionnisme qui pénalise leur accès aux marchés de certains pays industrialisés. La géométrie variable de ce groupe est à la mesure de la volatilité des intérêts de certains membres (Équateur, Costa-Rica, Guatemala, Pérou et Salvador retirés ; Nigeria, Tanzanie, Zimbabwe rajoutés depuis 2005).

**G5** **Japon, États-Unis, France, RFA, Grande-Bretagne** est une réponse directe en septembre 1985 (réunion du Plazza) à la crise du système monétaire international: son but immédiat était une baisse concertée du dollar, une trêve dans la guerre des taux d'intérêt.

**G7** **G5 + Italie, rejoint par le Canada en 1976**. Les 7 plus grands pays industrialisés à cette date se réunissent une fois par an depuis le sommet de Rambouillet de novembre 1975 à l'initiative du président Valéry Giscard d'Estaing, au niveau des chefs d'État et de gouvernement, afin de traiter de façon globale et informelle les questions économiques et financières. Les messages du G7 devaient permettre de fixer le cap des évolutions et souvent de donner aux marchés financiers des signaux forts. Depuis 1987, les ministres de l'Économie et des Finances et gouverneurs des banques centrales se réunissent au moins 2 fois par an pour évaluer les politiques économiques et faire le point sur l'économie mondiale. Depuis le sommet de Londres de juillet 1991, **l'ex-URSS** est associée, et officiellement intégrée en 1998 dans ce groupe leader de l'économie mondiale (**G8**), pesant plus des 2/3 du PIB mondial. Les altermondialistes, dans la rue et par leurs organisations civiles, dénoncent souvent ce directoire mondial qui symbolise à leurs yeux les excès d'une mondialisation ultralibérale.

**G10** **groupe des 10...** réunit 11 pays industriels : **Allemagne, Belgique, Canada, États-Unis, France, Italie, Japon, Pays-Bas, Royaume-Uni, Suède, Suisse** sur des thèmes monétaires et des préparations de réunion du FMI. La répartition des voix encore aujourd'hui leur donne une majorité confortable (Union européenne plus de 30 %, États-Unis 19 %), et leurs contributions en font des pays clés pour la création d'accords généraux d'emprunts supplémentaires qui pallient les insuffisances des ressources du FMI.

**G8 + 5** **Brésil, Chine, Inde, Mexique, Afrique du Sud** a initié l'intronisation des pays émergents dans une structure de concertation globale. Il fut créé en 2005 par Tony Blair au 31e sommet du G8 de Gleneagles (Écosse) dans le but de les associer à un plan Marshall pour l'Afrique, un débat sur le réchauffement climatique et une finalisation des accords de Doha (négociations débutées en 2001 et toujours en cours de l'OMC).

**G15** porté à 17 – **Algérie, Argentine, Brésil, Chili, Égypte, Indonésie, Jamaïque, Kenya, Malaisie, Mexique, Pérou, Sénégal, Sri Lanka, Venezuela, Zimbabwe, Inde, Nigeria** émane des pays non alignés au cours d'une réunion en 1989 à Belgrade et vise à coopérer en matière d'investissement, de commerce et de technologie.

**G20-G8** **(Allemagne, États-Unis, France, Japon, Royaume-Uni, Italie, Canada, Russie), 10 pays émergents (Afrique du Sud, Arabie saoudite, Argentine, Brésil, Chine, Corée du Sud, Inde, Indonésie, Mexique et Turquie), l'Australie et l'Union européenne représentée par le président du Conseil européen et de la Banque centrale européenne** décidé en septembre 1999 à Washington à l'initiative du G8 réunit pour la première fois à Berlin en décembre 1999 les ministres des Finances, les gouverneurs de banques centrales de 19 pays riches et en développement plus l'Union européenne. Depuis 2008, les réunions du G20 se tiennent une fois par an au niveau des chefs d'État et de gouvernement, rendant peu à peu obsolète le G8. Ce groupe pèse 2/3 de la population mondiale, 90 % du PIB mondial, il compte plusieurs membres associés – FMI, Banque mondiale...

**G77** se compose lui du **groupe A (Afrique Asie-Pacifique)** et **C (Amérique latine)** au sein de la Cnuced (conférence des Nations unies sur le commerce et le développement). Il a été créé en 1964 à Genève pour unifier les positions des pays en développement dans leurs revendications face aux pays développés, position résumée à Alger en 1967 (Charte d'Alger) : souveraineté sur les matières premières, développement de la coopération Sud/Sud. Porteur du message des non-alignés à l'origine, le G77 (**134 pays**, le groupe conservant son appellation) est un peu tombé en désuétude.

**G192** Rappelons pour mémoire que depuis l'adhésion du Monténégro en 2006, l'**ONU** compte 192 membres. Les seuls États non-membres sont le Vatican (statut d'observateur), les îles Cook et Nioué (Pacifique) et des États qui ne sont pas reconnus par la communauté internationale (ou par une partie seulement) comme le Kosovo, Taiwan ou le Somaliland.

nières techniques, les méthodes les plus récentes, il y a adaptation à la nouveauté.

**Mondialisation** elle peut être définie simplement comme l'interdépendance accrue entre les différentes parties du monde du fait de l'intensification des échanges (biens, capitaux, services, personnes, informations...) et conduisant à la création d'un espace mondial intégré. On définira la **globalisation** en liant ce terme – que l'on assimile souvent hâtivement à mondialisation – à l'idée d'un changement global systémique, planétaire : Pourquoi ne pas proposer donc une définition de la globalisation comme l'étude et l'analyse de phénomènes affectant le fonctionnement de l'espace terrestre, le globe, dans une interrelation et une interaction entre le milieu et les sociétés humaines ? (L. Carroué).

**Mutation** partir de la définition en biologie, soit la variation brusque d'un caractère héréditaire propre à l'espèce ou à la lignée par changement dans le nombre ou la qualité des gênes. Dès lors, on insistera sur le rythme, l'ampleur quantitative, l'ampleur qualitative, les aspects structurels, conjoncturels, la portée des évolutions enregistrées.

**Nord/Sud/Est/Ouest** les points cardinaux servent depuis les années 1950 de métaphores pour désigner les grands ensembles planétaires, en opposition deux à deux. Le point de vue adopté est celui de l'Europe particulièrement pour le clivage Est-Ouest, entre monde communiste et démocraties libérales, la limite étant le rideau de fer et le mur de Berlin. Le clivage Nord-Sud recouvre de manière plus imprécise l'opposition pays développés/pays sous-développés. La limite est d'ailleurs fort arbitraire : Pékin, métropole du Sud, est à la latitude de New York, symbolisant la puissance du Nord.

**Pays émergent** pays à la croissance rapide présentant des opportunités d'investissements, en décollage rapide grâce à une insertion croissante dans l'économie mondiale.

**Pays moins avancé ou PMA** désigne les pays en voie de développement qui stagnent et sont plutôt en voie de paupérisation. Définis pour la première fois par la CNUCED en 1971, reconnus à la conférence de 1977 à Alger, comme « les plus pauvres des pauvres » particulièrement pris en compte à Cancun (1981), ils se définissent par trois critères : faiblesse du revenu, faiblesse des ressources humaines et vulnérabilité économique intégrant des critères d'isolement, d'instabilité des productions. 24 en 1971, 48 aujourd'hui – chiffre révisable puisque les Maldives et la Guinée Équatoriale pourront se faire radier à court terme – dont les deux tiers en Afrique subsaharienne, ils réalisent moins de 0,5 % du commerce mondial et reçoivent moins de 1 % des investissements et, depuis 1980, ils régressent.

**Périphérie** partie dominée, exploitée fournissant des ressources au centre ; mais aussi partie bordière extrême, aux limites.

**Peuplement** le terme couvre deux analyses de l'occupation de l'espace par l'homme : l'une dynamique, au terme d'une colonisation de l'espace ou de vagues de peuplement, la seconde, statique, ce qui permettra de saisir si le peuplement est dense, lâche, diffus, continu, discontinu. Le rapport quantitatif établira la notion de surpeuplement (relatif) ou de sous-peuplement par rapport au milieu.

**PIB** mesure de la production d'un pays (PNB) ou de ceux qui y habitent (PIB) pour une année donnée. Pour faciliter les comparaisons entre pays, le PIB par habitant est souvent exprimé en PPA (parité de pouvoir d'achat), qui intègre le coût comparé de la vie. La PPA est un mode de calcul du taux de change entre deux ou plusieurs monnaies obtenu en comparant le même panier de biens et de services acheté dans la monnaie de chacun des pays concernés. Comme le souligne J.-M. Vittori dans son *Dictionnaire à l'usage des non-économistes*, le PIB « est une mesure de l'économie à verdir d'urgence ». C'est pour cela que la commission Stiglitz, à l'initiative de la France, proposa en septembre 2009 la notion de PNN (produit national net) chargée de mesurer le progrès économique réel, social, l'empreinte écologique, la santé sociale, le développement durable national...

**Place** lieu (à l'origine d'échanges des banquiers), rang, position, fonction occupée dans une hiérarchie, un système.

**Pôle** centre d'action vers lequel convergent migrations, échanges. Champ d'attraction.

**Puissance** racine *poti* : pouvoir, *potere* : être capable de, le terme associe l'idée de pouvoir à celle d'influence. C'est « l'état de celui qui peut beaucoup, qui a une grande action sur les personnes, les choses, et la domination qui en résulte» (*Petit Robert*). Les pays qui méritent le qualificatif de puissance sont donc des États qui sont susceptibles d'avoir un pouvoir économique, politique, militaire, idéologique susceptible de s'étendre à une échelle régionale ou planétaire. Plus brièvement, on peut rappeler la définition de Raymond Aron : c'est « la capacité de faire, produire et détruire », autrement dit «la capacité d'imposer sa volonté aux autres».

**Région** désigne souvent une subdivision territoriale inférieure à l'État. Mais ce mot sert aux géographes pour désigner des ensembles spatiaux de tailles très différentes mais ne disposant pas de la souveraineté politique, qui simplement correspondent chaque fois à l'extension d'un phénomène, on parle ainsi de conflits régionaux (Moyen-Orient), de situations régionales (Asie-Pacifique) etc. La mondialisation s'accompagne aussi d'une **régionalisation** de l'économie mondiale dans la mesure où croissent les flux internes aux principaux ensembles régionaux et associations économiques constituées.

**Relations** rapports d'une entité à l'autre. Situation d'interaction introduisant des liens de dépendance ou d'influence réciproques. La notion de relations doit inclure les dimensions économiques (échange de services, de capitaux, de biens, modèles de croissance), culturelles (interpénétration culturelle, circulation des idées et des informations), humaines (flux migratoires)...

**Religion** croyance en un ou plusieurs dieux. Cartographier les religions implique de mettre en évidence le rapport à l'espace des phénomènes religieux en tant que pratiques culturelles, cela peut passer par la localisation des lieux saints, des populations pratiquantes, la définition des contours dans l'Histoire, des influences, des prosélytismes et des combats liés...

**Rente** revenu induit par la possession d'un bien rare, d'une aptitude particulière non reproductible (rente de rareté), ou de l'occupation d'une situation privilégiée ou stratégique (rente de situation géographique). Par exemple, l'Australie peut raisonnablement envisager d'être à terme leader du marché du gaz liquéfié devant le Qatar et la Russie car elle a une triple rente : capacités d'extraction, stabilité politique et proximité des marchés asiatiques consommateurs.

**Répartition** distribution spatiale de phénomènes, de flux, d'acteurs, de richesses économiques.

**Représentation** ce terme qui étymologiquement signifie «faire apparaître» désigne d'abord les images, cartes, photographies que l'on peut donner du réel, la notion est donc fondamentale pour tout géographe. Mais le terme a aussi un sens particulier en géopolitique. Tout système, structure ou conflit décrit est tributaire des propres représentations de celui qui l'exprime (qu'il soit homme politique ou chercheur) d'où la nécessité de mener toujours une critique des représentations, en les confrontant les unes aux autres.

**Réseau** étymologiquement filet (latin *rete*) composé de nœuds (*hubs* pour les anglo-saxons) reliés par des liens (*spokes*). Trame des transports mettant en relation des activités de façon optimale : le web est la forme la plus achevée de ces réseaux (d'information). La mondialisation est portée par des acteurs structurés en réseaux, des FMN aux ONG, en passant par les diasporas... L'étude des réseaux devra porter sur leur topologie (position relative des lieux), on définira la centralité (polarisation), la connectivité (déploiement), la complexité (nombre de circuits).

**Réseau urbain** c'est l'expression de la hiérarchie urbaine d'un territoire. Les villes polarisent les activités économiques, les flux selon une hiérarchie de centralités, maintiennent et renforcent des liens d'interdépendance sur un territoire donné à toutes les échelles (région, pays, monde). L'expression réseau urbain traduit par une image ces liens matérialisés par des voies, des flux, des échanges matériels (hommes, marchandises) ou immatériels (informations, capitaux). On utilise aussi l'expression armature urbaine qui permet de ne pas confondre avec les réseaux techniques de la ville (adduction d'eau, câbles...).

**Ressources** données naturelles (eau, sols, richesses énergétiques et minières) qu'une société peut exploiter, mettre en valeur. Certaines sont dites renouvelables, d'autres ne le sont pas. Le terme peut aussi être appliqué à la richesse que constitue la main-d'œuvre puisque l'on parle communément de ressources humaines dans les entreprises.

**Risque** un risque est la manifestation intempestive et aléatoire, mais plus ou moins probable sinon prévisible, de la phase critique d'un phénomène naturel, technologique ou sociétal. C'est un danger potentiel pour un groupe social donné. De nombreux risques sont à la fois d'origine naturelle et humaine comme le couplage des incendies de végétation et des sècheresses, la désertification, qui conjugue à la fois le réchauffement climatique et la dégradation des sols liée aux activités humaines (risques mixtes).

**Risques naturels/risques anthropiques/risques sanitaires** les risques naturels sont du ressort de la géodynamique interne (tectonique des plaques) ou externe (atmosphère, hydrosphère), ou du vivant (prédateurs comme les invasions acridiennes – criquets pèlerins par ex. – qui frappent les campagnes africaines). Les risques anthropiques sont ceux causés par l'homme. Risques d'origine technologique, pollutions industrielles, déforestations, pratiques culturales prédatrices, risques d'origine sociopolitique dérivés de mouvements insurrectionnels, d'instabilités chroniques...On peut aussi parler de risque social urbain pour appréhender les problèmes de violence liés à des fragmentations du tissu urbain, des disparités ethno-sociales, des mécanismes d'exclusion qui induisent des comportements violents. Les risques sanitaires désignent les menaces sur la santé et la survie de certaines populations dans un contexte où les pandémies se développent plus rapidement avec la mondialisation (la grippe A a une propagation fulgurante comparée à la grippe espagnole de 1918).

**Routes** initialement, voies terrestres aménagées pour faciliter la mobilité des hommes et des marchandises. Par extension, on parlera de routes maritimes où se concentrent les trafics transcontinentaux, de routes aériennes où se polarisent les lignes de transport aérien. Les routes technologiques agrègent parcs de recherche, universités, industries *high-tech* (128 ou 495 à Boston par exemple).

**Système-monde** le concept de système-monde définit « un ensemble – l'humanité – d'ensembles, les États dans leurs territoires et les sociétés humaines dans le déploiement géographique de leurs cultures, de leurs entreprises et les marchés dans leurs espaces. » C'est « l'humanité fonctionnant pour la première fois comme un système unique ». (O. Dollfuss, *Encyclopédie de géographie*, Economica, 1992). C'est un système géographique, avec son pavage (États, aires), ses réseaux, des centralités. Le terme utilisé dans les années 1990 pour décrire la nouvelle réalité géographique planétaire a été peu à peu supplanté par le terme de mondialisation, d'essence moins géographique.

**Système-productif** ensemble des agents économiques qui créent des biens ou des services et participent à la production. L'expression a l'avantage de faire disparaître la coupure souvent surannée entre activités primaires, secondaires et tertiaires (IBM est-elle une entreprise industrielle ou de services ?). Elle met par contre en valeur la différence entre d'une part, les activités de production à proprement parler, souvent aisément délocalisables, et d'autre part les activités de la sphère péri-productive, en amont de la production (conception, recherche, marketing, ingénierie... activités souvent à forte valeur ajoutée) et en aval (transport, publicité, distribution...). Enfin, un troisième groupe regroupe entreprises et administrations qui assurent des fonctions de reproduction sociale (logement, éducation, santé, administration publique...).

**Technopôle** (de *tekhné*, savoir-faire). Territoire à aménagement planifié qui associe centres de recherche, industries *high-tech*, et souvent universités et laboratoires. M. Castells et P. G. Hall les appellent « les fonderies du XXI^e^ siècle », creusets d'innovations qui fournissent les matières premières de l'économie informationnelle. La Silicon Valley est ainsi le technopôle le plus célèbre entre San Francisco et San José initié par l'université de Stanford ; en France, le plus connu est celui de Sophia Antipolis créé au début des années 1970. On désignera par **technopole** (au féminin et sans accent) une cité ou un quartier urbain spécialisé dans des activités de recherche à haute valeur ajoutée (la ZIRST de Grenoble est une technopole).

**Territoire** tout espace terrestre aménagé et mis en valeur par l'action d'une communauté, d'une société définie. Attention, un territoire ne se définit pas par des frontières, mais par le fait que le groupe humain considère cette étendue comme sa propriété collective.

**Tiers-Monde** terme apparu en 1952 sous la plume d'Alfred Sauvy pour désigner le monde dominé des pays sous-développés. Le terme était une référence à la situation du Tiers-État sous l'Ancien régime « car enfin ce Tiers-Monde ignoré, exploité, méprisé comme le Tiers-État, veut lui aussi, être quelque chose». Cette notion a été petit à petit abandonnée car trop globale, on lui a préféré des expressions qui ciblent mieux les spécificités de pays en développement : NPI (nouveaux pays industrialisés), PPTE (pays pauvres très endettés), PMA (pays les moins avancés), PEVI (pays en voie d'industrialisation), pays émergents. Une carte qui inclurait une représentation du Tiers-Monde doit tenir compte de ces diversités et ne pas négliger les pays émergents, même au PIB/hab élevé.

**Tourisme** Décrit l'action de voyager pour son agrément, le déplacement hors de son domicile devant durer plus de 24 heures (nécessité d'une nuitée). On ne tiendra compte ni des excursions de moins de 24 heures, ni des déplacements des frontaliers. Par extension, le tourisme désigne le secteur d'activités liées aux flux touristiques (en France, au moins 4 nuitées).

**Transfert** (même étymologie que transport) désigne le passage d'un lieu à un autre de technologies, de population (migrations forcées), de compétence (*brain drain* d'un pays ou d'une entreprise à une autre), de crédits, de fonds (monétique ou jeu d'écriture) de devises (ex : les rétrotransferts soit les sommes exportées par les migrants vers leurs pays d'origine), de marchandises (transbordement et transport).

**Zones franches** territoires offrant aux FMN des avantages comparatifs attractifs en contournant les contraintes douanières et le droit du travail d'un pays, en offrant des avantages fiscaux pour y optimiser des investissements industriels ou commerciaux. Elles sont souvent associées à des «exclaves de développement» ; mot forgé par R. Brunet et qui combine le travail d'esclave (main-d'œuvre exploitée), le statut d'enclave fiscale ou juridique atypique, et l'extraterritorialité.

**Zones grises** zones de non-droit échappant au contrôle des États, comme la frontière entre Paraguay, Brésil, Argentine (Foz di Iguazu) livrée à tous les trafics et, pour les Américains, base d'appui du terrorisme.

### ➤ Unités utiles

**Tep** mesure de l'énergie correspondant à l'énergie contenue dans une tonne de pétrole. Elle équivaut à l'énergie contenue dans 1,6 tonne de houille, 2,5 tonnes de lignite (charbon de basse qualité), 6,8 stères de bois ou encore 11,6 MWh d'électricité.

**Baril** équivaut à 159 litres, soit 42 gallons américains, ou 1/7 de tonne. Un baril de pétrole contient environ 420 kg de $CO^2$.

**Gallon** unité volumétrique anglo-saxonne : un *imperial gallon* = 4,55 litres (0,0039 tonne pour le pétrole).

**PPM** **partie par million :** unité de mesure de la concentration des gaz à effet de serre dans l'atmosphère. Elle donne le nombre de molécules d'un gaz à effet de serre présentes pour un million de molécules formant l'air.

**Tonnage** **port en lourd** : désigne l'ensemble du fret qu'un navire peut transporter, augmenté du tonnage nécessaire à ses besoins propres (soutes, besoins de l'équipage).
**de jauge brut** : volume intérieur du navire, c'est-à-dire capacité de transport, exprimé en tonneaux ; un tonneau représente 2,83 $m^3$.

**EVP** équivalent 20 pieds (mesure utilisée pour les porte-conteneurs).
Un **conteneur** est un coffre métallique normalisé pour le transport des marchandises ; les tailles les plus fréquentes sont 20 ou 40 pieds, ce qui signifie environ 6 ou 12 mètres de long.

# Bibliographie

## Ouvrages


### ➤ Sur la sémiologie graphique

BERTIN J., 1999, *Sémiologie graphique. Les diagrammes, les réseaux, les cartes*, Paris, EHESS, (1re édition Mouton, Gauthier-Villars, 1967 ; 2e édition 1973 ; réimpression EHESS, 1999).

LE FUR A., *Pratiques de la cartographie*, 3e éd., A. Colin, « Collection 128, Géographie-Géopolitique », Paris, 2007.

GIRARD E., *Les cartes, enjeux politiques*, Ellipses, Paris, 2012

### ➤ Atlas géographiques généraux

*Grand Atlas Hachette*, Hachette, 2008.

*Le grand Atlas Géo-Gallimard pour le XXIe siècle*, Gallimard Loisirs, 2008.

JANIN É., RAULINE S., SNÉGAROFF TH., PAPIN D., GITTUS S., *Atlas de la France. 50 cartes pour comprendre les enjeux et défis du pays*, Ellipses, Paris, 2012

### ➤ Atlas géopolitiques

*Atlas* des éditions Autrement. Une très riche collection d'atlas répartis en quatre séries (Atlas Monde, Atlas Mégapoles, Atlas Mémoires, et Atlas des guerres) qui contribue à l'analyse des grands enjeux géopolitiques contemporains.

*Atlas de la mondialisation. Comprendre l'espace mondial contemporain*, Les Presses, Sciences Po., 2008.

*Atlas des Atlas. Le monde vu d'ailleurs en 200 cartes*, Courrier International-Arthaud, 2008.

*L'Atlas du Monde diplomatique, un Monde à l'envers*, Le Monde diplomatique, A. Colin, 2009.

BONIFACE P., *L'Atlas des relations internationales*, (dir.), Hatier, 2008.

BONIFACE P., VÉDRINE H., *Atlas des crises et des conflits*, A. Colin, 2009.

BAUTZMANN A. (dir.), *Atlas géopolitique mondial 2013*, Argos éditions, Paris, 2013


## Revues

La revue *Questions internationales* propose des mises en perspective, des synthèses et des analyses qui offrent des clés de compréhension pour les grands thèmes de l'actualité internationale et européenne. Les articles sont enrichis par des encadrés, des glossaires, des chronologies, et illustrés par de nombreuses cartes.

Le magazine *Diplomatie*, né en 2002, est le premier magazine français – grand public – consacré aux relations internationales et aux conflits contemporains. Les documents cartographiques sont nombreux.

Dans le même groupe de presse, le magazine *Moyen-Orient*, créé en 2009, a pour vocation de traiter de la « géopolitique, géoéconomie, géostratégie et des sociétés du monde arabo-musulman ». Les cartes présentées dans ce bimestriel sont nombreuses et soigneusement réalisées.

On pourra citer également deux revues récentes où trouver des informations actualisées, la *Nouvelle revue géopolitique*, avec des thèmes tous les deux mois, et la revue *Alternatives internationales*.

## Sur la Toile

### ➤ Cartographie du Monde diplomatique

http://www.monde-diplomatique.fr/cartes

Le *Monde diplomatique* offre un appareil cartographique d'une grande richesse.

### ➤ Atelier de cartographie de Sciences-Po

http://www.sciences-po.fr/cartographie

Une base de fonds de cartes (250 à ce jour), de cartes (150) et graphiques (60) sur l'espace mondial contemporain.

### ➤ Cartothèque de la Documentation française

http://www.ladocumentationfrancaise.fr/cartotheque/index.shtml

Tous les grands sujets de géopolitique sur les évolutions du monde contemporain y sont abordés. Elle propose des cartes à différentes échelles, des plus locales aux planétaires, à différents niveaux d'analyse, des découpages administratifs et des frontières à des documents de synthèse géopolitique.

### ➤ Cartographier le présent

http://www.cartografareilpresente.org

Sur le thème de l'énergie au XXI^e^ siècle (enjeux, défis et perspectives), de nombreuses cartes et croquis réalisés par les cartographes du *Monde diplomatique* (Philippe Rekacewicz, Cécile Marin).

### ➤ Cartothèque Autrement

http://www.autrement.com/cartotheque.php

Une sélection de cartes publiées dans les collections d'atlas des éditions Autrement. Les cartes animées sont téléchargeables et représentent une resssource documentaire de premier ordre.

### ➤ Revue Mappemonde

http://mappemonde.mgm.fr

Revue électronique sur l'image géographique et les formes du territoire.

### ➤ Cartothèque de la bibliothèque Perry-Castañeda de l'université du Texas

http://www.lib.utexas.edu/maps/

Des cartes de tous les pays du monde, des cartes politiques et thématiques d'aujourd'hui, des cartes historiques.

... et bien d'autres sites, sans oublier *Googlemaps* pour naviguer dans une image du monde à différentes échelles, en cartes et en images satellites.

# Table des matières

AUBIN IMPRIMEUR

Achevé d'imprimer en septembre 2013
N° d'impression 1309.0134
Dépôt légal, octobre 2013
Imprimé en France